科學教育主題叢書 01
臺灣師大出版社

科學探究與實作
之理念與實踐

RATIONALE AND IMPLEMENTATION OF SCIENTIFIC INQUIRY AND PRACTICE

邱美虹 —— 主編

›››目 錄　CONTENTS

主編與作者一覽表

◆主編簡介

邱美虹

學歷

哈佛大學教育博士

現職

國立臺灣師範大學科學教育研究所名譽教授

研究專長

科學教育、科學學習心理學、概念改變、科學模型與建模、評量與評鑑、人臉辨識系統與科學教育

◆作者簡介

撰寫篇章	姓名	單位職稱
1	洪振方	國立高雄師範大學科學教育暨環境教育研究所 教授
2	邱美虹	國立臺灣師範大學科學教育研究所 名譽教授
3	林靜雯	國立臺北教育大學自然科學教育學系 教授
	李宜諺	國立臺北教育大學自然科學教育學系 研究助理
4	盧玉玲	國立臺北教育大學自然科學教育學系 教授
	李倩如	國立臺北教育大學自然科學教育學系 研究助理
5	許瑛玿	國立臺灣師範大學科學教育研究所 教授
	張文馨	國立臺灣師範大學科學教育研究所 博士
6	李文瑜	國立臺灣師範大學資訊教育研究所 教授
	王亞喬	國立中科實驗高級中學 教師
7	鄭夢慈	國立彰化師範大學生物學系 教授
	鄭富中	國立臺南第二高級中學 生物教師
	林宗岐	國立彰化師範大學生物學系 教授
8	蔡哲銘	臺北市立陽明高中 校長
9	鐘建坪	新北市立錦和高級中學國中部 理化教師
	鍾曉蘭	新北市立新北高級中學 化學教師
10	吳心楷	國立臺灣師範大學科學教育研究所 教授
11	陳育霖	國立臺灣師範大學師資培育學院及物理學系 助理教授

圖目錄

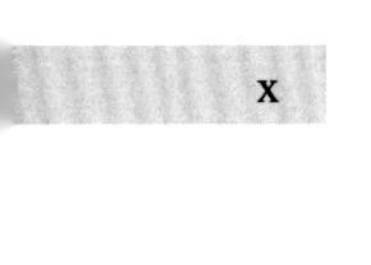

表目錄

探究的知與行之饗宴

邱美虹（國立臺灣師範大學科學教育研究所）

108 課程綱要揭櫫學校科學課程應培養學生的好奇心，透過動手做和問題導向的課程設計讓學生可以探究科學現象背後的規律性、進而認識、理解與應用科學原理。科學發現常是從好奇心出發，提出問題，設定假說再透過科學方法去證實或證偽，以深究科學現象的個中道理。誠如胡適所言：「做學問，要在不疑處有疑」，顯示好奇心對科學探究的重要意涵。然而，學校教育常受限於種種原因未能提供學生探究的環境，甚至與之相背，著重知識的背誦與盲目練習，不僅好奇心未能發展，反而耗盡對科學探索的動機。學校的科學活動不論是教學或是實驗，大都是以驗證科學原理或以事實陳述的方式進行教學，採取驅動思考或是探究的活動策略較少發生，故 108 課綱明訂「普通型高級中等學校自然科學領域部定必修總學分數為 12 學分，應含三分之一跨科目之主題式探究與實作課程內容」，這樣的課程在自然領域中可以讓學生經歷似科學家的探索與思考歷程來認識科學的本質，以及瞭解發現科學理論的心智活動。由於這門課是首次在學校實施，對於學生探究以及實作能力的提升有很大的影響，尤其是長期以來被忽視的科學實驗技能的訓練、變因的辨識與處理方法、證據為主的論點推導、以及運用科學方法建立數理模型以進行解釋或探究現象的能力，皆應為學校科學教育的重點項目。

在英文的文獻中常看到許多學者引用下面這段文字，並宣稱是至聖先師孔子所言。

To hear to forget

To see to remember

To do to understand

究竟原文是什麼呢？在好奇心的驅動下，查詢資料之初，確實許多資訊都指向孔子但卻未提供相對應的中文出處，花費一段時間搜尋後找到我認為是正解的出處－《荀子・儒效》篇，其原文如下。

不聞不若聞之

聞之不若見之

見之不若知之

知之不若行之

學至於行之止矣

我曾在卸任美國科學教育學會（National Association for Research in Science Teaching，簡稱 NARST）理事長的大會演講中對全體會員提到這段故事，並盼日後學者們正確引用，更重要的是分享從問題出發帶給我們尋找解答所獲得的啟發與追尋真理的喜悅。這段故事主要是呼應 108 課綱中重視培養學生好奇心的精神與期待。2000 多年前的智者就已提出「聽到不如眼見為憑，見到不如究其原因，瞭解不如付諸於行動」的觀點，此亦如同王陽明所言：知行合一，知不能忽略行的重要，行也不能忽略知的基礎，兩者缺一不可。因此從知到行讓知識得以應用在問題解決或生活上，再印證到認知的層面便是新課綱 所揭櫫的課程目標。

為讓教師瞭解科學探究與實作的理念以及教學策略，本文作者特別邀請國內科學教育界的學者以及經驗豐富的科學教師分享研究和教學的成果，希望能對探究與實作課程的規劃與實踐提出參考的方向，以下簡介各章節的重點。

本書共分成三個部分，第一個部分是從科學本質和科學建模的角度探討科學探究與實作的內涵與研究取向，共計三章。科學建模是此次課綱中重要且較為新穎的主題。第一章是洪振方從科學本質和科學探究的本質在科學探究的角色與功能出發，指出科學探究強調手腦並用，不僅要「動手實作（hands on）」且需要「用心思考（minds on）」，以達「知其然並知其所以然」，強調提供後設認知的鷹架並透過外顯式教學可以促進學生學習如何思考和反思，以瞭解科學本質和科學探究的本質。

第二章是邱美虹指出科學家透過建構科學模型的過程，從發展雛型、驗證與測試、到確認模型的有效性後才得以對科學現象提出合理的說明與解釋，建立科學模型，進而再延伸到問題解決情境與預測科學現象。回顧1992-2021年有關科學模型觀和科學建模歷程，作者認為可以分為三個階段，第一是啟蒙期，將科學模型視為是科學產物；第二是蓬勃發展期，將建模視為科學模型的實踐；第三是反思期，將建模能力視為科學素養。據此提出培養學生科學建模能力的教學策略以及提升教師對建模能力認識與實踐的具體方案。

第三章是林靜雯和李宜諺以統整相關資料後提出建模歷程的七個階段：「模型建立」、「模型評鑑」、「模型修正」和「模型重建」、「定題」、「調查研究」和「討論」，並分析31篇相關文獻，其中模型本位探究的文獻計有24篇而建模本位的探究有7篇，並就年級、學科、學習環境等進行分析。作者並將其提出的模型／建模架構視為「教學設計的地圖」，以協助教師有效設計教學課程引導學生在建模歷程中的運用初始模型到發展出最終的科學模型。

第二個部分是數位科技支持科學探究與實作的教與學，該主題共包含四章，分別從不同的角度去闡述科技如何促進學生探究能力的提升。

第四章是盧玉玲和李倩如評介已開發的多款適合國小學生適用的模擬應用程式（Apps），並從數位模擬的角度探討學生實驗變因的處理、科學解釋與論證的分析和運用能力的關係。文中所介紹的數位科技應用程式主要是以降低實驗材料成本、增加學習機會的方式為主，適合制式科學教育和非制式科學教室場域使用，同時也運用虛擬技術開發擴增實境、虛擬實境和混合實境的各種科技學習環境，提供學生學習實驗數據處理、變因探討、以及發展解釋和論證的能力，兼顧探究與實作的精神與落實。

第五章是許瑛玿和張文馨合著的支持科學探究數位學習的鷹架系統，其中設計理念是結合分散認知與鷹架學習理論，提供多元混成鷹架（概念型、動機型、後設認知型、策略型），藉以支持不同學習需求的學生進行有意義學習。此架構的設計使學習環境中的教師、學生、同儕得以獲得應有的交互支持，亦透過即時的評量給予適當回饋，對學生學習可建立正向的學習動機，也有助於學習成效的提升。

第六章是李文瑜和王亞喬以電腦輔助學生進行科學建模活動，文中從科學建模的相關研究出發，建立數位科技融入科學建模的理論基礎，並於文中介紹三種融入建模教學的模擬的類型，分別是虛擬實驗、個體本位模擬和整合模擬與建模學習活動的數位平台。同時也評析三種建模工具，第一類是具質性建模特性工具，如概念圖工具（concept-mapping tool）；第二類具半質性與半量化建模特性工具，如 SageModeler 建模軟體；第三類則是系統動態建模工具，則是以 STELLA（Structure Thinking Experimental Learning Laboratory with Animation）為代表。文中並以實證研究結果探討融入電腦建模工具的教學對學生建模能力的提升，以及提倡應重視培養學生模型觀點與後設建模能力。

第七章是鄭夢慈、鄭富中和林宗岐以「遊戲式學習」（或教育遊戲）來論述如何透過設計良好的教育遊戲營造開放且真實的情境脈絡，使學生得以沈浸於其中而發展出如科學家般的主動探索，和建構與理解科學知識，實踐 108 課程綱要「科學探究與實作」的理念。文中介紹一款可在手機／平板使用之探究式教育遊戲—《Anter 螞蟻研究所》與搭配《Anter 螞蟻研究所》的模組課程實施的成效，除讓學生體驗螞蟻科學家的科學實作，也提供學生經歷發現問題、規劃與研究、論證與建模、表達與分享的探究歷程，可供學生自學使用。

第三部分則是以「科學探究與實作」課程的實施、學習表現的評量以及教師專業成長為主軸，共有四章。首先，第八章是蔡哲銘就 108 新課綱公布後，針對北部某縣市 26 所市立高中自然科「109 學年度探究與實作課程計畫」實施現況進行分析，研究結果顯示，新課綱於民國 108 年正式實施後，109 學年度有 90% 的高中將該課程規劃在高二實施。課程內容以實用性及生活化的題材和議題為主，以不分科為原則，透過主題探討和實作活動引導學生體驗科學實踐的歷程。然而教師對探究與實作中的科學論證與建模的認識較為薄弱，故作者建議透過教師工作坊提供建模課程範例、評量工具及實徵研究結果，將有助於教師對於科學論證與建模教學的專業成長並落實相關教學。

第九章是鐘建坪和鍾曉蘭從探討學生發展探究與實作能力的困難處出發，透過新北市自然領域課程發展中心的核心種子教師檢視 108 課程綱要後嚴謹的研發出一套探究與實作的紙筆測驗試題，設計的核心理念是以生活中的科學現象為主題，從尋找變因、建立主張、證據和推理，完成科學模型的建立。作者將所開發的試題進行實際測量，研究結果顯示學生讀圖能力進步，但是在判斷變因的因果關係則有待加強，此項發現對教學設計與評量提供具體的方向。全文從試題設計、命題準則、試題信效度的處理都值得相關研究或教學參考。

第十章是吳心楷有鑑於目前評量的相關研究較少，故以線上多媒體的方式對評量學生科學探究能力進行工具開發和設計，並進行前導測試，應用 Rasch 模式分析和效化試題品質。作者指出教學與評量是一體兩面，若缺乏評量探究能力的工具，則不僅教師無法有效調整教學且無法有效評鑑課程的有效程度。研究結果顯示該評量可有效評估八年級和十一年級學生在提問、分析、實驗、和解釋等四項探究能力。其次，中學生的探究能力發展受到好奇心的驅動，尤其是對正式學習經驗的影響較非正式學習經驗為強。最後在教師方面，頻繁使用科技化評量的教師持有較多正向的行為信念，偶爾使用者持有最多負向信念。該文所提出的線上多媒體評量方式與發現，在研究與教學上都提出具體可行的建議，對教師和學生有實質的助益。

第十一章為陳育霖從個人在物理教材教法、物理教學實習、自然科學探究與實作等教學經驗出發談「科學探究與實作」課程中職前教師和在職教師所應擁有的知識與技能，更重要的是面對課程改革的趨勢而與時俱進的態度。全文以反思的角度評論「什麼是科學？」、「什麼是論證？」，再以問題導向的教學以及不同的自然科學探究與實作策略（包括網路資源的運用），作為拓展職前教師視野、培養科學素養、認識科學本質，以作為未來教學引導學生思考科學探究的真正意涵的基石。

108 課程綱要實施時，「科學探究與實作」課程是前所未有的一門必修新課程，許多教師都在摸索中前進，何謂科學探究？科學探究的本質為何？如何基於過去教學經驗納入探究精神？如何轉化或研發「科學探究與實作」課程？有哪些教學策略或資源適合「科學探究與實作」課程？又如何評量學生「科學探究與實作」的表現以及如何培養師資生擁有「科學探究與實作」的能力等都是這項新課程實施所需面對的問題。在此之際，我們希望學術的基礎研究與在教學現場所獲得的證據與經驗，可以提供一線教師或是研究人員作為開發、轉化、調整教學與評量的參考，以培養出具「科學探究與實作」素養的國民，以面對全球快速變遷的環境，同時也期盼能促進教師對科學探究與實作的本質與實踐有進一步深度的瞭解與反思。

最後，身為主編，我要特別感謝各章作者在百忙之中撥冗撰寫文章，分享研究成果、專業知識與教學經驗，使本書得以在「科學探究與實作」課程實施之際，為讀者提供教學理念、課程設計架構、多元教學策略、評量設計與方式等參考資源，讓理論得以落實在學校的科學教育中。也謝謝助理郭素妙小姐協助聯繫作者群和校稿工作，在此一併致謝！

主題一 科學探究與實作的理論與架構

科學本質、科學探究的本質與後設知識之角色和功能

洪振方（國立高雄師範大學科學教育暨環境教育研究所）

摘要

科學探究能夠激發學生的學習興趣和動手實作的熱情，培養他們學會尊重證據，依據證據做出結論，以及問題解決、批判思考、合作溝通等能力，使他們成為主動探索知識的學習者。在學生進行科學探究的過程中，科學本質、科學探究的本質、科學探究的後設知識三者密切相關，扮演著不同但相互補充的角色和功能。科學本質提供了科學的基本特徵、價值觀和信念，有助於建立學生對科學的正確認識，引導學生在探究過程中遵循科學的基本原則。科學探究的本質說明了科學家在進行研究時所遵循的核心特徵和基本過程，這些特徵和過程能夠引導學生遵循科學研究的基本原則進行探究。科學探究的後設知識在科學研究中具有指導科學研究、評估科學成果、促進科學發展和解決科學爭議的功能，可以幫助學生理解和應用科學的思考和評估方法，有助於確保科學探究的嚴謹性和可靠性。這些要素相互交織，使學生能夠全面理解科學，培養他們成為具有探究能力和科學素養的優秀公民。

關鍵詞：科學本質、科學探究、科學探究的本質、科學探究的後設知識

壹、緒論

過去 30 年來，科學教育改革計畫的主要目標，是在為發展一個具有科學素養並且能對影響當地和全球社區之個人決定負責的社會做準備（Bell, Mulvey, & Maeng, 2016; Lederman, Lederman, & Antink, 2013）。具有科學素養的公民，有能力參與科學相關的問題，並且具有科學的想法，因此具有科學素養的人，願意參與有關科學和科技議題的理性討論（Organization for Economic Co-operation and Development [OECD], 2006）。而要理解和參與有關科學和科技議題的理性討論，則需要具有科學探究的能力（National Research Council [NRC], 2000）。除了科學探究，科學本質（nature of science）和科學探究的本質 （nature of scientific inquiry）亦被認為是科學素養的重要內容。科學教育改革相關文件顯示，所有年級的學生都需要發展科學探究的能力，並對科學本質和科學探究的本質有充分的了解（e.g., Benchmarks for Science Literacy, American Association for the Advancement of Science[AAAS], 1993; National Science Education Standards, NRC, 1996; A Framework for K-12 Science Education: Practices, Crosscutting Concepts, and Core Ideas, NRC, 2012; Next Generation Science Standards: For states, by states, NGSS Lead States, 2013）。科學本質是科學素養的重要內容的理由，是因為對科學本質的了解，有助於識別科學知識的優勢和局限性，對科學與其他認識方式的不同有準確的看法，並幫助了解科學可以和不能回答的問題（Bell, 2008）。同樣的，科學探究的本質亦是科學素養的重要內容的理由，是因為如果對自己正在做的探究有所了解，將可以提升科學探究的能力，更好地進行與科學有關的個人和社會問題的明智決策 （Lederman et al., 2019）。

再者，科學探究不僅強調「動手實作（hands on）」，並且強調「用心思考（minds on）」，後者主要聚焦在「實作背後的思考（thinking behind doing）」（Li & Klahr, 2006; Roberts & Gott, 2000），亦即知曉如何進行探

究。然而，在科學探究的學習上，除了強調學生要能「知其然」（how），此是屬於「實作背後的思考」之層次，更強調要能「知其所以然」（why），此是屬於「思考背後的思考（thinking behind thinking）」之後設認知層次（Ben-David & Zohar, 2009），兩者都是屬於「用心思考」的範疇，但「思考背後的思考」之後設認知的向度卻一直未受到相對的重視。就性質而言，科學本質和科學探究的本質都是屬於「思考背後的思考」之後設認知的向度，但兩者的內容較為抽象，不易為學生理解，必須搭配科學探究的後設知識（meta-knowledge）的了解，才足以使學生有能力思考如下的問題：（1）為什麼探討這個問題是重要的？（2）為什麼對這個問題提出的假說是合適的？（3）為什麼這個實驗設計合乎嚴謹的規範？（4）為什麼這個實驗獲得的證據足以支持或反駁該假說？（5）為什麼對結論的論證是合理的？

基於以上的論述，本文的目的在於說明科學本質、科學探究的本質、科學探究的後設知識之含義及相互的關係，以及它們在科學探究的角色與功能。底下首先分別闡述科學探究、科學本質、科學探究的本質，並說明三者之含義與關聯；其次，論述科學本質和科學探究的本質具有後設知識的性質；第三，具體說明科學探究的後設知識之內含；第四，以後設認知闡明科學本質、科學探究的本質、科學探究的後設知識三者之關係，以及它們的角色與功能；最後，基於上述四個部分，說明後設認知鷹架及外顯式教學（explicit teaching）在提升學生對科學探究的認識和能力上之必要性。

貳、科學探究、科學本質及科學探究的本質之含義與關聯

一、科學探究

美國《國家科學教育標準》（National Science Education Standards, NRC, 1996）強調「學校的科學要反映作為當代科學實踐之特性的理性傳統

與文化傳統」（p.21），該標準指出科學的基本特性是實徵的判準、邏輯的論證、以及懷疑的評論，因此，該標準主張學生要獲得有關科學與自然世界的豐富知識，就必須熟悉科學探究的形式、使用證據的規則、形成問題的方式、和提出解釋的方法。

雖然科學探究和科學過程密切相關，但科學探究不只是科學過程技能的發展，例如觀察、推論、分類、預測、測量、提問、詮釋和分析資料等科學過程技能。科學探究包括傳統的科學過程，也涉及以科學知識、科學推理和批判思考整合這些過程，來發展科學知識（NRC, 2000）。再者，科學探究常被理解成具有一套固定的步驟或順序，如一般所知的科學方法，但此過程並非是對科學家進行探究的精確表徵。以近代的觀點而言，科學探究並不是按照某一固定順序進行的線性過程，而是循環往復、相互交叉的過程。依照《國家科學教育標準》，科學探究的實踐包括提出研究問題、計畫和進行研究，使用適當的工具和科技蒐集及詮釋資料、使用證據和科學知識來發展解釋、與他人交流研究程序、數據及解釋（NRC, 1996），但這些實踐不能被詮釋為「科學方法」，這些實踐體現了科學研究的特徵，以及一個邏輯的過程，但並不是說在進行探究時這些過程是不可改變的。

再者，隨著不同領域而有不同類型的探究，包括描述性、相關性和實驗性研究（Lederman et al., 2013）。描述性研究通常表徵一系列研究的開始，這種研究類型可以得出感興趣的現象中關鍵性的變因和因素。描述性研究是否會進一步產生相關性研究，則取決於研究領域和主題，假如科學家試著發現現象中變因之間的關係，例如抽煙與癌症，此一研究即在進行相關性的探討。最後，科學家可能設計實驗以直接評估其中一個變因對另一個變因的影響，這是實驗性研究。簡單扼要地區分相關性研究和實驗性研究，前者解釋了描述性研究中確定的變因之間的關係，後者則涉及對相關性研究中的變因做有計劃的介入和操弄，以試圖得出因果關係。在某些領或，例如物理學，可以看到研究方向從描述性到相關性研究，再進展到實驗性研究；而在某些領或，例如天文學，這種研究方向的進展不一定達到實驗性研究。物理學家通常可以在實驗室做實驗，而天文學家卻無法建造一個實驗室來驗證天體如何起源、演化的假說，只能透過天文望遠鏡以及精密的儀器做觀測，來推論天體的形成過程。

存在單一科學方法的看法，很大程度歸因於實驗設計在驗證假說的重要地位。實驗設計通常符合做為科學方法提出的內容，並且教科書中提出的科學方法示例，通常是實驗性研究。然而，實驗性研究只是整個科學範疇中的一種研究形式，不是唯一的形式。

二、科學本質

科學本質是近年來國際上科學教育改革關注的焦點。所謂「科學本質」即是對科學的看法，也就是對「科學是什麼」的探討，以區分什麼是科學、什麼不是科學，科學能做什麼、科學不能做什麼。「科學本質」一詞通常是指科學認識論、科學作為一種認識方式、或科學知識發展所固有的價值觀和信念，以及科學家進行科學探究產生的科學知識之特徵（Lederman & Lederman, 2004）。除了這些一般性特徵之外，科學哲學家、科學史學家、科學家和科學教育學者目前還沒有就科學本質的具體定義達成共識。

然而，關於科學本質定義的許多分歧，並不影響 K-12 的教學，對於 K-12 學生來說，關於科學本質的一般性特徵是可以接受的，並且能夠與他們的日常生活相關。美國《新世代科學標準》（Next Generation Science Standards, NGSS Lead States, 2013）指出與這種一般性特徵相對應的科學本質包括：

1. 科學探究運用多樣化的科學方法；
2. 科學知識以實徵證據為基礎；
3. 科學知識在新證據下不斷地接受修正；
4. 科學模型、定律、機制和理論是解釋自然現象的工具；
5. 科學是認識的一種方式；
6. 科學知識假定在自然系統中存在某種規則和一致性；

7. 科學是人類共同為之奮鬥的事業；
8. 科學致力於研究有關自然和物質世界的問題。

其中，第 1、3、8 點是對科學過程本質的理解，第 2、4、6 點是對科學知識本質的理解，第 5、7 點是對科學事業本質的理解。

學生只有充分了解科學本質，才能洞察科學有別於其他認識方式和其他知識體系，才可以了解科學問題和其他問題的區別，以及了解科學和科技在社會及個人生活中所起的作用（NRC, 1996）。

三、科學探究的本質

近代的科學教育改革文件強調，應該培養學生進行探究所必需的能力以及對科學探究的理解，《國家科學教育標準》即明確區分了探究能力和關於科學探究的知識（NRC, 1996），這種區分在《新世代科學標準》（NGSS Lead States, 2013）中也很明顯。理由很簡單，如果學生對自己正在做的探究有所了解，則將能提升他們進行探究的能力。

《國家科學教育標準》提出適用於 K-12 教學之科學探究本質的各個面向（NRC, 1996），具體來說，學生應該對以下的科學探究知識面向有充分的了解：

1. 科學研究的過程應包括提出問題和回答問題，科學家會回顧其他科學家的研究成果，並且從中提出問題；
2. 科學家使用各種不同的研究方式，至於使用哪一種方式，端看所要回答的問題為何，研究的類型包括描述性、相關性和實驗性研究；
3. 使用科技可以增加資料蒐集的正確性，並使科學家能夠分析和量化所得到的研究結果；
4. 數學在科學探究中很重要，數學工具和數學模型能引導及增進如何提出問題、蒐集資料、形成解釋、以及交流研究結果；
5. 科學家使用觀察（證據）以及他們對自然界所知道的知識（科學知識），來對所探討的對象形成解釋，好的解釋是奠基在從研究中所獲得的證據；

6. 科學解釋需要遵循一些標準，例如所提出的解釋必須在邏輯上前後一致、必須遵守使用證據的規則、必須開放給他人提出質疑並且有修改的可能性、以及必須以過去和現今的科學知識為基礎；
7. 科學家藉由檢視證據、比對證據、確認有瑕疵的推理、指出超出證據的過度推論、以及對同一現象提出另一個可能的解釋等方式，來評估其他科學家所提出的解釋是否正確；
8. 在進行交流和辯護科學探究的結果時，論證必須合乎邏輯，並且能顯示出自然現象、科學研究、及科學知識整體三者間的關聯。

科學探究的本質有兩個作用，首先，學生需要這些知識來評估科學探究，並決定其是否遵循了適當的程序，以及結論是否有根據。其次，擁有這方面知識的學生，應該能夠構思如何適當地探究一個科學問題（OECD, 2013），亦應該能夠了解科學家如何開展工作，以及科學知識是如何發展、批判，並最終被科學社群所接受。

四、科學探究、科學本質、科學探究的本質之關聯

雖然科學探究、科學本質和科學探究的本質並不相同，但科學探究、科學本質和科學探究的本質是相互關聯的（Lederman et al., 2013; Neumann, 2011）。科學探究包括科學家如何開展工作，以及由此而得的科學知識如何產生的過程，此涉及將科學過程技能與科學內容、創造力和批判性思考相結合，以發展科學知識（Lederman et al., 2014）。科學本質通常包括科學作為一種認識的方式、科學家的角色，以及科學知識發展所固有的價值觀和信念（Lederman, 2004），這意味著它關注知識的特徵，而此特徵源自知識的產生方式。科學探究的本質是指產生知識的科學探究或科學實踐（scientific practices）的本質，這意味著它關注科學探究過程的特徵（Strippel & Sommer, 2015）。

再者，雖然科學探究、科學探究的本質和科學本質是相互關聯的，但

它們不能相互混淆（Lederman et al., 2014; Strippel & Sommer, 2015）。科學探究是指科學研究活動中的具體過程，關注學生在進行科學探究時從事的活動，以及進行科學探究的能力（NRC, 2000）。相比之下，科學探究的本質是對應於一種關於探究過程的後設知識，包括其條件（Neumann, 2011）。最後，科學本質通常指的是科學認識論，是指科學知識的特徵，是從知識的發展過程中衍生出來的。科學本質與科學探究的本質，都是學生的認識論的認知（epistemological cognition）的一部分（Nehring, 2020）。

雖然科學探究與科學探究的本質、科學本質有著相互的聯繫，但學生通常可以在不知道科學家如何以及為什麼開展工作的情況下進行探究，因此認為進行探究是發展對科學探究的本質與科學本質理解的充分條件，這是一種誤解（Wong & Hodson, 2009, 2010）。越來越多的研究者對這種內隱式教學（implicit teaching） 在促進學生了解科學本質與科學探究的本質之有效性提出質疑（Lederman, 2019）。因此，重要的是要識別科學探究的各個面向，並透過外顯式和反思性教學，讓學生思考和反思他們在探究中所做的事情，以形成對科學探究的本質和科學本質的了解，而最終的目標則是培養具有科學素養的公民（Lederman et al., 2019）。特別是要注意，「外顯示教學」並不意味著以講座或以教師為中心的教學，正如一些研究者所誤解的那樣（Duschl & Grandy, 2013）。

參、科學本質和科學探究的本質具後設知識的性質

科學本質通常指的是科學認識論，這意味著它關注科學知識的特徵，它是對應於科學知識的後設知識（Flick & Lederman, 2006）。科學探究的本質是指產生知識的科學探究或科學實踐的本質，這意味著它關注科學探究過程的特徵，它是對應於科學探究過程的後設知識（Neumann, 2011）。

具有這些後設知識的人，能夠認識到科學中使用的「理論」概念與日常用語中作為「猜測」或「直覺」同義詞的「理論」概念不同（OECD,

2013）；可以舉例說明科學理論與假說或科學事實與觀察之間的區別；亦能夠解釋為什麼實驗設計對於建立科學知識至關重要，以及了解實驗設計為什麼必須進行控制變因。他們會知道模型的構建，無論是直接表徵的、抽象的或是數學的，都是科學的一個重要特徵，並且這些模型不是物質世界的準確對應。例如，他們會認識到任何物質的粒子模型都是物質的理想化表徵，並能夠解釋 Bohr 模型為何是人們對原子及其組成的了解之有限模型。

具有這些後設知識的人也會明白，科學家利用數據來推論並提出對知識的主張，而論證是科學的普遍特徵。特別是，他們會知道科學中的一些論證是假說－演繹的（例如，Copernicus 對日心說的論證），一些是歸納的（例如，Joule 的能量守恆定律），還有一些是對最佳解釋的推論（例如，Darwin 的演化論或 Wegener 關於大陸漂移說的論證）。還可以了解同儕審查是科學社群為測試新知識主張而建立的機制 （OECD, 2013）。因此，與科學本質和科學探究的本質有關的後設知識，為科學家的研究過程和實踐提供了基本原理，為學生提供了指導科學探究的知識，以及科學關於自然世界的主張之信念基礎。

科學本質和科學探究的本質雖然具後設知識的性質，然而，它們只是一種具抽象形式的後設知識，未有具體的內容，得必須銜接有具體內容的科學探究後設知識，才能彰顯其含義。底下，針對科學探究後設知識的具體內容，加以說明。

肆、科學探究的後設知識

幫助學生發展科學探究的後設知識是重要的，可以增進從事科學的精熟度，並經由科學探究的過程發展科學知識（Chinn & Malhotra, 2002; White & Frederiksen, 1988），以及習得如何學習（Bransford & Schwartz, 1999; NRC, 2007）。此一後設知識包括知曉科學理論與問題的本質、理解不同形態的研究與可能的資料分析方法、以及了解每一研究與分析類型在測試假說及發展和精煉模型與理論上所扮演的角色。

針對科學探究，White、Frederiksen 與 Collins（2009）提出的後設科學知識（meta-scientific knowledge）包括四個成分：後設理論知識（meta-theoretic knowledge）、後設提問知識（meta-questioning knowledge）、後設研究知識（meta-investigation knowledge）、以及後設分析知識（meta-analysis knowledge）。其中：（一）後設理論知識包括關於科學模型和理論本質的知識：學生必須學習的後設理論知識是如何創造、精煉、及調節（coordinated）理論與模型，讓學生了解模型可以採取不同的形式，以及如何將不同的模型聯繫在一起，以形成一個具融貫性（coherence）且有解釋力和預測力的理論。（二）後設提問知識包括形成研究問題和假說的後設知識：學生必須學習為了評價理論，要能夠將理論的要素轉化為可以直接研究的研究問題，而假說則是基於理論對研究問題的一種可能性的答案。學生需要獲得的後設提問知識，包括了解可以提出不同類型的研究問題，以及每一種類型的問題如何與特定的認識形式相關聯。學生還需要了解如何提出問題以評價互相競爭的理論，以及在建構更深入、更具融貫性的理論之過程中，一個問題如何導致另一個問題的產生。（三）後設研究知識包括探索性研究（exploratory inductive investigations）和驗證性研究（confirmatory investigations）的後設知識：學生需要了解科學研究可以有不同的形式，探索性研究目的在發現和描述潛在的模式（pattern），其結果通常是描述性的、質性的或初步的，並提供了驗證性研究的基礎。驗證性研究目的在驗證或測試假說，它必須評價理論預測的精確性與解決不同理論之間的衝突。探索性研究和驗證性研究的關係，兩者實際上是一個循環的過程。（四）後設分析知識包括資料分析、綜合與論證的後設知識：學生需要了解資料分析的主要目的是用於發展令人信服的論證，顯示研究結果如何支持特定的結論並對理論產生什麼影響。在蒐集數據之後，需要建構有用的數據表徵形式，以便：(1) 顯示理論預測的模式是否存在；或者 (2)

顯示可能需要對理論做修改或補充的新模式。為了發現或確認模式，必須使用相似的測量方法，例如轉換成標準分數，或使用相似的分類進行質性編碼，以確保在不同情況下蒐集的數據可以進行有效的比較和綜合，並顯示出潛在的模式。無論蒐集的數據是變因的定量測量、詳細的質性記錄或現場筆記，蒐集的數據應該足以使研究者測試特定的假說，同時支持對現象背後的過程進行深入的研究。其次，使用多種形式來表徵數據，可以使研究者看到不同的模式。此外，研究者必須能夠綜合所有分析的結果，以產生具融貫性的解釋或論證，用以支持一個比其他競爭理論提供更好的解釋的特定理論。

White 等人（2009）同時指出探究過程是複雜的，在進行探究時，學生要能夠利用關於探究的結構及其過程之後設知識，此包括了解理論可以採取的形式，提出可以檢驗理論含義的問題和假說，管理設計實驗、分析數據、形成結論等之多個目標和策略。很明顯地，探究涉及大量過程的相互作用，每個過程都有其目標和策略。為了管理這個系統，學生需要了解在進行探究的過程中，每個過程何時、為什麼以及如何進行，例如何時進行控制實驗、為什麼要進行控制實驗、如何進行控制實驗等，每個過程產生的結果是什麼，以及這些結果如何被使用到其它的過程中；Ben-David 和 Zohar（2009）稱此為「後設策略知識」（meta-strategic knowledge）。

此外，學生還需要具有控制和改進科學探究的後設知識，此即自我調節（self-regulation）的知識和能力（Zimmerman, 1998; Peters & Kitsantas, 2010）。Azevedo 和 Cromley（2004）與 Zimmerman 和 Schunk（2001）指出為了獲得完整的探究，學生必須學習如何計畫、監控、與反思他們的探究。「計畫」包括從研究設計到決定如何分析數據，例如在設計實驗時，學生必須決定所有要完成的步驟，他們必須學習想像實驗設計的各種可能結果，以確保此實驗可以用於決定哪些假說能獲得支持，哪些不能獲得支持。「監控」是根據目標判斷探究過程做得有多好，此可以幫助學生決定是否去嘗試不同的方法以達成目標。「反思」則涉及以特定的判準評價探究任務的表現，來幫助學生改善他們的探究過程和結果。

伍、以後設認知闡述科學本質、科學探究的本質與後設知識之關係

科學探究、科學本質和科學探究的本質都是科學素養的重要成分，學生需要發展科學探究的能力，以及對科學本質和科學探究的本質有充分的了解。但為什麼具有上述科學素養的人，就能夠參與有關科學和科技議題的理性討論，就能夠更好地進行與科學有關的個人和社會問題的明智決策？若只有對科學本質和科學探究的本質有充分的了解，由於其內容相對抽象，學生仍然無法將之轉換成如 White 等人（2009）與 Ben-David 和 Zohar（2009）之科學探究的後設知識，以致於無法對科學探究的過程做思考、評估和反思。如此情況，如何對科學和科技議題做出理性的思考和明智的決策呢？反之，學生若只對科學探究的後設知識有充分的了解，也未必能將之抽象成對科學本質和科學探究本質的了解，此導致對科學探究後設知識的了解也只是知其然而不知其所以然。對於這些問題的探討，科學教育改革的相關文件並未多所著墨（e.g., Benchmarks for Science Literacy, American Association for the Advancement of Science[AAAS], 1993; National Science Education Standards, NRC, 1996; A Framework for K-12 Science Education: Practices, Crosscutting Concepts, and Core Ideas, NRC, 2012; Next Generation Science Standards: For states, by states, NGSS Lead States, 2013）。

為了深入探討此一問題，建議可以從後設認知（meta-cognition）進一步了解科學本質、科學探究的本質、科學探究的後設知識等之角色與功能。Schraw（1998）定義後設認知的兩個成分為：（1）認知的知識：此涉及個體知道關於自己的認知及一般性的認知是什麼，包括陳述性知識、程序性知識、條件性知識等三種不同的後設認知覺知（metacognitive awareness）。其中，陳述性知識包括關於自己做為學習者的知識，以及影

響自己表現因素的知識；程序性知識涉及如何進行的知識，此類知識常由捷思法（heuristics）和策略所代表；條件性知識則涉及知道何時使用及為什麼使用陳述性知識和程序性知識。（2）認知的自我調節：此包括計畫、監控、和反思等三種幫助學生掌控他們學習的活動，例如能規劃一個研究計畫、監控自己的進展、以及思考自己在下次如何做得更好。前述論述之科學本質、科學探究的本質、科學探究的後設知識，都是屬於後設認知的「認知的知識」，而科學本質的性質較屬於後設認知的陳述性知識，科學探究的本質的性質較屬於後設認知的程序性知識，科學探究的後設知識的性質則較屬於後設認知的程序性知識和條件性知識。

就培育能夠「動手實作」和「用心思考」之科學探究的學習者而言，從上述後設認知的理論觀之，科學本質、科學探究的本質、科學探究的後設知識三者缺一不可，且三者與後設認知的陳述性知識、程序性知識、條件性知識等彼此相連、互相強化，而此亦能增強自我調節的效能，以幫助學生思考、評估與反思他們的探究過程和結果。

陸、以後設認知鷹架及外顯式教學提升對科學探究的認識和能力

大多數的探究式教學，都集中在讓學生進行探究活動和小組對話，或讓學生交流他們的想法，並沒有機會提供學生了解科學本質、科學探究的本質、科學探究的後設知識等之含義與作用（Abd-El-Khalick, 2005; Ben-David & Zohar, 2009），這樣的探究式教學都是屬於內隱式教學。一般而言，學生自己沒有機會接觸到作為當代科學實踐的理性傳統與文化傳統，所以老師必須提供一個鷹架，向學生說明科學如何運作及科學家如何進行研究和思考，因為這屬於後設認知的性質，正可以從科學本質、科學探究的本質、科學探究的後設知識等面向，來建構後設認知鷹架和提示的內容。此可以為教師提供一種教學工具，為未發展「思考背後的思考」之後設認

知向度的學生，提供探究式學習的後設認知鷹架，並以外顯式教學的方式，參照學生的探究過程，清晰地展示和解釋科學本質、科學探究的本質、科學探究的後設知識等面向的內容，以及其在科學探究所起的作用，以幫助學生思考、評估及反思其探究過程，積極促使學生在科學探究的學習上，除了能夠進行「實作背後的思考」，並能發展出「思考背後的思考」，以促進學生對科學探究的理解和提升他們的科學探究能力。

此外，由於自我調節是後設認知的一部分（Zimmerman, 2000），可以採用觀察、模仿、自我控制和自我調節，透過鷹架逐步引導，來幫助學生像科學家一樣思考。而達到這個層次的學生，能夠根據科學的認識方式思考、評估和反思他們的想法，並了解科學是如何運作的，因而幫助他們了解科學知識的可靠性和有效性，並警惕科學中可能存在的偏見和局限性。如果學生對於科學僅停留在知識的蒐集和累積層面，則他們對科學的理解將缺乏深度，可能會導致對科學結果的不當解讀或盲目相信。科學教育有責任培育學生對科學探究、探究的本質和後設知識有更深入的了解，這樣才能更好地理解科學知識的產生和驗證過程，並作出更加理性和明智的判斷，以便在社會上成為理性的思考者和明智的決策者，成為具有科學素養的公民。

Abd-El-Khalick, F. (2005). Developing deeper understandings of nature of science: The impact of a philosophy of science course on preservice science teachers' views and instructional planning. *International Journal of Science Education*, *27*(1), 15–42. https://doi.org/10.1080/09500690410001673810

American Association for the Advancement of Science. (1993). *Benchmarks for science literacy*. New York, NY: Oxford University Press.

Azevedo, R., & Cromley, J. G. (2004). Does training on self-regulated learning facilate students' learning with hypermedia? *Journal of Educational Psychology*, *96* (3), 523-535. https://doi.org/10.1037/0022-0663.96.3.523

Bell, R. L. (2008). *Teaching the Nature of Science through Process Skills: Activities for Grades 3- 8*. New York: Allyn & Bacon/Longman.

Bell, R. L., Mulvey, B. K., & Maeng, J. L. (2016). Outcomes of nature of science instruction along a context continuum: pre-service secondary science teachers' conceptions and instructional intentions. *International Journal of Science Education, 38*(3), 493–520. https://doi.org/10.1080/09500693.2016.1151960

Ben-David, A., & Zohar, A. (2009). Contribution of meta-strategic knowledge to scientific inquiry learning. *International Journal of Science Education*, *31*(12), 1657–1682. https://doi.org/10.1080/09500690802162762

Bransford, J. D., & Schwartz, D. L. (1999). Rethinking transfer: A simple proposal with multiple implications. *Review of Research in Education*, *24*(1), 61-100. https://doi.org/10.3102/0091732X024001061

Chinn, C. A., & Malhotra, B. A. (2002). Epistemologically authentic inquiry in schools: A theoretical framework for evaluating inquiry tasks. *Science Education, 86*, 175-218. https://doi.org/10.1002/SCE.10001

Duschl, R., & Grandy, R. (2013). Two views about explicitly teaching nature of science. *Science & Education*, *22*(9), 2109–2140.

https://doi.org/10.1007/S11191-012-9539-4

Flick, L. B., & Lederman, N. G. (2006). *Scientific Inquiry and the Nature of Science: Implications for Teaching, Learning and Teacher Education.* Netherlands: Springer.

Lederman, J. S., Lederman, N. G., Bartos, S. A., Bartels, S. L., Meyer, A. A., & Schwartz, R. S. (2014). Meaningful assessment of learners' understandings about scientific inquiry: The views about scientific inquiry (VASI) questionnaire. *Journal of Research in Science Teaching, 51*(1), 65–83.

https://doi.org/10.1002/TEA.21125

Lederman, J., Lederman, N., Bartels, S., Jimenez, J., Akubo, M., Aly, S., … Zhou, Q. (2019). An international collabo rative investigation of beginning seventh grade students' understandings of scientific inquiry: Establishing a base line. *Journal of Research in Science Teaching, 56*(4), 486–515. https://doi.org/10.1002/tea.21512

Lederman, N. G., & Lederman, J. S. (2004). The nature of science and scientific inquiry. In G. Venville & V. Dawson (Eds.), *The art of teaching science* (pp. 2-17). Singapore: Allen & Unwin.

Lederman, N. G., Lederman, J.S., & Antink, A. (2013). Nature of science and scientific inquiry as contexts for the learning of science and achievement of scientific literacy. *International Journal of Education in Mathematics, Science and Technology, 1*(3), 138-147. https://doi.org/10.18404/IJEMST.19784

Lederman, N.G. (2019). Contextualizing the Relationship Between Nature of Scientific Knowledge and Scientific Inquiry: Implications for Curriculum

and Classroom Practice. *Science Education*, *28*, 249–267.
https://doi.org/10.1007/s11191-019-00030-8

Li, J., & Klahr, D. (2006). The Psychology of Scientific Thinking: Implications for Science Teaching and Learning. In J. Rhoton & P. Shane (Eds.) *Teaching Science in the 21st Century*. National Science Teachers Association and National Science Education Leadership Association: NSTA Press.

National Research Council. (1996). *National science education standards*. Washington, DC: National Academic Press.

National Research Council. (2000). *Inquiry and the national science education standards: A guide for teaching and learning*. Washington, DC: National Academies Press.

National Research Council. (2007). *Taking science to school: Learning and teaching science in grades K-8*. Washington, DC: National Academy Press.

National Research Council. (2012). *A framework for K12 science education: Practices, cross cutting concepts, and core ideas*. Washington, DC: National Academies Press.

Nehring A. (2020). Naïve and informed views on the nature of scientific inquiry in large-scale assessments: Two sides of the same coin or different currencies? *Journal of Research in Science Teaching, 57*, 510–535.
https://doi.org/10.1002/tea.21598

Neumann, I. (2011). *Beyond physics content knowledge: Modeling competence regarding nature of scientific inquiry and nature of scientific knowledge*. Berlin: Logos.

NGSS Lead States (2013). *Next Generation Science Standards: For states, by states. Washington*, DC: National Academic Press.

Organization for Economic Co-operation and Development. (2006). *Assessing scientific, reading and mathematical literacy*. Paris: Author.

Organization for Economic Co-operation and Development. (2013). *PISA 2015 Draft science framework*. Retrieved from http://www.oecd.org/pisa/pisaproducts/Draft%20PISA%202015%20Science%20Framework% 20.pdf

Peters, E. E., & Kitsantas, A. (2010). The effect of nature of science metacognitive prompts on science students' content and nature of science knowledge, metacognition, and self-regulatory efficacy. *School Science and Mathematics*, *110* (8), 382–96. https://doi.org/10.1111/J.1949-8594.2010.00050.X

Roberts, R., & Gott, R. (2000). Procedural understanding in biology: How is it characterized in texts? *School Science Review*, *82*, 83-91.

Schraw, G. (1998). Promoting general metacognitive awareness. *Instructional Science*, *26*, 113-125.

Strippel, C. G., & Sommer, K. (2015). Teaching Nature of Scientific Inquiry in Chemistry: How do German chemistry teachers use labwork to teach NOSI? *International Journal of Science Education, 37*(18), 2965-2986.

https://doi.org/10.1080/09500693.2015.1119330

White, B. Y., & Frederiksen, J. R. (1998). Inquiry, modeling, and metacognition: Making science accessible to all students. *Cognition and Instruction*, *16*(1), 3-118. https://doi.org/10.1207/S1532690XCI1601_2

White, B., Frederiksen, J., & Collins, A. (2009). The interplay of scientific inquiry and metacognition: More than a marriage of convenience. In D. Hacker, J. Dunlosky, & A. Graesser (Eds.), *Handbookof metacognition in education* (pp. 175–205). New York: Routledge.

Wong, S. L., & Hodson, D. (2010). More from the Horse's Mouth: What scientists say about science as a social practice. *International Journal of Science Education, 32*(11), 1431-1463. https://doi.org/10.1080/09500690903104465

Wong, S. L., & Hodson, D. (2009). From the horse's mouth: What scientists say about scientific investigation and scientific knowledge. *Science Education, 93*(1), 109–130. https://doi.org/10.1002/SCE.20290

Zimmerman, B. J. (1998). Developing self-fulfilling cycles of academic regulation: An analysis of exemplary instructional models. In D. H. Schunk & B. J. Zimmerman (Eds.), *Self-regulated learning: From teaching to self-reflective practice* (pp. 1-19). New York, NY: The Guildford Press.

Zimmerman, B. J. (2000). Attaining self-regulation: A social cognitive perspective. In M. Boekaerts, P. R. Pintrich, & M. Zeidner (Eds.), *Handbook of self-regulation* (pp.13–39). San Diego, CA: Academic Press.

Zimmerman, B. J., & Schunk, D. H. (Eds.) (2001). *Self-regulated learning and academic achievement: Theoretical perspectives* (2nd ed.). Mahwah, NJ: Lawrence Erlbaum.

第 2 章 科學建模研究與教學實踐

邱美虹（國立臺灣師範大學科學教育研究所）

摘要

科學家不論是透過實驗收集資料或是經由思考實驗推理出科學理論，大都會藉由建構科學模型的過程中，發展模型的雛型、驗證模型、到確認模型的有效性後才得以對科學現象提出合理的說明與解釋，進而再延伸到問題解決情境與預測科學現象上。然而科學家的科學模型建構過程與所建構之模型的功能性卻未在學校科學課程中受到應有的重視。有鑑於此，有些國家開始在中學的課程標準或綱要中明訂在各學段培養學生應有的建模能力，並實踐於科學探究與實作活動中。本文主要是從十二年國民基本教育自然領域課程綱要、美國新世代科學標準和相關研究所強調的建模素養來探討科學模型和建模的本質及模型發展的歷程，並於文中評介科學模型與建模研究的發展以及模型本位的探究與建模本位的探究所帶來的成效與挑戰。本章節內容除希望可以提供研究者參考，同時也希望能作為教育工作者落實建模式的探究教學之參考資料。

關鍵詞：科學模型、科學建模、建模探究

壹、緒論

科學家的科學研究活動常因牽涉不同的變因而須使用科學模型來呈現複雜的現象。而在建構這些模型時，又會因為目的不同而有不同的呈現方式，有些是以模擬方式來描述科學現象、有些是以數學模型來呈現變因之間的關係、有些則是以圖示或是符號的方式來表徵或是解釋複雜且抽象的科學現象和背後的原理。這些多元表徵的呈現方式涉及到變因本身的屬性或是變因之間的關係，而這些關係又可能組織成一個綿密的複雜系統，這時這些外顯的表徵用以連結觀察的經驗世界就可視為模型。

科學家運用科學模型記錄思維的脈絡或展現研究發現的精華—知識建構的成品，以作為溝通的媒介，這些模型除形式不同外，功能亦不相同，從描述科學現象、解釋原因和運作的機制到進行科學現象的預測。

而在模型建構的過程中，從既有的知識和技能中建構出一個初始待檢驗的模型就是一種基於背景知識與經驗的選擇，也是一種假設與判斷，再透過實驗的設計進行資料收集，去發展和精緻化模型以確認該模型的有效性，作為後續運用模型進行問題解決之用，直到所驗證的模型失效時才會面對修正模型的需求與挑戰。這過程看似一個合理循序漸進的步驟，但是有時在過程中就必須面對放棄或修正原有的假設模型，因此不斷修正與精緻化的迴圈就是建模歷程所不可缺的步驟。

然而這樣的歷程在學校教育中卻常被忽略？是因為教學時間不夠還是教師的教學信念中未存在建模的要素呢？是否學校教育較為重視科學知識本身，而不是知識產生的過程；換言之，即為以教師為主的講授式教學，而不是以學生為中心的知識建構與重構。因此，科學模型的功能未被彰顯、建構模型的歷程未納入學校教學的重點，這在在都顯示科學家的心智活動歷程並未能在學校的科學教育中受到應有的重視。新手要成為熟手或進而成為專家，必須要瞭解專家如何成為專家，以及專家的思考模式與解題策略，方能從模仿與練習中習得知識建構與解構的方法，尤其是科學模型的建構歷程。

貳、科學模型與建模的本質

學生在嘗試瞭解物理世界時，他們需要體驗科學家所經歷的過程以及模型在建構科學理論中的角色與功能。學校教育應該在入學的最初幾年就提供孩童以建模為中心的學習環境，不應等待學生到高中擁有較多科學知識時才教授他們對模型的觀點和建模的策略（Lehrer and Schauble, 2000）。此外，學校經常將科學模型視為傳遞既有的知識體系，而不是強調以學生為中心的知識建構過程。有鑑於學者們意識到建模的重要與學校教學的脫節，各國在科學教育的改革中特別納入建模能力的培養為教學的目標。

以臺灣『十二年國民基本教育課程綱要』中強調培養學生探究與實作的能力為例，在探究能力的學習表現部分，主要著重於「思考智能」與「問題解決」能力的展現，其中與過往不同的是在「思考智能」部分增加「推理論證」與「建立模型」兩個部分，以因應當代科學教育的思潮以及提升學生科學素養（教育部，2018）。

而美國「新世代科學標準」（National Research Council, 2012; The Next Generation Science Standards，簡稱 NGSS，NGSS Lead States, 2013）以三個面向所組成：核心概念（Core Ideas）、跨科概念（Crosscutting Concepts）和科學和工程實踐（Science and Engineering Practice）。其中在實踐部分主要是藉由身體力行的方式，讓學生瞭解科學家和工程師們是如何進行研究、規劃、建立模型與假說、設計與建構出系統的概念（李驥、邱美虹，2019）。科學與技術的實踐部分共包括八個要素：1. 在科學中是提問（Asking questions-for science），在科技中則是定義問題（defining problems-for engineering），2. 發展和使用模型（Developing and using models），3. 計畫和執行調查（Planning and carrying out investigations），4. 分析和詮釋數據（Analyzing and interpreting data），5. 使用數學和運算思維（Using mathematics and computational thinking），6. 在科學是建構解釋（Constructing explanations-for science），在科技則是設計解決之道（designing solutions-for engineering），7. 融入證據的論點（Engaging in argument from evidence），8. 獲得、評價和溝通資訊（Obtaining, evaluating, and communicating information）（NGSS Lead States, 2013, p. 48）。這些實

踐的步驟並非線性關係而是會因需要而反覆循環的。

這與我們所熟悉的科學探究活動或多或少有不謀而之處，如提問、假說、觀察、調查、分析、探索、實驗、詮釋、溝通、討論、反思等認知活動（NRC, 2012; NRC, 2000; Pedaste, et al., 2015），但作者認為兩者最大的不同在於建模比探究更明確的將學習的目標界定在：科學活動的目的是從自我對科學現象所形成的初始模型或不成熟的模型，經由有系統的知識累積與探索，再經由反覆檢視驗證之後，朝向類科學模型或科學模型的建構，其目的性是更加彰顯在認識科學及科學知識的建構和應用的層面。

在這一波科學課程的改革中，不論是十二年國民基本教育或是 NGSS 都強調實踐對科學學習的價值，如前所述，其中特別強調建構科學模型的重要性，強化學生對知識系統內各概念之間所存在的關係有深度學習，這除了有助於學生對科學現象提出適當的科學問題和解釋外，也可以培養學生利用數據進行證實或證偽進而對科學現象做預測或與他人溝通。

不同年齡層的學生被期待的學習表現當然會是不同。以十二年國民基本教育在自然領綱為例，小學結束前，學生要能經由提問、觀察及實驗等歷程，探索自然界現象之間的關係，建立簡單的概念模型。在國中階段（七年級到九年級）則要能從實驗過程理解較複雜的科學模型，並能評估不同模型的優點和限制。在高中階段（十年級到十二年級），則能依據科學問題建立描述系統化的科學現象，並瞭解模型具有改變的本質以及預測力。而 NGSS 則是在三年級到五年級要求學生能建構或是修改簡單的模型，並運用模型來設計解決方案；六年級到八年級是要求學生能開發、使用及修正模型用來描述、測試、預測比較現象或是設計系統；九年級到十二年級則是要求學生能使用，統整和開發模型來預測和顯示自然和設計的世界中的系統及其物件、變量之間的關係（NRC, 2012，李驥、邱美虹，2019）。這兩套課綱都強調透過實驗或觀察數據建構科學模型的概念。

除此之外，臺灣強調模型本質的理解，而 NGSS 則更強調探究活動中科學現象與模型的關係。除美國和臺灣之外，國際間還有澳洲（VCAA,

2016）和德國（KMK, 2005）對建模的重視，然英國卻在課程綱要的目標中未明確指出發展建模能力為科學課程訴求之一（Erduran, 2021）。

參、科學模型與建模研究的發展

科學教育學者們在過去三十多年間從科學哲學、認識論或教育學的觀點針對模型提出不同的定義、發展教學策略、評量工具和教師專業成長方案（如 Chiu and Lin, 2022; Giere, 1991, 2004; Nersessian, 2008; Gilbert, 2004; Grossligh et al., 1991; Schwarz et al., 2009; Treagust et al., 2002; van Der Valk, et al., 2007; van Driel & Verlop, 2002）。譬如，Giere（1991）認為模型是實驗和科學理論之間的媒介，透過模型將科學實驗的數據和科學理論結合。Gilbert 等人（2004）則將模型描述為對所觀察到的現象，依特定目的而以簡化的方式描述之，它可能是一種真實狀況的理想化（idealizations of a possible reality）、或是尺度過大或過小無法觀察到的事物視覺化的結果，這些產生的表徵可以做為對科學現象的解釋和預測的基礎。國內學者指出（吳明珠，2008；周金城，2008；邱美虹，2008；林靜雯和邱美虹，2008；Chiu & Lin，2019）人們對模型的理解可以從本體論（如：什麼是模型？模型是由什麼組成的？）、認識論（如：一個模型如何被呈現？模型各組成部分的關係是什麼？）和方法論（如：什麼是模型的功能？如何建構出模型？）的角度來建構出對科學模型的觀點。模型的建構從功能的角度觀之，是建模者（modeler）用來描述所觀察的科學現象、解決問題、解釋觀察的模式和對科學現象進行預測。因此，模型有它的獨特性。學習者可藉由模型的建立而對科學現象形成內在表徵，而學習者的內在表徵也可藉由具體或抽象模型來表達個人對物理世界的理解（邱美虹和劉俊庚，2008）。然而儘管人們意識到模型在科學中的重要性（Halloun, 1996, 2006; Justi & Gilbert, 2002; Khan, 2007; Schwarz & White, 2005; Windschitl, et al., 2008），但對模型的定義卻無定論，筆者認為雖然各有其特點，但基本上學者們對模型的觀點總跳不出對觀察的物理世界中的組成、規律性或運作的機制所形成的表徵。

談到科學模型，就會涉及模型建立的過程，此過程稱為建模（modeling）。科學模型是科學活動中學習的預期模型，學習者為特定的科學現象建立自己的心智模式，而模型建構的過程中側重於模型的發展、構建、評估和修改，以致完善模型實現對科學本質的認知和實踐。據此，Chiu 和 Lin（2022）指出，模型與建模的研究有三個目的，首先是針對教師和學生對於模型的認知理解，其次是如何透過建模教學促進師生對模型的認識與建模能力的提升，第三個目的是探討建模能力的本質為何以及如何評量建模能力。以下簡介 Chiu 和 Lin 對這領域過去 30 年的研究所進行的分析。

首先 Chiu 和 Lin 將 1991 年起到 2020 年分成三個時期，第一個時期是介於 1991 年到 2000 年之間，稱為啟蒙期（Enlightenment Period），將模型視為是科學的產物（Models As Scientific Products）。這個時期的研究主要是受到 1991 年 Grosslight 等人對於學生和科學家對模型的看法迥異所影響，因而陸續有相關研究，以其研究理念、方法與發現延伸到針對不同的對象進行調查。如 Gilbert, S.（1991）研究顯示，學生對科學模型是什麼並沒有太多的概念；Van Driel 和 Verloop（1999）根據 Grosslight 等人的研究開發開放性問題的問卷和以李克式量表調查職前教師對模型的看法。他們發現雖然教師擁有較多的學科知識，但是對模型的知識仍是相當有限，而且很少提到模型在科學發展或是教與學上的功能和特質。除此之外，Clement（2000）則指出人們受限於先前知識和可用的模型不足的限制，造成所建構的模型必有瑕疵，需透過不斷學習與推理，將心智所產生的模型加以不斷修正，才能獲得目標模型，甚至產生專家的共識模型。在這段期間，學者透過不同的媒體設計或教學策略去促進學生對科學模型本質的認識，且皆見成效（如 Barnea and Dori, 1999; Buckley, 2000; Gobert, 2000; Halloun, 1996; Kurtz dos Santos, Thielo, and Kleer, 1997; Raghavan & Glaser, 1995;

Stratford, Krajcik, & Soloway, 1998），這樣的發展主要是針對前期研究所發現的現象做教學上的彌補，尤其是 *International Journal of Science Education*（*IJSE*）在 2000 年的專刊可視為是為下一個階段開展出一個新的局面，那就是如何透過模型教學提升學生的模型認識觀、又如何透過教師專業成長改善教師的模型觀、推動模型教學的新思維、以及發展評量師生模型觀的工具。如同 Gobert 和 Buckley（2000）在該期刊緒論所言，在這段期間，即使科學模型的重要性在科學教育領域已受到重視，但是並無連貫性的理論將建模學習的認知歷程加以勾勒出來，同時也缺乏理論去說明如何進行模型教學。

第二時期（2001-2010）的研究受到第一時期後期發展的思潮與教學正面成效的影響，有關模型觀點的評量和模型與建模教學的研究，如雨後春筍般地蓬勃發展。這一時期稱為蓬勃發展期（Blooming Period），將建模視為科學的實踐（Modeling As a Scientific Practice）。首先為了要量化並尋找共通的模式以廣泛調查學生對模型本質的看法，Treagust 等人（2002）發展出“Students' Understanding of Models in Science”（SUMS）的評量工具，以五個面向進行資料收集與分析，即模型可視為多重表徵（Models as multiple representations, MR）、模型可視為實體完整的複製品（Models as exact replicas, ER）、模型可視為解釋的工具（Models as explanatory tools, ET）、科學模型的使用（the Uses of scientific models, USM）和模型本質的改變（the Changing nature of models, CNM）。他們發現中學生在這五個向度上的表現並無顯著差異，但男女生在解釋這個面向的表現是有顯著差異的。這段期間陸續有學者使用 SUMS 工具進行模型觀的調查（如 Everett et al., 2009; Levy & Wilensky, 2009; Liu, 2006），其後在第三時期更被世界各地學者廣泛使用，影響力甚大（e.g., Chang & Chang, 2013; Cheng & Lin, 2015; Gobert, et al., 2011; Lazenby & Becker, 2021; Wei et al., 2014）。這些研究雖針對不同對象、不同國家、不同年級的學生進行施測，但其結果都非常相似，也就是不同對象、國家、年級的受試者都顯示對模型的理解相當有限，這樣的結果點出學校科學教育忽略科學模型在科學學習上的重要性，也顯示在推動模型和建模教學仍有許多待努力的方向。

在這時期，模型教學和建模教學的區分已漸趨明顯，對建模教學的過程和本質也有較為深入的探討。以科學模型的認識為教學目標的研究學者，多以強調模型本身的認識（epistemological understanding of the model），如 Gobert 團隊的研究（Gobert & Discenna, 1997; Gobert & Pallant, 2004）發現，對模型深入的認識可以促進對科學知識的理解；Crawford 和 Cullin（2004）指出，利用數位學習（Model-it）資源可以幫助職前教師認識模型本質，但是在建模教學上並無明顯的改善；Campbell 等人（2015）在其回顧的文獻（2001-2011）中指出，建模教學的研究多以概念理解為主，對於發展學生在科學實踐中理解模型的研究最少；且教學法中著重表達性建模（Expressive modeling, 54%），其次分別是探索性建模（Exploratory modeling, 43%）和實驗性建模（Experimental modeling, 28%）。在教學活動中科學推理和解釋活動所占比例皆不高（前者佔 37%，後者佔 26%）。

在第二時期之中後期，有學者進而提出不同的建模能力架構以及學習進展指標的層級，開啟有關建模能力的相關研究（如 Grünkorn et al., 2014; Krell and Krüger, 2017; Lopes & Costa, 2007; Schwarz et al., 2009; Schwarz and White, 2005），進一步深入探討建模能力的本質以及如何發展該能力。研究指出，在建模的探究活動中適當地引導，即使是小學生也能建構模型並進而修改與評價模型，雖然並無法達到學習進展的最高表現，但能在幼小的學童身上看到他們經歷建模歷程並產生有意義的模型是讓研究者對建模教學有信心的（Schwarz et al., 2009）。

第三時期則是除有較多學者使用 SUMS 調查師生的模型觀以外，開始有比較多學者具體地探討建模能力的內涵和建模能力的評量。這一時期稱為反思期（Reflection Period），強調建模能力可視為科學素養（Modeling

Competence As Scientific Literacy）。首先，如前所述，SUMS 的研究結果顯示，不論介入的工具為何或有無，也不論是在哪個國家或是受試者的年齡，在進行這項調查時，在這五個向度的表現大都差異不大（如 Burgin et al., 2018; Campos et al., 2016; Chang & Chang, 2013; Cheng & Lin, 2015; Cheng, et al., 2014; Derman & Kayacan, 2017; Park et al., 2017; Pierson et al., 2017; Underwood et al., 2016; Wei, et al., 2014, 詳見 Chiu & Lin, 2019）。這些結果顯示學校教育對科學模型本質的引介並不重視，教師沒有接受相關訓練是一個關鍵因素，教師缺乏對建模的認識，自然就不會提供學生認識模型與發展適當的模型能力。但這並不意味研究在教學上沒有發現正面的效果。譬如適當地運用數位學習環境，學生可以發展較佳的解釋和評價模型的論點及較佳的化學或磁學概念的理解，甚至是模型本質的認識（如 Chang & Chang, 2013; Cheng, et al., 2014; Louca, Zacharia & Constantinou, 2011）。這一段時期，在建模能力的定義和評量上，則有較為明確的研究成果與反思。Nicolaou 和 Constantinou（2014）在回顧一系列的文章後提出建模能力包括建模實踐（modeling practices）和建模後設知識（modeling meta-knowledge）。前者包括模型比較、修正、和效化模型；而後者則是包括學習者明確描述和反思建模的真實歷程，以及模型的目的與使用模型和後設建模知識（即建模的後設知識，Constantinou, Nicolaou, & Papaevripidou, 2019）。Namdar and Shen（2015）則認為評量建模能力要考慮三個面向：1. 建模成品（prouducts）的評量、2. 建模實踐的評量，以及 3. 後設建模知識的評量。他們在回顧的 30 篇文章中發現有 15 篇與第一項建模的成品有關、14 篇文章與第二項建模實踐有關，而與第三項後設建模知識相關的只有 11 篇。其中有關建模實踐的部分包括四個主題：模型計畫的品質、模型產生的品質（包含建構、測試和修訂）、模型詮釋的品質和模型評價的品質，在這四項當中，模型詮釋的品質最常被作為評量的項目（在 14 篇中有 13 篇進行這方面的評量），而模型產生的歷程則是最少被探討的（少於

5 篇）。Namdar and Shen 所提出的建模成品則是 Constantinou, Nicolaou, & Papaevripidou（2019）的架構中所未關注的。事實上學生的成品良莠也是評量建模能力的一個重要指標。

此外，尚有 Krell et al.（2016）提出模型本質（Nature of Models）、多重模型（Multiple Models）、模型的目的（Purpose of Models）、測試模型（Testing Models）和改變模型（Changing Models）的能力作為定義建模能力的範疇。前三項與模型是什麼、有什麼性質、可以如何表徵，到為何要使用該模型有關；而後兩者則意指建立這些模型的過程中需要不斷去測試模型的可行性，必要時須進行修正與改變。因此可以將前三項是為靜態的模型知識，後兩項是動態的歷程。Chiu 和 Lin（2019）則認為建模能力應包括（1）對模型和建模歷程的知識（Models and Modeling Knowledge）、（2）將這些知識運用到現象或問題解決的實踐面（practice），透過實踐展現對建模知識的理解，可以從建模步驟的獲得和產出的成品加以評價，以及（3）監控建模知識如何實踐並反思其歷程的意義。這樣的建模素養包括對模型和建模歷程的認識（知的面向），以及將建模知識轉化成行動（行的面向），進行探究並設計實驗去驗證模型的有效性，強調知行合一與反思的重要性。可惜的是，研究指出，目前有關評量學生建模能力的工具仍較缺乏，即使有，工具的效化仍有不足待審視，甚至何謂建模能力可能都要更謹慎檢視並反思（Nicolaou & Constantinou, 2014; Namdar & Shen, 2015），這些問題都值得研究者進行後續的研究。

圖 2-1 將這三階段的重點整理如下，顯示過去 30 年間模型與建模相關研究的發展趨勢，可以做為科學教學、課程發展或是學習評量的參考。

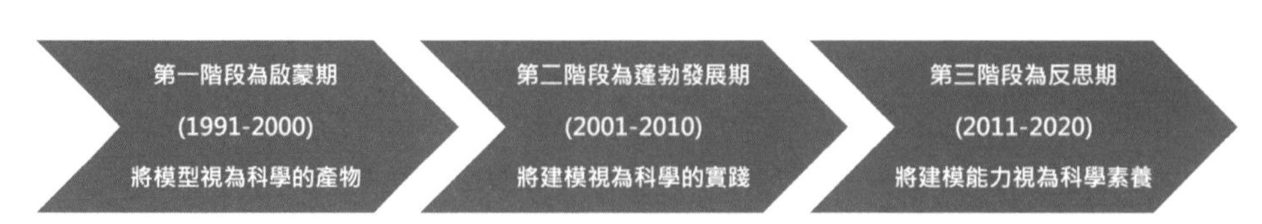

圖 2-1 模型與建模發展歷程

肆、模型本位的探究與建模本位的探究

模型本位與建模本位的學習都在強調科學活動中如何從既有的知識架構去主動建構出一個對科學現象的雛形，再逐漸精緻化與反覆測試獲得類科學模型，這過程還牽涉到對自然現象的探究、推理、提出論點、舉證、建構模型到下結論，只是兩者的著重點不同，前者更著重在模型的建構、演變與重建，以產出的成品為主；後者則強調的是在建構、評價與修正模型的過程中，如收集與分析資料以佐證或否證假說，以兼顧過程的精熟和成品的優劣為主要的學習核心。以下舉幾位學者的觀點加以闡述。

首先，Windschitl 等人（2008）指出科學學習的過程中，教師過度強調學習的成果，會因而忽略科學社群建構科學知識的歷程（例如：科學知識如何產生）。科學課堂的活動設計並非複製科學家在研究過程中的所有歷程，而是應該強調科學家建構知識的過程中如何生成（generate）與效化（validate）新想法的科學方法，因此，科學學習的過程中應強調可驗證性（testability）、臆測（conjecture）、解釋（explanation）、原則修訂（principled revision）與生產性（generativity）等科學知識的特徵（特徵與提問範例請見表 2-1）。Windschitl 等人針對模型本位的課程提出四項設計的特徵，透過這些特徵提出適當的問題可以協助學生投入模型本位的探究活動中：1. 組織我們已經知道與預計瞭解的內容，2. 協助學生瞭解自己的想法、形成可驗證的假設，3. 提出符合情境脈絡的假設、尋找證據，4. 如何蒐集可用來檢驗模型的資訊、建立論點。若從此處去比較模型本位的探究和傳統探究，前者強調的是對一個自然世界可以運作的方式發展出一個合理的解釋；而後者的目的是對自然現象找到規律性，二者顯然是不同的。Windschitl 等人認為這些心智活動看似有如一般學校裡的科學方法，但是他們所提出的模型本位的教學更側重“有目的的闡明觀點、證據和解釋之間的關係”（p.956），據此，教師的工作主要是側重在學生的心智活動，而不在於實驗設備或材料的操作；教學中師生對話的核心內容應是科學家如何建構知

識而不是在機械性地動手操作，如此方能讓學生可以更加有意義地投入科學學習（Windschitl, et al., 2008）。

表 2-1 模型本位探究的特徵與部分提問範例（整理自：Windschitl et al., 2008）

對話	可能產生對話的提問
• 彙整我們知道什麼和我們想要知道什麼 （對現象發展一個初步的表徵，即模型）	✓ 我們對這種情況、過程或事件已經瞭解多少？ ✓ 在提出最終探究的問題之前，我們還需要哪些額外訊息來改進我們的初始模型？
• 產生可測試的假說 （用模型去闡述一個可測試的可能的關係或事件）	✓ 我們想要測試模型的哪些方面呢？ ✓ 還有什麼競爭假說也可以解釋我們所觀察到的現象呢？
• 尋找證據 （收集可以測試並確認可觀察世界的模式或關係的數據，而這些數據將成為解釋的證據）	✓ 什麼樣的數據可以幫助我們檢驗我們的假說？ ✓ 什麼是有系統的資料收集呢？
• 建構論點 （驗證數據已存在的模式，同時對初始模型提出支持或推翻原有的主張）	✓ 我們原始模型的預測與收集的數據一致嗎？ ✓ 我們如何才能超越一個簡單的因果關係？變數間非因果關係呢？

其次是德國學者們一連串對建模的研究（如 Krell 等人，2016）成果與探究的結合，首先，他們提出建模能力包含五個面向：模型本質（Nature of Models）、多重模型（Multiple Models）、模型的目的（Purpose of Models）、測試模型（Testing Models）和改變模型（Changing Models）。而這些建模能力還可以再依據不同能力分出三個層級的指標（見表 2-2）——從低階簡單具體的模型到重建和預測等高階建模能力。此架構已陸續被其他學者應用在教學與課程設計中（Upmeier zu Belzen et al., 2019）。

表 2-2 五面向三階層的建模能力架構（譯自：Upmeier zu Belzen et al., 2019）

面向	階層一	階層二	階層三
模型本質	現象和複製	現象的理想表徵	現象的理論重建
多重模型	不同模型物件	現象不同的面向	現象不同的假說
模型目的	描述現象	解釋現象	預測現象
測試模型	測試模型物件	比較模型和現象	測試現象的假說
改變模型	改變有缺陷的模型	因頓悟而修改模型	因否定現象的假說而修正模型

本文作者認為前三項屬於模型的知識，著重在模型的本質（從實體複製到科學理論的建構）、多元表徵的型態（從具體物件到抽象的符號表徵）和用以連結現象關係的特定目的。而後兩項則是比較偏向建模的歷程，透過測試模型的步驟能比較不同模型的價值最後到達模型修正與重建的最高層次。故此建模能力的架構實包括模型與建模的知識和歷程，而其中也包含有探究的內涵，如對現象的描述、解釋以及測試假說，但與探究不同的地方則如前所述，重視建模探究的過程中，從更結構性的模型與建模角度進行有系統的探究，並期待學習得以進階到對不同科學模型的利弊加以評價，必要時進行修改或完全摒棄不用重建新模型。這種將建模能力依據表現分出層級的作法與 Schwarz 等人在 2009 年發表的文章相似，從學習進展的角度去探討科學建模能力的精進。Schwarz 等人根據經驗證據與課程願景提出兩個向度的課程目標，每一向度都包含實作與後設建模知識：向度一是以模型作為「產生預測與解釋」的工具（models as generative tools for predicting and explaining（generative nature））以及向度二強調增進理解時，模型也會隨著改變（Models change as our understanding improves（dynamic nature））的特質。每一個面向都分為四個層級，從層級一的建構和使用模型說明單一現象、層級二根據證據建構／使用模型，說明和解釋現象如何發生、層級三的建構／使用多種模型以解釋／預測現象的多層面，到層級四的自發性地建構／使用模型來幫助思考。

Krell 等人（2016）將前述建模的五個面向在探究歷程中的互動關係呈現在圖 2-2 中，該架構從經驗世界和模型世界分成兩個層面來看：（1）建構面向，（2）應用面向。前者主要是從經驗世界的觀察和探討的現象經由模型的目的和多元的表徵與模型世界中相結合，而模型也必須去反映真實世界的特徵，因此在模型世界中必須不斷審視尋找模型的連貫性；後者則是強調自然世界中透過觀察、實驗、比較後所得到的數據和建構出來的模型之間的關係，並經由測試模型或是改變模型的歷程尋求彼此的一致性。此架構的複雜性也可以化約成強調經驗世界的現象與模型世界對應的關係。在這個架構中，可以看出 Krell 等人嘗試將前述建模的五個面向融入到探究活動中，使探究活動更具有建構科學模型的目的性。

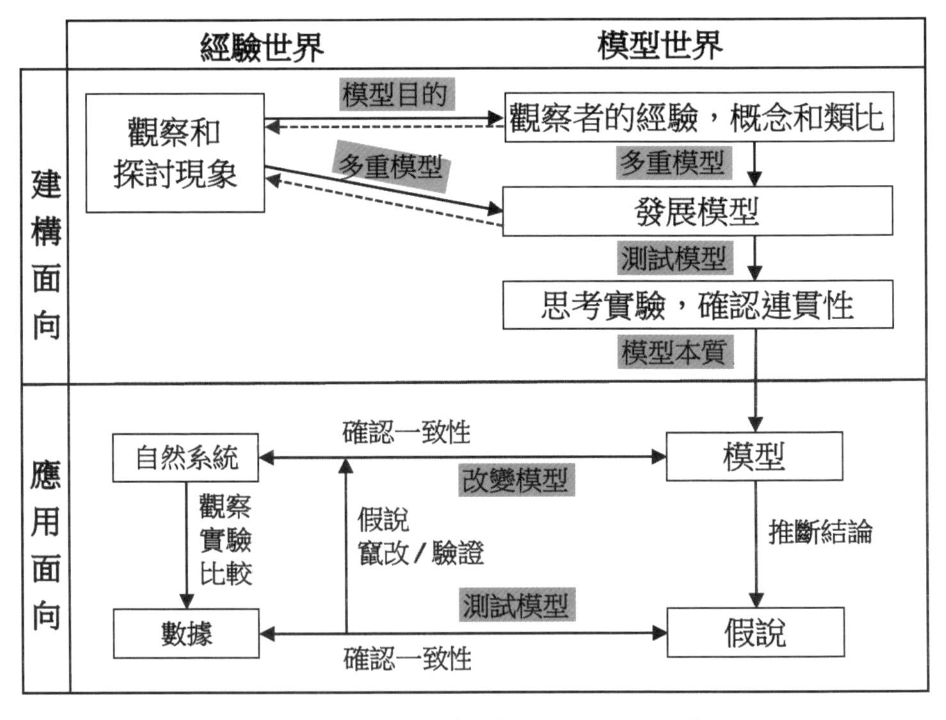

圖 2-2 建模歷程的架構（譯自 Krell et al., 2016）。
灰色底的部分是說明探究過程中建模能力的面向。

最後，Chiu 和 Lin（2019）也對建模能力提出不同的架構（圖 2-3），將建模能力分成三個面向進行討論：

一、模型與建模知識（Models and Modeling Knowledge）

學習者對模型本質（nature of models, NOM）和建模的瞭解（Model and Modeling Knowledge，簡稱 MMingK）。我們之所以使用 MMingK 而不是 NOM，是為了明確地關注不僅是 NOM 的知識，而且是建模過程的本質。在這部分學習者對於模型與建模的本體論（ontology）、方法論（methodology）與認識論（epistemology）認知的程度，本體論關注模型的組成、性質、類型與不確定性等的瞭解，以有助於轉換科學理論、模型與真實世界之間的關聯與意義；認識論是指學習者應根據情境而使用適切的表徵模型以用來理解科學現象；方法論包含模型的功能面向，例如模型的解釋力與預測力。

二、實踐（Practice）

此面向包含歷程（process）與成品（product）。建模歷程的 8 步驟可分為：（一）模型發展階段（Model Development，代號 D）：確認變因並且產生連結變因之間的關係，形成簡單的初始模型；（二）模型精緻化（或模型評價）階段（Model Elaboration/Evaluation，代號 E）：透過調查與收集證據後評價初始模型是否具有效性；（三）模型應用階段（Model Application，代號 A）：利用模型進行預測與解釋；（四）模型重建階段（Model Reconstruction，代號 R）：當情境改變、發現其模型限制或新證據加入時，須修正原有模型，這四個步驟會因不同的目的而形成循環的關係，整個建模歷程簡稱 DEAR 循環模式（如 Chiu & Lin, 2019；邱美虹，2008；張志康和邱美虹，2009）（見圖 2-4）。另外，建模實踐最後成果的展現，包含內在表徵（internal representations）：如心智模式（mental model）；外在表徵（external representations）：實際物件或繪圖。

三、模型與建模的後設認知知識（metacognitive knowledge of model and modeling）

此為學習者能夠自行計劃、監控、執行或是評價整體建模歷程的能力。

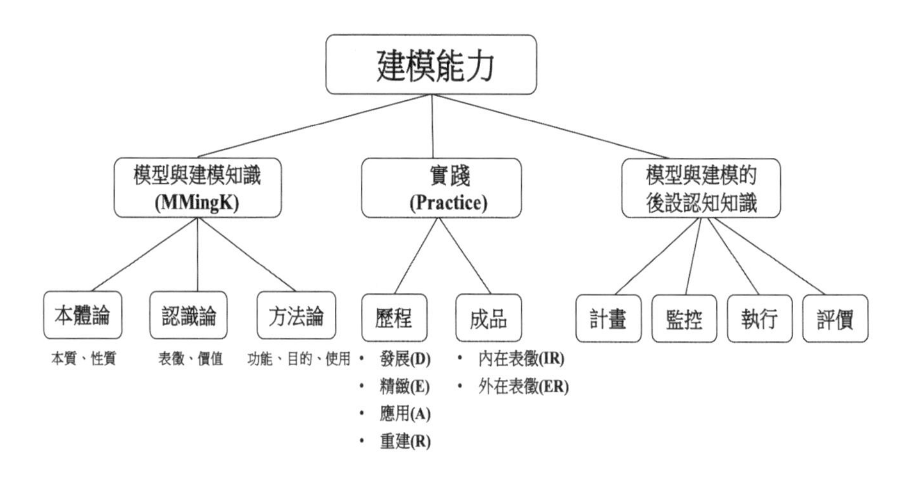

圖 2-3 建模能力架構（重繪自 Chiu & Lin, 2019）

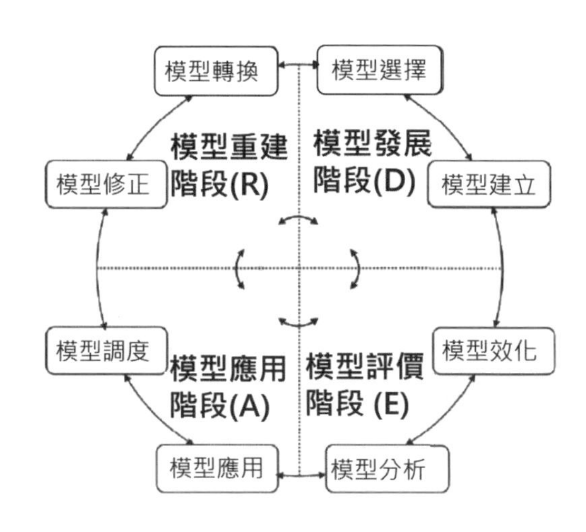

圖 2-4 建模歷程的四階段與八步驟

資料來源：修改自邱美虹（2016）。科學模型與建模：科學模型、科學建模與建模能力。臺灣化學教育，11。查詢日期：2021 年 2 月 2 日，檢自 http://chemed.chemistry.org.tw/?p=13898

有關評量這三面向的建模能力表現，在知識面有根據認識論、本體論和方法論發展的模型觀問卷，並針對學生和實習教師進行調查（林靜雯和邱美虹，2008；吳明珠，2008；周金城，2008；Lin, 2014）。譬如在認識論方面，高中生對於可以用不同的表徵形式（如文字和語言）來呈現模型的觀點偏低，在方法論上，學生對於初階的模型功能有較佳的表現，但是對於使用模型預測事物和現象的功能答題平均明顯偏低（林靜雯和邱美虹，2008）。若以教師為例，無論科學或是非科學背景的教師對模型知識的認同度普遍高於學生，其中又以教學相關的解釋功能認同度最高（Lin, 2014）。

在評量建模歷程的能力表現，邱美虹的團隊特別著重在能力表現的結構性層次，亦即從單一因素、多重因素、關係層次、延伸關係到理論模型（見表 3），每個建模步驟皆可以從學生對科學探究活動中所涉及的變因個數和關係得知其建模能力發展的層次（邱美虹，2008，2016；張志康和邱美虹，2009），這樣的結構是分析方式是基於模型有其組成的成分（Component, C）、成分與成分之間的關係（Relation, R），然後關係和關係再組成一個系統（System, S），就成為一個模型，簡稱 CRS 架構（見圖 2-5），其形成的歷程則可以透過 DEAR 去發展出可以解釋和預測自然現象的科學模式。

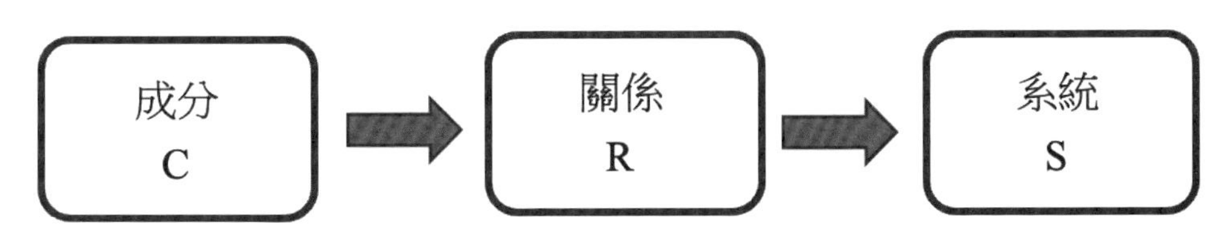

圖 2-5 模型組成的三部曲

根據這樣的觀點，以及參考 Hempel（1958）和 Biggs & Collis（1982）「觀察學習結果架構（Structure of the Observed Learning Outcome，簡稱 SOLO）」分類法的觀點（Biggs & Collis, 1982），張志康和邱美虹

（2009）發展出「建模能力分析指標（Modeling Ability Analytic Index，簡稱 MAAI）」（見表 2-3），藉以檢核學生在建模時各階段的能力層次，並使教師更瞭解建模的內涵。該研究發現，學生的建模能力層次偏低，且多數學生對於如何檢驗其所建立的科學模型是否有效並不熟悉。除此之外，研究也顯示，學生的建模能力與在校理科分數、建模能力與在校學業成績，兩兩間的相關均達顯著。此結果與林靜雯和邱美虹（2008）的研究一致，即學生是對於基礎的模型選擇較易接受，但對於需要的模型效化和應用則表現較不如人意。這樣的結果是可以理解的。因為學生沒有足夠的科學知識與建模能力，要進階到將模型有效化及合理化，進而應用到問題解決上是有困難的。

表 2-3 修改自張志康和邱美虹（2009）的 MAAI

	因素或成分（C）		關係（R）		系統（S）
經驗反應 -Level 0	單一因素 -Level 1	多重因素 -Level 2	關係層次 -Level 3	延伸關係 -Level 4	科學理論 -Level 5
無法反應相關且正確的因素。	反應出一種與理論相的因素（Factor）。	反應出兩種以上與理論相關的因素，但無論及因素間的關係。	反應出因素間的關係、交互作用或影響。	將多個因素關係間的概念作近一步延伸抽象的反應。	更多高階、複雜延伸抽象的反應層次。

整體而言，建模教學強調透過遞迴的建模歷程，發展模型以對科學現象進行解釋，建構的模型若與數據相符，則可以進行近遷移或是遠遷移的問題解決階段；但當模型與數據不符時，或是說模型無法在進行解釋或是預測科學現象時，模型的失效，就必須進行修正以讓模型得以繼續發揮其功能。若修正亦無效，則需摒棄該模型而重建新的模型。探究則是針對問

題提出可能解釋的原因，建立科學模型並不是探究的最終目的。因此作者認為，若能在學生探究的過程當中，將建模的概念融入教學，可以協助學生們在進行探究和思考科學相關議題或問題時，更加有系統地分析現象、確認問題、建立模型、收集證據來測試模型、最後評估與修改模型以對觀察的科學現象進行解釋與預測，這即可視為是建模取向的探究（modeling-based inquiry）。

邱美虹的一系列強調建模歷程的教學採用前述的四個主要的步驟：發展模型、精緻化（或評價）模型、應用模型和重建模型，簡稱為 DEAR 循環模式（如 Chiu & Lin, 2019；邱美虹，2008；張志康和邱美虹，2009），旨在強調每個階段的每個步驟都有可能因為條件和數據的改變，而需要再回頭檢測以確定模型的可靠性和有效性，這種必要的循環，是建模歷程不可以或缺的元素（曾茂仁和邱美虹，2021）。該研究系列雖未針對建模本位的探究有明確的說明，但在活動中強調建模歷程中探究變因之間的關係以及多重關係所建立的系統觀，因此也算隱晦地傳達建模本位的探究的教學設計。在曾茂仁和邱美虹（2021）研究中就以 CRS 和 DEAR 作為建模探究課程設計理念架構而開發一化學電池的教學活動（見表 2-4）。選擇化學電池為設計主題是因為它本身是一個複雜的概念，牽涉巨觀可觀察的現象以及微觀粒子的互動關係（Doymus, Karacop, & Simsek, 2010; Osman & Lee, 2014），由於它複雜和抽象的本質，即使到大學階段，學生對微觀電子移動與粒子互動等概念仍持有另有概念（Sanger & Greenbowe, 1997）。該研究透過 CRS 和 DEAR 建模探究教學後發現，建模組學生不論是在整體學習表現或是在對於化學電池結構中的組成成分，以及組成電池時這些組件之間的關係和形成的化學電池系統概念都較對照組的學生表現為佳。除此之外，建模教學組的學生在建模能力上的模型選擇、建立、效化與應用成效皆優於對照組。108 課綱強調基礎概念的學習也強調建模能力的培養，化學電池是個頗具挑戰性的化學概念，透過建模教學可以看到學生在知識面的成長，也發現學生建模能力的提升，此法可以做為現場教師在課程設計時之參考。

表 2-4 建模教學課程（引自：曾茂仁和邱美虹，2021）

節次	教學主題	建模步驟	教學內容
一	介紹模型與建模	-	教師講解模型與建模的意義，模型本身的解釋與預測的功能。
	水果電池	模型選擇	學生觀察水果電池使燈泡發亮的現象，並提出可能讓燈泡發亮的組成。
	伏打電池	模型選擇	根據科學史中伏打電池的發展，討論電池的組成。
	鋅銅電池	模型建立	學生觀察鋅銅電池的演示實驗，確認各組成之間的關係。
二	鋅銅電池	模型效化	學生透過建模文本的引導，以微觀的觀點說明組成之間的關係。
	化學電池的原理	模型應用	學生應用模型解釋水果電池（新情境）使燈泡發光的微觀解釋。
		模型調度	教師引導學生比較水果電池與鋅銅電池間組成、組成間關係的異同。

結語

模型與建模是科學活動中相互依賴的兩個重要元素，科學模型可以用來描述、解釋、和預測科學現象；而模型的可變動性和多元性對科學現象提供不斷演進的可能性，以促使科學前進。而科學模型的產生會經歷模型的發展、建立、驗證、應用和修正，尤其是面對複雜的科學現象，建模者需要面對不同變因的挑戰，在建構、解構與再建構的建模歷程中，磨練對模型的認識與強化在實踐中使用科學模型。在課堂教學中，可以讓學生瞭解科學模型的本質與價值；在探究活動中，可以讓學生瞭解建模歷程的精神與目標。培養學生利用不同的模型描述及預測自然現象之外，在設計與執行實驗後，學生能夠由收集來的數據，做出合理的判斷及評估模型的準確性或限制性。在這過程中，評價模型的優劣，宜從認識的角度著手，Pluta, Chinn, & Dundan （2011）界定好的模型要有高水準的概念連貫性和清晰度，並能和其他領域的模型相匹配，同時還要能適當的精簡並與實徵的證據一致，以做為預測之用。Jiménez-aleixandre 與 Crujeiras （2017）結合 NRC（2012）的科學活動與 OECD （2015）的認識知識的論述指出，科學教育的研究應該要從認識信念的研究邁向評量學生認識的實踐，若從這觀點來看，那麼在建模部分就應該包括對科學現象的想像、提出假設、預測、推理、到建構理論與模型，發展科學解釋；而在探究部分則包括對問題提出疑問、要能規劃、觀察、實驗、測量、到收集數據以尋找解法的調查活動。將模型與探究結合使學生在建模探究歷程中得以發展出對自然現象的認識觀，誠如 Berland 等人（2016）所倡議的在實踐中認識 （Epistemologies in Practices, EIP）科學模型，換言之，學生在科學學習的過程中應注重知識建構的認識目標（epistemic goal）與認識的理解（epistemic understandings），而不是停留在形式或表面的流程上。這應是未來相關研究的重點。

參考文獻

吳明珠（2008）。科學模型本質剖析：認識論面向初探。**科學教育月刊，307**，2-8。http://dx.doi.org/10.6216%2fSEM.200804_(307).0001

李驥、邱美虹（2019）。NGSS 和 12 年國民基本教育中探究、實作和建模的比較與分析。**科學教育月刊，421**，19-31。http://dx.doi.org/10.6216%2fSEM.201908_(421).0002

周金城（2008）。探究中學生對科學模型的分類與組成本質的理解。**科學教育月刊，306**，10-17。http://dx.doi.org/10.6216%2fSEM.200803_(306).0002

林靜雯、邱美虹（2008）。從認知/方法論之向度初探高中學生模型及建模歷程之知識。**科學教育月刊，307**，9-14。http://dx.doi.org/10.6216%2fSEM.200804_(307).0002

邱美虹（2008）。模型與建模能力之理論架構。**科學教育月刊，306**，2-9。http://dx.doi.org/10.6216%2fSEM.200803_(306).0001

邱美虹（2016）。科學模型與建模：科學模型、科學建模與建模能力。**臺灣化學教育，11**。http://chemed.chemistry.org.tw/?p=13898

邱美虹、劉俊庚 (2008)。從科學學習的觀點探討模型與建模能力。**科學教育月刊，314**，2-20。

張志康、邱美虹（2009）。建模能力分析指標的發展與應用—以電化學為例。**科學教育學刊，17**，319-342。http://dx.doi.org/10.6173%2fCJSE.2009.1704.04

教育部（2018 年）。**十二年國民基本教育課程綱要自然科學領綱**。https://reurl.cc/zNlN6Q

曾茂仁、邱美虹（2021）。透過建模教學提升學生在化學電池概念和建模能力上的表現。**科學教育學刊，29**（2），137-165。http://dx.doi.org/10.6173%2fCJSE.202106_29(2).0003

Barnea, N., & Dori, Y. J. (1999). High-school chemistry students' performance and gender differences in a computerized molecular modeling learning environment. *Journal of Science Education and Technology*, *8*(4), 257-271. https://doi.org/10.1023/A:1009436509753

Berland, L. K., Schwarz, C. V., Kirst, C., Kenyon, L., Lo, A. S., & Reiser, B. J. (2016). Epistemologies in practice: Making scientific practices meaningful for students. *Journal of Research in Science Teaching*, 53(7), 1082-1112. https://doi.org/10.1002/tea.21257

Biggs, J. B. & Collis, K. F. (1982). *Evaluating the quality of learning: The SOLO taxonomy*. New York: Academic Press.

Buckley B.C., Boulter C.J. (2000) Investigating the Role of Representations and Expressed Models in Building Mental Models. In Gilbert J.K., Boulter C.J. (Eds) Developing Models in Science Education. (119-135). Springer, Dordrecht. https://doi.org/10.1007/978-94-010-0876-1_6

Buckley, B. C. (2000). Interactive multimedia and model-based learning in biology. *International Journal of Science Education*, *22*(9), 895-935. https://doi.org/10.1080/095006900416848

Burgin, S. R., Oramous, J., Kaminski, M., Stocker, L., & Moradi, M. (2018). High school biology students use of visual molecular dynamics as an authentic tool for learning about modeling as a professional scientific practice. *Biochemistry and Molecular Biology Education*, *46*(3), 230-236. https://doi.org/10.1002/bmb.21113

Campbell, T., Oh, P. S., Maughn, M., Kiriazis, N., & Zuwallack, R. (2015). A review of modeling pedagogies: Pedagogical functions, discursive acts, and technology in modeling instruction. *Eurasia Journal of Mathematics, Science and Technology Education*, *11*(1), 159-176. https://doi.org/10.12973/eurasia.2015.1314a

Campos V. M., Arias, J. C., Martinex, J. M. O., Lopex, A. B., & Mariscall, A. J.F. (2016). Assessment of teacher training students' understanding of the nature of the models. In J. Lavonen, K. Juuti, J. Lampiselkä, A. Uitto & K. Hahl (Eds.), *Electronic Proceedings of the ESERA 2015 Conference. Science education research: Engaging learners for a sustainable future, Part 6* (co-ed. M. Izquierdo, V.-M. Vesterinen), 799–805. Helsinki, Finland: University of Helsinki. ISBN 978-951-51-1541-6

Chang H.-Y. & Chang H.-C., (2013). Scaffolding students' online critiquing of expert-and peer-generated molecular models of chemical reactions. *International Journal of Science Education, 35*(12), 2028–2056. https://doi.org/10.1080/09500693.2012.733978

Cheng, M. F., Lin, J. L., Chang, Y. C., Li, H. W., Wu, T. Y., & Lin, D. M. (2014). Developing explanatory models of magnetic phenomena through model-based inquiry. *Journal of Baltic Science Education, 13*(3), 351-360. https://doi.org/10.33225/jbse/14.13.351

Cheng, M.-F., & Lin, J.-L. (2015). Investigating the relationship between students' views of scientific models and their development of models. *International Journal of Science Education, 37*(15), 2453-2475. https://doi.org/10.1080/09500693.2015.1082671

Chiu, M. H., & Lin, J. W. (2019). Modeling competence in science education. *Disciplinary and Interdisciplinary Science Education Research, 1*(1), 1-11. https://doi.org/10.1186/s43031-019-0012-y

Chiu, MH., Lin, JW. (2022). Research on Modeling Competence in Science Education from 1991 to 2020 with Cultural and Global Implications. In: Atwater, M.M. (eds) *International Handbook of Research on Multicultural Science Education. Springer International Handbooks of Education.* Springer, Cham. https://doi.org/10.1007/978-3-030-37743-4_34-1

Clement J.J. (2008) Student/Teacher Co-construction of Visualizable Models in Large Group Discussion. In J.J. Clement, M.A. Rea-Ramirez (Eds), *Model Based Learning and Instruction in Science*. Models and Modeling in Science Education, (vol 2, 11-22). Springer, Dordrecht. https://doi.org/10.1007/978-1-4020-6494-4_1

Clement, J. J. (2009). The role of imagistic simulation in scientific thought experiments. *Topics in Cognitive Science*, *1*(4), 686-710. https://doi.org/10.1111/j.1756-8765.2009.01031.x

Constantinou, C. P., Nicolaou, C. T., & Papaevripidou, M. (2019). A Framework for Modeling-Based Learning, Teaching, and Assessment. In A. Upmeier zu Belzen, D. Krüger, J. van Driel (Eds.), *Towards a Competence-Based View on Models and Modeling in Science Education* (39-58). Springer, Cham. https://doi.org/10.1007/978-3-030-30255-9_3

Crawford, B., and M. Cullin. (2004). Supporting prospective teachers' conceptions of modelling in science. Internation*al Journal of Science Education,* 26(11), 1379–1401. https://doi.org/10.1080/0950069041000167377 5

Derman, A., & Kayacan, K. (2017). Investigation of the relationship between the views of the prospective science teachers on the nature of scientific models and their achievement on the topic of atom. *European Journal of Education Studies, 3*, 541–559. http://dx.doi.org/10.5281/zenodo.583777

Doymus, K., Karacop, A., & Simsek, U. (2010). Effects of jigsaw and animation techniques on students' understanding of concepts and subjects in electrochemistry. *Educational Technology Research and Development*, 58, 671-691. https://doi.org/10.1007/s11423-010-9157-2

Erduran, S. (2021). Personal Communication.

Everett S. A., Otto C. A. and Luera G. R., (2009), Preservice elementary teachers' growth in knowledge of models in a science capstone course, *Int. J. Sci. Math. Educ.*, 7(6), 1201–1225. https://doi.org/10.1007/s10763-009-9158-y

Fretz, E. B., Wu, H., Zhang, B., Davis, E. A., Krajcik, J. S., & Soloway, E. (2002). An investigation of software scaffolds supporting modeling practices. *Research in Science Education, 32,* 567- 589. https://doi.org/10.1023/A:1022400817926

Giere, R. N. (1991). *Understanding scientific reasoning* (3rd ed.), Holt, Rinehart & Winston.

Giere, R. N. (2004). How models are used to represent reality. *Philosophy of science*, *71*(5), 742-752. https://doi.org/10.1086/425063

Gilbert, J. K. (2004). Models and modelling: Routes to more authentic science education. *International Journal of Science and Mathematics Education*, 2(2), 115-130. https://doi.org/10.1007/s10763-004-3186-4

Gilbert, S. W. (1991). Model building and a definition of science. *Journal of Research in Science Teaching*, 28(1), 73–80. https://doi.org/10.1002/tea.3660280107

Gobert, J. D. (2000). A typology of causal models for plate tectonics: Inferential power and barriers to understanding. *International Journal of Science Education, 22*(9), 937-977. https://doi.org/10.1080/095006900416857

Gobert, J. D., & Pallant, A. (2004). Fostering students' epistemologies of models via authentic model-based tasks. *Journal of Science Education and Technology*, *13*(1), 7-22. https://doi.org/10.1023/B:JOST.0000019635.70068.6f

Gobert, J., & Discenna, J. (1997). *The relationship between students' epistemologies and model-based reasoning.* Retrieved from ERIC database. (ED409164)

Grosslight, L., Unger, C., Jay, E., & Smith, C. L. (1991). Understanding models and their use in science: Conceptions of middle and high school students and experts. *Journal of Research in Science teaching*, *28*(9), 799-822. https://doi.org/10.1002/tea.3660280907

Grünkorn, J., zu Belzen, A. U., & Krüger, D. (2014). Assessing students' understandings of biological models and their use in science to evaluate a theoretical framework. *International Journal of Science Education*, *36*(10), 1651-1684. https://doi.org/10.1080/09500693.2013.873155

Günter, T., & Alpat, S. K. (2017). The effects of problem-based learning (PBL) on the academic achievement of students studying "Electrochemistry." *Chemistry Education Research and Practice*, 18, 78-98. https://doi.org/10.1039/C6RP00176A

Halloun, I. (1996). Schematic modeling for meaningful learning of physics. *Journal of Research in Science Teaching: The Official Journal of the National Association for Research in Science Teaching*, *33*(9), 1019-1041. https://doi.org/10.1002/(SICI)1098-2736(199611)33:9%3C1019::AID-TEA4%3E3.0.CO;2-I

Halloun, I. A. (1996). Schematic modeling for meaningful learning of physics. *Journal of Research in Science Teaching, 33*(9), 1019-1041. https://doi.org/10.1002/(SICI)1098-2736(199611)33:9%3C1019::AID-TEA4%3E3.0.CO;2-I

Hempel, C. G. (1958). Fundamentals of concept formation in empirical science. In C. G. Hempel (Ed.), *International encyclopedia of unified science: Foundations of the unity of science, volume 2* (pp. 88-93). Chicago: University of Chicago

Jong, J. P., Chiu, M. H., & Chung, S. L. (2015). The use of modeling-based text to improve students' modeling competencies. *Science Education, 99*(5), 986-1018. https://doi.org/10.1002/sce.21164

Justi, R. S., & Gilbert, J. K. (2002). Modelling, teachers' views on the nature of modelling, and implications for the education of modellers. *International Journal of Science Education*, 24, 369-387. https://doi.org/10.1080/09500690110110142

Khan, S. (2007). Model-based inquiries in chemistry. *Science Education*, *91*(6), 877-905. https://doi.org/10.1002/sce.20226

KMK(ed.) (2005) Bildungsstandards im Fach Biologie fur den Mittleren Schulabschluss [Biology education standards for the Mittlere Schulabschluss]. Munchen/Neuwied: WoltersKluwer. [cited from Belzen, A. U., van Driel J. & Kruger, D. (2019). Preface. pp v–vi.Towards a competence-based view on models and modeling in science education]

Krell, M., & Krüger, D. (2017). University students' meta-modelling knowledge. *Research in Science & Technological Education*, *35*(3), 261-273. https://doi.org/10.1080/02635143.2016.1274724

Krell, M., Upmeier zu Belzen, A., & Kruger, D. (2016). Modellkompetenz im Biologieunterricht [Modeling competence in biology education]. In A. Sandmann, & P. Schmiemann (Eds.), *Biologiedidaktische Forschung: Schwerpunkte und Forschungsstande* (pp. 83-102). Berlin, Germany: Logos.

Kurtz dos Santos, A. C., Thielo, M. R., & Kleer, A. A. (1997). Students modelling environmental issues. *Journal of Computer Assisted Learning*, *13*(1), 35-47. https://doi.org/10.1046/j.1365-2729.1997.00005.x

Lazenby, K., & Becker, N. M. (2021). Evaluation of the students' understanding of models in science (SUMS) for use in undergraduate chemistry. *Chemistry Education Research and Practice*, *22*(1), 62-76. https://doi.org/10.1039/

D0RP00084A

Lehrer, R., & Schauble, L. (2000). Developing model-based reasoning in mathematics and science. *Journal of Applied Developmental Psychology*, *21*(1), 39-48. https://doi.org/10.1016/S0193-3973(99)00049-0

Levy S. T. and Wilensky U., (2009), Students' Learning with the Connected Chemistry (CC1) Curriculum: Navigating the Complexities of the Particulate World, *J. Sci. Educ. Technol.*, 18(3), 243–254.
https://doi.org/10.1007/s10956-009-9145-7

Lin, J. W. (2014). Elementary school teachers' knowledge of model functions and modeling processes: a comparison of science and non-science majors. *International Journal of Science and Mathematics Education*, *12*(5), 1197-1220.

Liu X., (2006), Effects of Combined Hands-on Laboratory and Computer Modeling on Student Learning of Gas Laws: A Quasi-Experimental Study, *J. Sci. Educ. Technol.*, 15(1), 89–100. https://doi.org/10.1007/s10956-006-0359-7

Louca, L. T., & Zacharia, Z. C. (2012). Modeling-based learning in science education: cognitive, metacognitive, social, material and epistemological contributions. *Educational Review*, *64*(4), 471-492. https://doi.org/10.1080/00131911.2011.628748

Louca, L. T., Zacharia, Z. C., & Constantinou, C. P. (2011). In quest of productive modeling-based learning discourse in elementary school science. *Journal of Research in Science Teaching*, *48*(8), 919-951. https://doi.org/10.1002/tea.20435

Namdar, B., & Shen, J. (2015). Modeling-oriented assessment in K-12 science education: A synthesis of research from 1980 to 2013 and new directions.

International Journal of Science Education, 37(7), 993-1023. https://doi.org/10.1080/09500693.2015.1012185

National Research Council (2000). *Inquiry and the National Science Education Standards: A Guide for Teaching and Learning*. Washington, DC: The National Academies Press. https://doi.org/10.17226/9596.

National Research Council (2012). *A Framework for K-12 Science Education: Practices, Crosscutting Concepts, and Core Ideas*. The National Academies Press. https://doi.org/10.17226/13165

Nersessian, N. J. (2008). Creating scientific concepts. Cambridge: MIT.

NGSS Lead States (2013). *Next generation science standards: For states, by states*. Washington, DC: The National Academies Press. https://doi.org/10.17226/18290

Nicolaou, C. T., & Constantinou, C. P. (2014). Assessment of the modeling competence: A systematic review and synthesis of empirical research. *Educational Research Review*, 13, 52-73. https://doi.org/10.1016/j.edurev.2014.10.001

Nicolaou, C. T., Nicolaidou, I. A., & Constantinou, C. P. (2009). Scientific model construction by pre-service teachers using Stagecast creatorTM. In P. Blumstein, W. Hung, D. Jonassen, & J. Strobel (Eds.), *Model-based approaches to learning: Using systems models and simulations to improve understanding and problem solving in complex domains* (215-236). The Netherlands. https://doi.org/10.1163/9789087907112_015

OECD (2016), *PISA 2015 Assessment and Analytical Framework: Science, Reading, Mathematic and Financial Literacy*, PISA, OECD Publishing, Paris, https://doi.org/10.1787/9789264255425-en

OECD (2017), *PISA 2015 Assessment and Analytical Framework: Science,*

Reading, Mathematic, Financial Literacy and Collaborative Problem Solving, PISA, OECD Publishing, Paris, https://doi.org/10.1787/9789264281820-en.

OECD (2019), *PISA 2018 Assessment and Analytical Framework*, PISA, OECD Publishing, Paris, https://doi.org/10.1787/b25efab8-en

Osborne, J. (2014). Teaching scientific practices: Meeting the challenge of change. *Journal of Science Teacher Education*, 25, 177-196. https://doi.org/10.1007/s10972-014-9384-1

Osman, K., & Lee, T. T. (2014). Impact of interactive multimedia module with pedagogical agents on students' understanding and motivation in the learning of electrochemistry. *International Journal of Science and Mathematics Education*, 12, 395-421. https://doi.org/10.1007/s10763-013-9407-y

Pádua, A. A., Costa Gomes, M. F., & Canongia Lopes, J. N. (2007). Molecular solutes in ionic liquids: a structural perspective. *Accounts of Chemical Research*, *40*(11), 1087-1096. https://doi.org/10.1021/ar700050q

Park, M., Liu, X., Smith, E., & Waight, N. (2017). The effect of computer models as formative assessment on student understanding of the nature of models. *Chemistry Education Research and Practice, 18*, 572-581. https://doi.org/10.1039/C7RP00018A

Pedaste, M., Maeots, M., Siiman, L. A., de Jong, T., van Riesen, S. A. N., Kamp, E. T., Manoli, C. C., Zacharia, Z. C., & Tsourlidaki, E. (2015). Phases of inquiry-based learning: Definitions and the inquiry cycle, *Educational Research Review*, *14*(1), 47-61. https://doi.org/10.1016/j.edurev.2015.02.003

Pierson, A. E., Clark, D. B., & Sherard, M. K. (2017). Learning progressions in context: Tensions and insights from a semester-long middle school modeling curriculum. *Science Education, 101*(6), 1061-1088. https://doi.org/10.1002/sce.21314

Pluta, J.W., A.C. Chinn, and G.R. Duncan (2011). Learners' epistemic criteria for good scientific models. *Journal of Research in Science Teaching, 48*(5): 486–511. https://doi.org/10.1002/tea.20415

Press.Jiménez-Aleixandre M.P., Crujeiras B. (2017) Epistemic Practices and Scientific Practices in Science Education. In Taber K.S., Akpan B. (Eds) *Science Education. New Directions in Mathematics and Science Education.* (69-80). SensePublishers, Rotterdam. https://doi.org/10.1007/978-94-6300-749-8_5

Raghavan, R., & Glaser, R. (1995). Model-based analysis and reasoning in science: The MARS curriculum. *Science Education*, 79(1), 37-61. https://doi.org/10.1002/sce.3730790104

Ritchey, T. (2012). Outline for a morphology of modelling methods: Contribution to a general theory of modelling. *Acta Morphologica Generalis, 1*, 1-20.

Sanger, M. J., & Greenbowe, T. J. (1997). Common student misconceptions in electrochemistry: Galvanic, electrolytic, and concentration cells. *Journal of Research in Science Teaching*, 34, 377-398. https://doi.org/10.1002/(SICI)1098-2736(199704)34:4%3C377::AID-TEA7%3E3.0.CO;2-O

Schwarz, C. V., & White, B. Y. (2005). Metamodeling knowledge: Developing students' understanding of scientific modeling. *Cognition and Instruction*, 23, 165-205. https://doi.org/10.1207/s1532690xci2302_1

Schwarz, C. V., Reiser, B. J., Davis, E. A., Kenyon, L., Achér, A., Fortus, D., ... & Krajcik, J. (2009). Developing a learning progression for scientific modeling: Making scientific modeling accessible and meaningful for learners. *Journal of Research in Science Teaching: The Official Journal of the National Association for Research in Science Teaching*, *46*(6), 632-654. https://doi.org/10.1002/tea.20311

Stratford, S. J., Krajcik, J., & Soloway, E. (1998). Secondary students' dynamic modeling processes: Analyzing, reasoning about, synthesizing, and testing models of stream ecosystems. *Journal of Science Education and Technology, 7*(3), 215–234. https://doi.org/10.1023/A:1021840407112

Tarhan, L., & Acar, B. (2007). Problem-based learning in an eleventh grade chemistry class: "Factors affecting cell potential." *Research in Science & Technological Education*, 25, 351-369. https://doi.org/10.1080/02635140701535299

Treagust, D. F., Chittleborough, G., & Mamiala, T. L. (2002). Students' understanding of the role of scientific models in learning science. *International journal of science education*, *24*(4), 357-368. https://doi.org/10.1080/09500690110066485

Underwood, S. M., Reyes-Gastelum, D., & Cooper, M. M. (2016). When do students recognize relationships between molecular structure and properties? A longitudinal comparison of the impact of traditional and transformed curricula. *Chemistry Education Research and Practice, 17*(2), 365-380. https://doi.org/10.1039/C5RP00217F

Upmeier zu Belzen A., van Driel J., Krüger D. (2019) Introducing a Framework for Modeling Competence. In Upmeier zu Belzen A., Krüger D., van Driel J. (Eds) *Towards a Competence-Based View on Models and Modeling in Science Education. Models and Modeling in Science Education* (vol 12, 3-19). Springer, Cham. https://doi.org/10.1007/978-3-030-30255-9_1

Van Der Valk, T., Van Driel, J. H., & De Vos, W. (2007). Common Characteristics of Models in Present-day Scientific Practice. *Research in Science Education,* 37, 469–488. https://doi.org/10.1007/s11165-006-9036-3

Van Driel, J. H., & Verloop, N. (1999). Teachers' knowledge of models and modeling in science. *International Journal of Science Education*, 21, 1141–1153. https://doi.org/10.1080/095006999290110

Van Driel, J. H., & Verloop, N. (2002). Experienced teachers' knowledge of teaching and learning of models and modelling in science education. *International journal of science education*, *24*(12), 1255-1272. https://doi.org/10.1080/09500690210126711

Van Driel, J. H., Bulte, A. M., & Verloop, N. (2007). The relationships between teachers' general beliefs about teaching and learning and their domain specific curricular beliefs. *Learning and instruction*, *17*(2), 156-171. https://doi.org/10.1016/j.learninstruc.2007.01.010

Victorian Curriculum and Assessment Authority (VCAA) (2016). Victorian certificate of education. Biology. Melbourne: VCAA

Wei, S., Liu, X., & Jia, Y. (2014). Using Rasch measurement to validate the instrument of students'understanding of models in science (SUMS). *International Journal of Science and Mathematics Education, 12*, 1067-1082. https://doi.org/10.1007/s10763-013-9459-z

Windschitl, M., Thompson, J., & Braaten, M. (2008). Beyond the scientific method: Model-based inquiry as a new paradigm of preference for school science investigations. *Science Education*, 92(5), 941–967. https://doi.org/10.1002/sce.20259

模型 / 建模本位探究的階段與循環：回顧與啟示

林靜雯（國立臺北教育大學自然科學教育學系）
李宜諺（國立臺北教育大學自然科學教育學系）

摘要

模型／建模本位探究 [model(ing)-based inquiry, MBI] 的教與學兼具探究的程序及科學認知的元素，是國際近年教育改革的重點之一。MBI 通常分為數個階段，並可能於最後形成一個循環。有鑑於學者們因應不同的研究目的及一些因素，因此構成 MBI 的各階段組成可能因為不同推理模式而有不同的定義及命名，以致於教育工作者常困惑而無所適從。本文介紹本團隊經由文獻回顧所發展的一個綜合性循環的 MBI 架構。該架構歸納出七個 MBI 階段。這七個階段中，「模型建立」、「模型評鑑」、「模型修正」和「模型重建」較其他階段更為關注認知的元素，而「定題」、「調查研究」和「討論」這三個階段則是一般簡單探究式教與學過程中常見的階段。至於「模型重建」是唯一專屬於建模本位探究的階段。進一步針對這些階段深入分析，其中一些階段基於不同的建模環境、學科、推理模式等可以再細分為數個子階段：「定題」分為目的、現象和經驗三個子階段；「模型建立」分為產生初始模型和提問、形成假設兩個子階段；「調查研究」分為探索、實驗和解釋三個子階段；「模型評鑑」分為效化和測試／應用兩個子階段；「討論」分為反思和溝通與表達兩個子階段。據此，本文最後以此綜合性的 MBI 架構，歸納不同文獻中的 MBI 類、研究對象背景等特徵的分布，並提供範例介紹不同研究者依據這些特徵選擇 MBI 階段中各子階段的規劃，供其他科學教育工作者設計適當的 MBI 教學參考。

關鍵詞：模型／建模本位探究、模型／建模本位探究的架構、模型／建模本位探究的階段

壹、緒論

探究學習是一種讓學生像專業科學家一樣使用科學方法來建構和實踐知識的教學策略（Keselman, 2003）。探究是發現新因果關係的過程，學習者藉由實驗和／或觀察來形成假設和進行檢驗（Pedaste et al., 2015）。長期以來，世界各國的教育政策普遍認為探究學習是建立科學素養的必要組成（European Commission, 2007; National Research Council [NRC], 1996, 2000）。但 Windschitl et al.（2008）認為學校中的探究活動通常不會提供學生資源或經驗來理解研究問題的目的（Banilower et al., 2006; Chinn & Malhotra, 2002），也缺乏鼓勵學生產生初始模型以指引其形成有意義的研究問題和假設，因此學校的科學研究通常缺乏科學概念的實質內涵。此外，探究的教學方式常讓學生誤以為實驗是進行研究的唯一方法，但舉凡地質學、演化生物學、自然史和天文學等科學領域，幾乎不可能設計對照實驗。最後，許多教科書把探究描繪成一個線性的程序，這使得探究成了「研究的流程」，而不是「思考的方法」。Windschitl 等人建議融入「模型」或「建模」的認知元素，以「建模本位的探究」（以下簡稱「建模探究」）來替代簡單的探究方法，藉此克服簡單探究學習可能造成的問題。本文作者呼應 Windschitl 等人的看法，亦主張應將簡單探究的學習「升級」為「建模探究」！

近來，不同國家的科學課程改革也建議融入模型或建模到探究的教學或學習。例如：澳洲（VCAA, 2016）、德國（KMK, 2005）、美國（NGSS Lead States, 2013）、臺灣（教育部，2018）的課程標準或課綱都可以看到將模型本質納入，將模型作為一種思考方式的嘗試。Schwarz 與

Gwekwerere （2007） 認為學生之所以無法在學校中習得建模能力，部分原因是因為過去認為只有年齡較大或能力較強的學生才能勝任複雜的推理形式，因此過於著重於學童簡單過程技能的教授，另一個重要的原因便在於缺乏一個架構來協助教師引導學生投入建模探究實踐。因此，一個綜合性的 MBI 架構對於教育工作者實現課綱中對學生建模能力的期望非常重要。另一方面，Pedaste 等人（2015）指出不同研究人員對探究學習環的內涵存有不同的見解，有些學者已將模型或建模納入探究環 （例如：Hogan & Thomas, 2001; White & Frederiksen, 1998），有些學者則可能選擇歸納（經驗／數據分析的方法，例如：Bybee 等人的 5E 學習環，2006）或演繹（理論／假設的方法，例如：White & Frederiksen, 1998），而發展出不同的探究環。即便對於相同的基本階段，不同學者也常使用不同名稱來指稱，這使得教師在使用探究教學法時，常覺得困惑與無所適從。Pedaste 等人認為應對描述探究各階段的名稱及各階段所組成的元素與關係進行分析，以便提出一個架構，使我們對探究的學習有一個更普適性及全面性的理解。Pedaste 等人經過系統性文獻回顧 32 篇研究後，提出了探究學習的核心特徵及一般性的架構（圖 3-1）。這個架構整理出五個一般性探究階段：1. 定題、2. 概念化、3. 研究調查、4. 結論和 5. 討論。他們認為，這個綜合文獻的架構可以作為幫助教師構建探究式教學的鷹架。

這五個階段中部分階段還有子階段。例如：概念化階段分為問題和形成假設兩個子階段；調查階段分為探索或實驗，以進行後續資料解釋三個子階段；討論階段也分為兩個子階段：溝通和反思。在這個架構中，探究學習始於定題，透過概念化到研究調查，實際執行時，可能會在其中有多次循環。探究學習通常在結論階段結束。而討論階段（包括溝通和反思）則可能存在於探究學習期間的任一階段，因為它可以在探究學習過程中的任何時間點進行，也可以在探究活動結束後進行回顧反思時發生，並與其他階段相互連結（Pedaste, et al., 2015）。

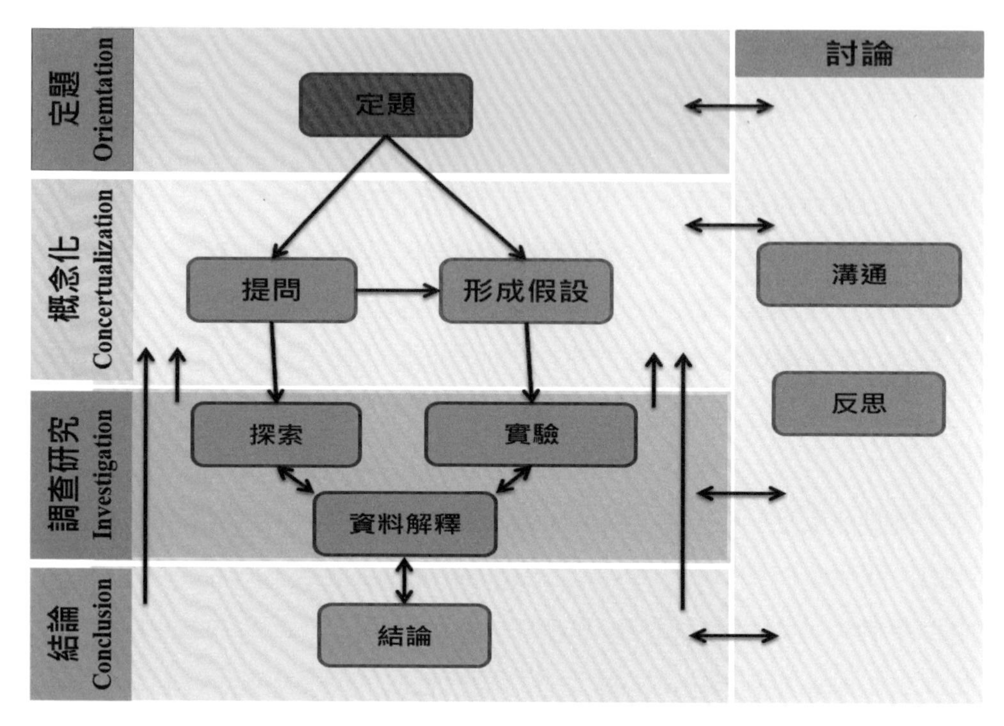

圖 3-1 探究學習的核心特徵和綜合性架構（引自 Pedaste et al., 2015）

事實上，建模探究亦為探究的一種，在學校環境中，科學建模的方法只有在重視和支持探究的情況下才能生根（Windschitl et al., 2008）。探究教學或學習所面臨的問題，建模探究都可能遭遇到。Pedaste 等人（2015）認為形成一個全面性與綜合性探究的架構十分重要，本文作者則認為建模探究因為須同時納入研究的程序以及認知的元素，對於師資培育而言，困難度更高，因此更須要分析各家不同觀點，找出建模探究中最基本、共通的元素以及全面性的架構，形成一個最基本明瞭的綜合性建模探究架構來引導教師教學設計。此外，區分 MBI 和一般探究之間的基本要素和核心特徵也有助於科學教育工作者設計融入思考智能的探究教學，真正結合十二年國教自然領綱探究能力下的問題解決與思考智能兩個面向。

在 21 世紀初期，已有許多學者嘗試將建模整合到探究的活動中（Löhner et al., 2005）。Löhner 等人提出了探究過程中電腦建模過程的規範描述，這個過程包括：定題、假設、實驗和模型評鑑。該架構利用設計模型草圖（model sketching）作為定題方式，以模型規範作為假設，而模型評鑑則類似於實驗後得出結論。電腦探究式建模有兩個可以促進科學學習的特點：其一為從給定的模擬中生成數據，這使學生可以在動態和複雜的情況下更改輸入變量的值並觀察輸出變量的結果值。因此，建模成為探究過程的一部分。其二為幫助學生建構一個可執行的外顯模型。此模型可以被模擬以重現現實世界中觀察到的現象。這些特徵使建模成為探究過程的一部分，並導致在 21 世紀初期 MBI 相關的研究著重於電腦建模（de Jong & van Joolingen, 2008）。如前所述，傳統的簡單探究主要涉及演繹推理和歸納推理。然而，以模型為基礎的推理將傳統簡單探究的解釋擴展到「溯因推理」（abductive reasoning）（Khan, 2007）。另言之，建模探究使得科學推理的形式更為多元。相較於歸納與演繹，溯因推理對國內的科學教育工作者而言較為陌生。溯因推理由哲學家 C. S. Peirce （1839-1914）首度提出，是一種極具創造性和複雜性的推理。這種推理類型始於事實的集合，包括多種特殊推理的形式及結構，例如：視覺化表徵、類比、思考實驗，以獲得現象的最佳解釋（the best available explanation）（Schurz, 2017）。簡而言之，上述的文獻探討我們發現一些學者在從事探究的教學實務中發現探究教學的問題，因此產生了升級為探究 2.0 的需求。但是同樣的，在探究 2.0 的執行過程中，我們發現不同的研究人員對於模型或建模的學習和探究有不同的定義，這往往導致溝通上的混淆（例如：Campbell et al., 2013; Chiu & Lin, 2019; Gilbert & Justi, 2016; Williams & Clement, 2015）。Chiu 與 Lin （2019）認為這些不同的研究人員之所以選擇不同關鍵字及命名的原因之一是因為各自想要達致的研究目的不同之故。因此，我們的團隊依據 Gilbert 和 Justi （2016）針對模型與建模學習的方法，區分出五種不同建模目的： (1) 學習課程模型 (2) 學習使用模型 (3) 學習修改模型 (4) 學習重建模型 (5) 學習從頭構建模型。其中，前三種方式屬於模型本位的探究（以下簡稱模型探究）。是學生透過現有的模型，學習去使用與解釋模型，並學習的過程中來修正原有的模型。後兩種屬於建模探究，這種探究強調學生能夠更進一步地重建其原有的模型架構，甚至可以從頭建構出一個模型並能完整的表達建立模型的過程。簡而言之，進行教學前，教師亦須釐清欲達到的教學目標為何，而 Gilbert 和 Justi 的上述分類有助於協助科學教育工作者釐清建立模型的目標。

綜上所述，本文作者過去經由文獻探討歸納了 MBI 的階段與循環架構，本文將先介紹該研究所形成的階段與循環架構，而後進一步歸納以瞭解不同文獻中的 MBI 類型（模型探究或建模探究）、研究對象的背景（亦即：不同學習階段的學生、在職教師或職前教師）、學科（物理、化學、生物、地球科學或科學）和建模環境（教室建模或電腦建模）等特徵的分布狀況，並提供範例，介紹不同研究者依據這些特徵選擇 MBI 階段中各子階段的規劃。

貳、MBI 的架構：階段與循環

本研究利用系統性地針對建模探究的相關文獻進行回顧，其由 EBSCO host、Scopus 資料庫及所搜尋到文獻的參考文獻中搜尋到有關模型／建模探究 [model(ing)-based inquiry] 相關研究中有談到 MBI 建模階段定義的文獻共 31 篇（如附錄），可摘錄出 157 個不同的活動來稱呼不同的 MBI 階段。在檢視和比較不同研究者所提供的各種名稱的定義後，研究者將 157 個名稱歸納為 28 群。其中，1-19 群各自僅歸屬於一個建模階段，但第 20-28 群，文獻中的學者所使用的階段定義則較為寬廣，跨越了兩個以上的建模階段，不同的多重跨越方式被分成了 9 種不同群組方式。例如：群組 21（*n*=2）的「閱讀和模型討論 & 文獻論證（Reading and discussion of models & argumentation paper）」（$6E^2$），表示是引自 6E（Windschitl & Thompson, 2006），跨越了調查研究與模型評鑑兩個階段。完整 MBI 階段結果顯示於圖 3-2。

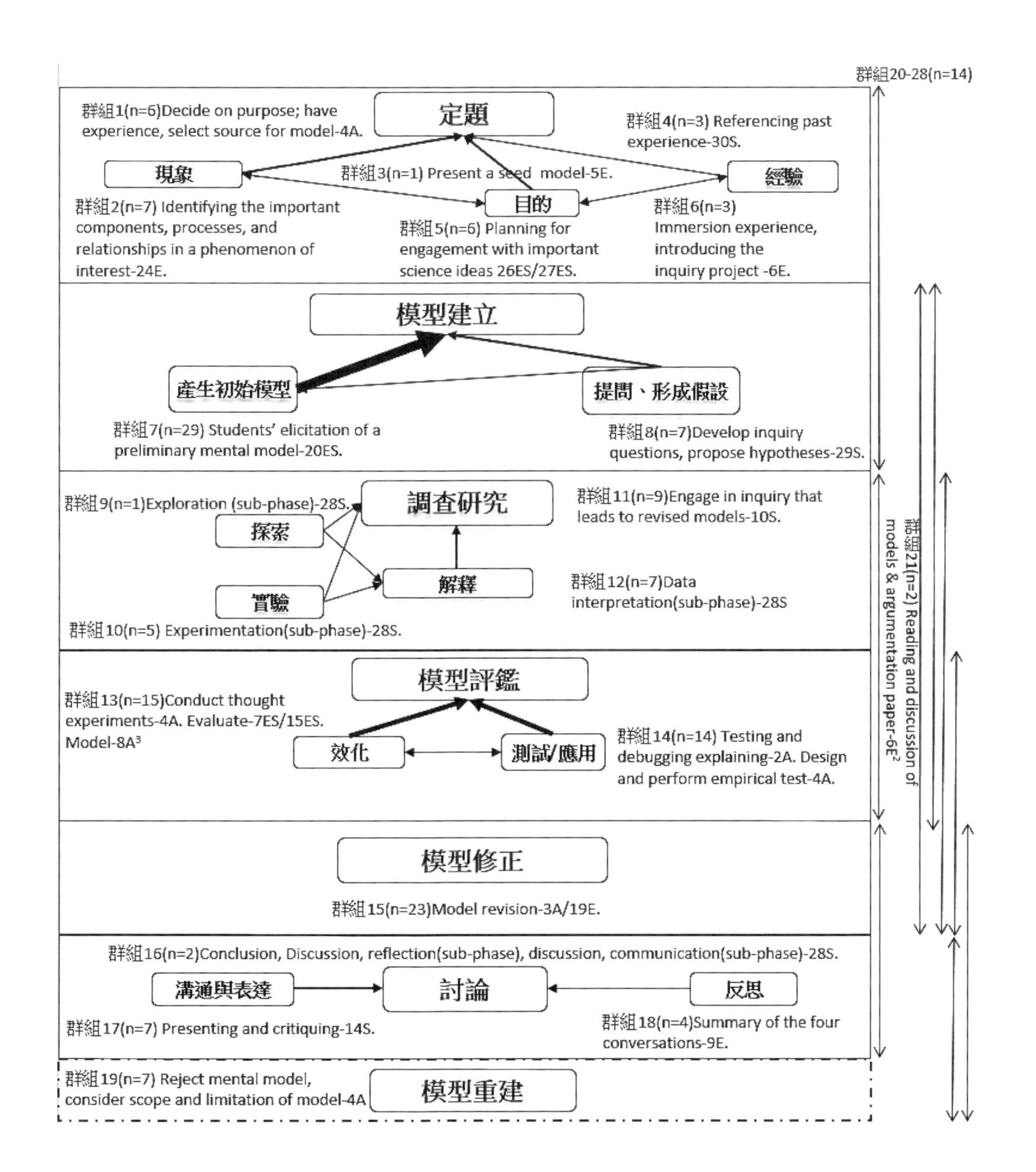

圖 3-2 不同文獻中各種建模階段名稱歸類為本文最終 MBI 架構之過程示意圖

註：1. 每群中的 n 代表研究的篇數，箭頭的粗細則是篇數的視覺化結果，越粗代表越多篇數。2. 此圖中每群僅以一個歸類的名詞作為範例。3. 雙箭頭表示橫跨的階段，上標數字代表跨越的階段數。4. 實線外框為模型探究階段；虛線外框為建模探究階段。

一、MBI 的階段和子階段

MBI 架構的第一個階段為定題（*n*=25）。這個階段對於教學極為重要，定題激發學生對研究主題的興趣與好奇心以定義模型關鍵的組成和關係，並透過問題陳述解決學習挑戰，教師要嘗試從所欲探究的「現象」特徵、學生的先備「經驗」以及建模的「目的」（用來描述、解釋問題解決或預測等）設計一系列驅動問題（driving questions），嘗試驅動學生的學習興趣和好奇心並協助他們訂定研究主題，聚焦於欲探究的相關變數。教師在這個階段，可以向學生介紹即將學習的主題，界定主要變數，這個階段最終希望學生能夠形成有意義、可探究的研究問題之陳述（Hovardas et al., 2018; Scanlon et al., 2011）。比較本階段的所有文獻，大部分文獻傾向於幫助學生熟悉他們想要探究的「現象」（*n*=7, 圖 2 的群組 2），現象為分析感興趣現象的重要組成部分、過程和關係，如 「定義學生有興趣的現象中重要的組成、過程和關係（*Identifying the important components, processes, and relationships in a phenomenon of interest*）」（24E）。其次是幫助學生理解 MBI 的「目的」（*n*=6, 群組 5），目的為了解建構模型的目的，如「規劃參與重要的科學想法（*Planning for engagement with important science ideas*）」（26ES/27ES）；引導學生回憶「經驗」（*n*=3, 群組 4）則最少，經驗為學生對要探索現象的先備經驗，如 「參考過去的經驗（*Referencing past experience*）」（30S）。有些文獻同時提到現象和目的的子階段（*n*=1, 群組 3），例如：「提出一個初始模型（*Presented a seed model*）」（5E）來連接現象和目的，教師讓全班討論為什麼觀察到的現象會是如此，另外也有文獻將目的與經驗連結起來 （*n*=3, 群組 6），如 「沉浸式體驗、介紹探究專題（*Immersion experience, introducing the inquiry project*）」（6E）。此外，定題（*n*=6, 群組 1） 對於定題的問題陳述，將三個子階段聯繫起來：現象、目的和經驗，如「決定目的，有經驗、選擇模型的來源（*Decide on purpose; have experience, select source for model* ）」（4A）。Buckley 與

Boulter（2000）描述了心智模式、表達模型和現象之間的交互關係。心智模式是認知的、內部的表徵，它與現象相互作用以形成各種表達模型，以根據先前的經驗和特定目的對現象作出反應，例如解釋、推理、解決問題、預測等（Justi & Gilbert, 2002）。「目的」、「經驗」和「現象」的特徵是影響下一階段心智模式和表達模型的三個因素，這三個因素也正是「定題」這個階段的子階段，提醒教師可以從這三個方向設計提問，藉以開展一個MBI。

第二個階段是「模型建立」（*n*=31）為要探索的現象生成關於結構、過程或系統的初始模型表徵來表示重點，此階段要求學生針對欲探索的現象或是原本已知的事件「產生初始的模型」，為提取初始心智模型或表徵。所有的文獻都提及這個階段，可見這個階段的重要性。此階段又分為「產生初始模型」與「提問、形成假設」兩個子階段，提出研究問題和／或假設以便更好地制定有關該領域的模型。大多數文獻（*n*=29, 群組 7）幫助學生形成他們的初始模型，如「激發學生的初始模型（*Students' elicitation of a preliminary mental model* ）」（20ES）；有些文獻（*n*=7, 群組 8）討論到形成假設與探究問題的貢獻，如「提出探究問題與假設（Develop inquiry questions, propose hypotheses）」（29S）。一旦學生能形成假設或探究的問題，將較為容易形成初始模型（de Jong & van Joolingen, 2008）。事實上，形成初始模型亦有助於形成有意義的假設及探究的問題。

第三個階段是「調查研究」（*n*=20），計畫進行系統研究以進行實驗模型、探索尋找證據以構建因果論證或對現有的最佳解釋做出推論，以回應研究問題、假設或測試初始模型，分為三個子階段：「實驗」為設計並進行實驗模型以檢驗假設、「探索」為根據研究問題以系統和有計畫的方式生成數據以及「解釋」為從收集的數據中挖掘意義並綜合新知識或提供解釋性的陳述或假設以最好地解釋現象。與其他階段相較，此階段的文獻較少。學生於此階段進行有系統的研究及複雜的科學推理。常見的推理形式包括：多次實驗後進行歸納、提出演繹原則後進行探索及涉及類比、思考實驗、視覺化等溯因推理形式的解釋，以回應研究問題或假設。然而也有文獻連結多個子階段來描述「調查研究」（*n*=9, 群組 11），調查研究為陳述研究計劃和過程，如 Hovardas 等（2018）（28S） 更加強調探究過程，並用調查、探索（子階段）、實驗（子階段）和資料解釋（子階段）（Exploration （sub-phase）, Experimentation（sub-phase）, Data interpretation（sub-phase）來描述這個過程。

第四個階段是「模型評鑑」（*n*=25），根據收集的數據或提供的新訊息進行推理以進一步評鑑初始模型，其中涵蓋了兩種主要的評鑑方式：「效化」（*n*=15, 群組 13）與「測試／應用」（*n*=14, 群組 14）。學生根據他們在調查階段實驗的數據或探索的結果，進一步評鑑他們的初始模型。「效化」為考慮內部或外部有效性來評鑑模型的質量。「測試／應用」以模型的實用性或可行性作為評鑑模型的標準，包含測試、模擬和應用模型（Stratford et al., 1998），如「測試和除錯解釋（Testing and debugging explaining）」（2A）。也有部分文獻同時包含這兩種評鑑方法。例如：Gilbert 與 Justi（2002）便先透過思考實驗，讓學生檢驗模型的內部一致性，然後應用、設計和進行實證檢驗來探究模型（4A）。

第五個階段是「模型修正」（*n*=23, 群組 15），根據模型評鑑的建議，對初始模型進行修正，使模型更加科學、完整與穩健，如「模型修正（Model revision）」（3A/19E）。此階段是唯一沒有子階段的階段。

第六個階段是「討論」（*n*=13），透過與他人交流與參與反思活動來支配整個學習過程或其階段以模型方式呈現特定階段或整個 MBI 結果的過程。此階段可以接在模型修正之後，要求學生下結論，報告自己的想法，並與其他同儕交流以獲得回饋，或請學生反思他們整個研究過程中證據和論證的一致性；也可以穿插在先前各階段，與先前的步驟透過「溝通」與「反思」兩個子階段進行對話（*n*=2, 群組 16），如「結論、討論、反思（子階段）、討論、溝通（子階段）[Conclusion, Discussion, reflection（sub-phase）, discussion, communication（sub-phase）]」（28S）。溝通與反思的差別在於溝通以模型方式與他人討論或展示 MBI 階段或整個 MBI 循環的結果並收集他們的反饋；反思則是一種內在的過程，描述、批判、評估和討論整個 MBI 循環或特定階段，學生自省、檢查在 MBI 的過程中，他們做了什麼？學到了什麼？

第七個階段是「模型重建」（*n*=7, 群組 19），初始模型的範圍和局限性變得明顯，無法符合研究目標或不適合新環境，MBI 循環從定題重新開始，並經歷 MBI 的所有階段。此階段專屬於建模探究，學生需檢視初始模型的範圍和局限性，當學生發現他們的初始模型不能滿足他們的研究問題，必須增加或減少模型內部組成與關係或拓展研究的範疇，便會從「定題」階段重新開始，再次經歷上述 MBI 六個階段來重新建構模型，透過修正、改變其結構，使建模歷程能夠持續循環。典型的活動例如：「拒絕一個心智模式，考慮模型的範疇和限制（5）」（4A）。這個階段的存在使得 MBI 形成一個循環，但這種循環性的建模，難度比較高，不見得會在一次課程中就出現，而可能跨越不同的學習階段。

此架構綜合了文獻中所提到的各種 MBI 的歷程，並嘗試涵蓋科學推理的三種基本形式：歸納、演繹、溯因推理。但需要注意的是，這些階段不必然是線性的進行，而可能會有迂迴往返或是特別著重於其中某些階段的情形，教師使用此鷹架時，需在引導學生定題之前，先行思考所欲探究之現象的特質、學生的經驗以及所欲建模的目的後，自行選擇上述架構中的主要階段或子階段進行組合。

二、MBI 循環

圖 3-3 為對於 MBI 階段的描述與定義所分析出的 MBI 循環，這個架構包括六個模型探究階段（定題、模型建立、調查研究、模型評鑑、模型修正和討論），以及一個建模探究（模型重建）的特定階段。教師可以利用此循環作為設計 MBI 教學的鷹架。

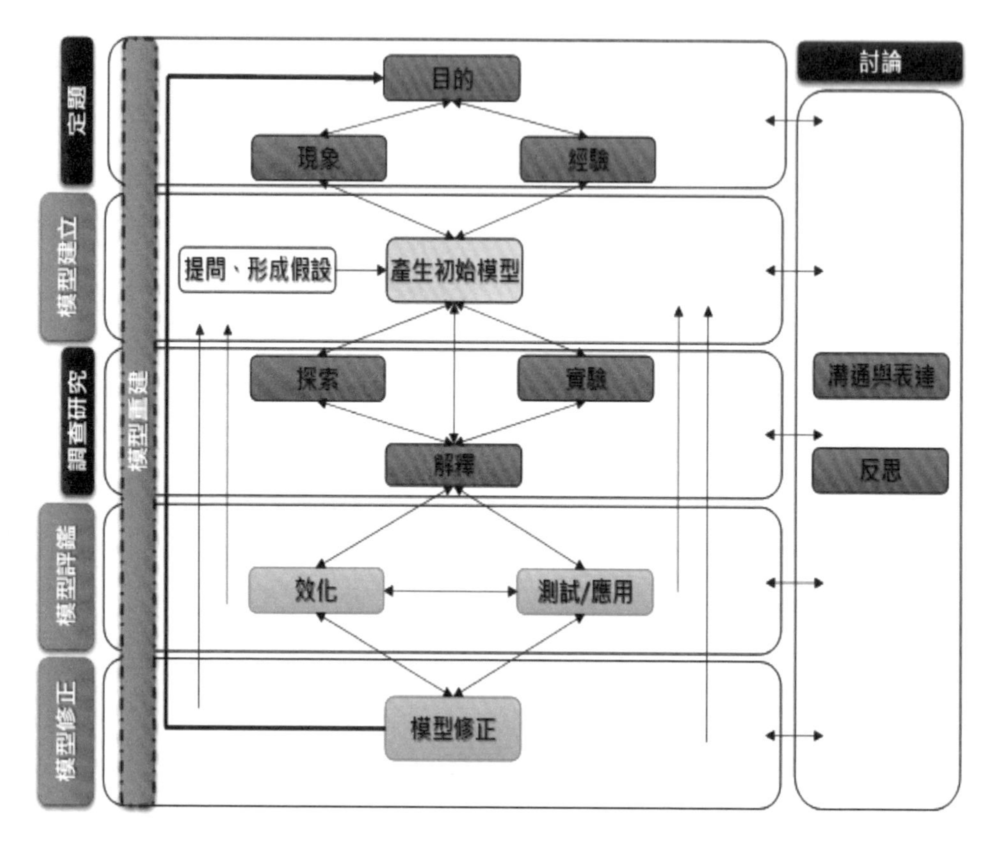

圖 3-3 MBI 循環的教學鷹架
註：虛線為建模探究部分

經文獻彙整的 MBI 循環架構（圖 3-3）由認知和探究過程兩部分組成，認知部分包含模型探究中的三個核心認知要素（Generation, Evaluation, Modification, G.E.M.）和模型重建階段，而探究過程部分包含定題、調查研究和討論階段。比較 31 篇回顧文獻中提出的每個 MBI 階段出現次數依序為：模型建立、模型評鑑、定題、模型修正、調查研究、討論和模型重建。這個結果顯示更多的文獻著重認知部分甚於探究歷程的部分。

將新的 MBI 循環（圖 3-3）與 Pedaste 及其同儕的探究學習環進行比較，凸顯了一些 MBI 循環的重點。MBI 循環中的定題階段區分了三個子階段：

目的、現象和經驗，這三個子階段和細節使教師能夠引導學生將他們的經驗與現象的特徵做連結。「目的」凸顯出認知思考，並做為 MBI 認知的架構（Schwarz et al., 2009）。新的 MBI 將提問、形成假設（*n*=7）作為其模型建立階段的子階段，這一階段的重點是要求學生探究現象，可測試的假設或研究問題只是一種表徵的方式，但在此階段也歡迎其他類型的表徵方式，例如：繪圖、類比。此外，MBI 循環中的調查研究階段不只含括探索和實驗，它還涉及一個額外的子階段一解釋。解釋至少有兩個功能：數據解釋和溯因推理。數據解釋是探索和實驗之後的下一步，而溯因推理可以解釋基於初始模型形成的解釋性假設（Hobbs et al., 1993; Lawson, 2010）。最後，雖然溝通與反思階段與 Pedaste 等人的研究歸類一致，但 MBI 架構更著重在溝通與反思的過程中強調模型和建模的各種特質與本質。

參、MBI 的類型、研究對象的背景、環境與科目

呼應前面我們所提到的：研究者基於不同的研究目的與需求，選擇不同的模型／建模階段，本節重點在於延續之前 MBI 階段與循環的文獻，嘗試梳理其中 MBI 的類型、研究對象的背景、建模環境和科目等因素在 MBI 階段中各子階段之間的分布。首先，本研究將 31 篇文獻回顧的內容（附錄）分為兩類（表 3-1）：模型探究（*n*=24）和建模探究（*n*=7）。所有研究中，18E（Bouwma-Gearhart & Bouwma, 2015）之作者定義為建模探究，但由於該研究中沒有與重建相關的階段，因此被本文作者重新分配到模型探究。而 5E （Wilensky, 2003），8A （Schwarz & Gwekwerere, 2007），11E （Schwarz & White, 2010），13S （Buckley et al., 2010）和 21E （Wang et al., 2015） 最初被定義為模型探究，但他們都討論了局限性和範圍並重建了模型或重新開始了一個新的研究問題，這需要將它們重新定義為模型探究。總體而言，近八成（77.42%） 的研究屬於模型探究。

表 3-1 MBI 的類型

本研究＼原作者	模型探究	建模探究
模型探究	2A, 3A, 6E, 7ES, 9E, 10S, 12E, 14S, 15ES, 16ES, 17E, 19E, 20ES, 22S, 23ES, 24E, 25S, 26ES, 27ES, 28S, 29S, 30S, 31E	18E
建模探究	5E, 8A, 11E, 13S, 21E	1A, 4A

而有關研究對象的背景，表 3-2 顯示了 MBI 的相關研究對象含括了所有的學習階段，從小學生到大學生，也包括職前教師和在職教師。其中有兩項研究（10S 和 31E）甚至結合兩個學習階段。主要研究對象是國中和高中學生（*n*=20, 64%），其次是在職和職前教師（*n*=8, 26%）。當研究對象是學生時，MBI 過程著重於師生之間的互動，教師引導學生提出模型的假設和根據證據調整模型來獲得科學知識；當研究對象是教師時，MBI 過程著重於要求教師提出他們對現象的初始模型或解釋，然後提供證據和評估來修改他們的初始模型和解釋。這些經驗的目標是教師將他們獲得的能力轉移到 MBI 教學中。 Wilkerson et al. （2016, 24E）表示參與 MBI 過程的科學教師能夠增加他們的建模經驗並理解模型的價值，這將有助於他們在科學教學中使用模型。 Windschitl 等人（2008, 9E）也發現 MBI 可以幫助教師發展對科學模型的複雜理解，並在教學中使用模型。綜合上述我們的分析指出在小學階段（*n*=2, 6.45%）的研究是有限的，這結果符合 Schwarz 和 Gwekwerere （2007）的說法，即之前的研究傾向於支持年齡較大且有能力的學生較能處理複雜的推理並參加建模探究課程。本研究也顯示在大學階段實施設計良好的 MBI 課程或研究並不常見（*n*=1, 3.23%）。最後，由於建模類型和研究對象背景分佈不均，我們無法進一步發現這兩個因素和 MBI 的子階段之間的特殊模式。

表 3-2 文獻中研究對象的背景

背景	小學	國中	高中	國中 + 高中	大學	職前教師	在職教師	總計
小計	2	8	10	2	1	4	4	31

有關建模環境可從電腦（*n*=17）和教室（*n*=14）兩種環境加以探討（附錄）。研究顯示 31 篇研究中，電腦環境分佈在十個網站或軟體上，而教室環境分佈在物理、化學、生物、地球科學與科學五種學科內容。在這些網站或軟體中，NetLogo（*n*=3, 5E、6E 和 22S）和 STELLA（*n*=3, 2A、3A、8A）最受研究者青睞，被不同的研究人員採用。NetLogo 是一種多智能體語言（multi-agency language），這是一種新型電腦建模語言，使用者可以視覺化地探索和建構現象的電腦模型（Wilensky, 2003）。STELLA（Structural Thinking Experimental Learning Laboratory with Animation）是一種用於定量建模的工具，其中創建的大多數模型使用圖表來界定變量之間的關係，STELLA 可以直接將關係定義為簡單的算式或代數方程式，而不需要微積分或數學形式的抽象表徵（Hogan & Thomas, 2001）。此外，研究者發現在模型評鑑階段描述電腦環境的研究往往採用測試／應用來評估模型（例如： 5E、22S），而在教室環境中進行的研究通常以效化的方式進行（例如： 7E、8ES、15ES）。其他子階段中則沒有發現環境與之互動所產生的特殊模式。

學科內容的分析則表示，超過 51% 的研究涉及物理學（*n*=16），其次依序為生物學研究（*n*=8）、科學（*n*=4）、化學（*n*=2）和地球科學（*n*=1）。Windschitl 等人（2008）指出在學校進行探究可能會導致學生錯誤地認為實驗是收集研究數據的唯一方法。但是在地質學、生物學、自然史、天文學等一些學科中很難進行實驗，因此鼓勵科學教師用 MBI 代替簡單的探究。雖然上述學科無法採用實驗探究的方式，但在我們的分析中，卻僅有一項研究與地球科學的板塊構造（27ES）有關。建議未來的研究可以善用 MBI 的優勢，將 MBI 與這些學科的相關課題結合起來。此外，有關調查研究階段，當我們只考慮三個子階段（探索、實驗和解釋）時，物理學的情境較常採用實驗的方式進行研究，也通常會要求學生建立模型前先形成假設或研究問題；但生物學的情境則傾向於進行推理與解釋。

肆、結語

本文旨在從學習者的角度，提供科學教師及課程設計者一個MBI架構，使之引導學生進行探究學習時，能夠使學生更強調模型和建模的價值，並認識其中核心的認知元素。過去的研究從不同的角度提出MBI階段或循環，但基於學者們的研究目的及一些因素，文獻中構成MBI各階段的名稱、範疇及定義可能有所不同，而使得教育工作者無所適從。因此我們系統性地針對模型／建模探究的相關文獻進行回顧，並建立了一個綜合性的循環架構，來彰顯MBI的優點和一系列易於操作的步驟。這個新的MBI架構包含七個一般階段和若干子階段。其中，模型建立、模型評鑑、模型修正和模型重建著重於認知要素，而定題、調查研究和討論則是與一般探究共享的過程。而「模型重建」是建模探究中唯一與模型取向探究不同的階段。其中一些階段分為若干替代性或子階段：定題階段分為三個子階段，目的、現象和經驗；模型建立階段分為兩個子階段，初始模型和提問、形成假設；調查研究階段分為三個子階段，探索、實驗和解釋；模型評鑑分為兩個可選擇階段，效化或測試／應用；討論階段分為反思和溝通與表達兩個子階段。在這個架構中，MBI從定題開始，經過模型建立、調查研究、模型評鑑，最後是模型修正，其中亦可能反覆循環。此外，當考慮模型的範圍和限制時，可能會啟動模型重建的階段，而討論階段可能接在模型修正之後，也可能出現在MBI循環中任一一個階段。

本文從文獻中整理了各個階段術語的含義，並綜合所選MBI相關研究的優勢，為師生構建模型／建模探究學習過程提供了鷹架，以增加學習成效。值得注意的是，這個架構就像一張「教學設計的地圖」，引導教師思考初始的起點與結束的終點為何，以及將前往終點的路徑中各種不同可能攤開在教師的面前。因此教師並不是帶著學生經歷架構上所有的路徑，相反的，教師應考量科學主題的特質、學生的學習階段和先備知識及建立模型的目的，選擇最適當的路徑，引導學生到達終點。就好像是優秀的行車導航，有時會帶領我們走最短路徑，有時會帶領我們走最省時的路徑，有時則提供大眾交通工具或是自駕或是行走的選項，供我們依據不同的交通工具選用參考。此外，該 MBI 架構基於各種建模環境，因此可廣泛應用於虛擬／電腦和現實／課堂環境，協助教師或課程設計者設計合適的 MBI 任務、教科書、教學、課程或指導課堂觀察。例如林靜雯（2019）為教學計畫的新教師或職前教師使用這個架構觀察教師在不同階段是如何提出問題的，以及學生的反應如何，並整理出促進學生學習的提問類型。

參考文獻

林靜雯（2019）。**發展教師專業成長及師培課程提升小學教師建模取向探究之內容知識與教學內容知識**。科技部計畫（MOST 108-2511-H-152 -004 -MY3）

教育部（2018）。**十二年國民基本教育課程綱要—自然科學領域**。教育部。

Banilower, E. R., Smith, P. S., Weiss, I. R., & Pasley, J. D. (2006). The status of K-12 science teaching in the United States. In Dennis W. Sunal & Emmett L. Wright (Eds.), *The impact of state and national standards on K-12 science teaching* (pp. 83-122). Information Age Publishing.

Baze, C. L., & Gray, R. (2018). Modeling tiktaalik: Using a model-based inquiry approach to engage community college students in the practices of science during an evolution unit. *Journal of College Science Teaching*, *47*(4), 12-20. https://doi.org/10.2505/4/JCST18_047_04_12

Bogiages, C. A., & Lotter, C. (2011). Modeling natural selection. *The Science Teacher*, *78*(2), 34-40. https://doi.org/10.1007/978-3-642-93161-1_1

Bouwma-Gearhart, J., & Bouwma, A. (2015). Inquiry through modeling: Exploring the tensions between natural & sexual selection using crickets. *The American Biology Teacher*, *77*(2), 128-133. https://doi.org/10.1525/abt.2015.77.2.8

Buckley, B. C. & Boulter, C. J. (2000). Investigating the role of representations and expressed models in building mental models. In J. K. Gilbert & C. J. Boulter (Eds.), *Developing models in science education* (pp. 119-135). Kluwer Academic Publishers.

Buckley, B. C., Gobert, J. D., Horwitz, P., & O'Dwyer, L. M. (2010). Looking inside the black box: Assessing model-based learning and inquiry in BioLogica™. *International Journal of Learning Technology*, *5*(2), 166-190. https://doi.org/10.1504/IJLT.2010.034548

Bybee, R., Taylor, J. A., Gardner, A., van Scotter, P., Carlson, J., Westbrook, A.,

Landes N, Spiegel S, McGarrigle M, Ellis A, Resch B, Thomas H, Bloom M, Moran R, Getty S, & Knapp N. (2006). *The BSCS 5E instructional model: Origins and effectiveness*. BSCS.

Campbell T, Gray R, Fazio X. (2019). Representing scientific activity: Affordances and constraints of central design and enactment features of a model-based inquiry unit. *School Science and Mathematics, 119*, 475–486. https://doi.org/10.1111/ssm.12375

Campbell, T., Oh, P. S., & Neilson, D. (2013). Reification of five types of modeling pedagogies with model-based inquiry (MBI) modules for high school science classrooms. In *Approaches and strategies in next generation science learning* (pp. 106-126). IGI Global. https://doi.org/10.4018/978-1-4666-2809-0.ch006.

Chinn, C. A., & Malhotra, B. A. (2002). Epistemologically authentic inquiry in schools: A theoretical framework for evaluating inquiry tasks. *Science education*, *86*(2), 175-218. https://doi.org/10.1002/SCE.10001

Chiu, M. H., & Lin, J. W. (2019). Modeling competence in science education. *Disciplinary and Interdisciplinary Science Education Research, 1*, 12. https://doi.org/10.1186/s43031-019-0012-y

de Jong, T., & van Joolingen, W. R. (2008). Model-facilitated learning. *Handbook of research on educational communications and technology*, 457-468.

European Commission (2007).Science education now: A renewed pedagogy for the future of Europe, Brussels, Belgium: European Commission, Directorate–General for Research.

Gilbert, J. K., & Justi, R. (2016). Approaches to modelling-based teaching. In Gilbert, J. K., & Justi, R. (Eds.), *Modelling-based teaching in science education* (pp. 57-80). Springer

Hobbs, J. R., Stickel, M. E., Appelt, D. E., & Martin, P. (1993). Interpretation as abduction. *Artificial intelligence, 63*(1-2), 69-142. https://doi.

org/10.3115/982023.982035

Hogan, K., & Thomas, D. (2001). Cognitive comparisons of students' systems modeling in ecology. *Journal of Science Education and Technology*, *10*(4), 319-345. https://doi.org/10.1023/A:1012243102249

Hovardas, T., Pedaste, M., Zacharia, Z., & de Jong, T. (2018). Model-based inquiry in computer-supported learning environments: The case of go-lab. In M. E. Auer, A. K. M. Azad, A. Edwards, & T. de Jong. (Eds.), *Cyber-Physical Laboratories in Engineering and Science Education* (pp. 241-268). Springer.

Justi, R. S., & Gilbert, J. K. (2002). Modelling, teachers' views on the nature of modelling, and implications for the education of modellers. *International Journal of Science Education*, *24*(4), 369-387. https://doi.org/10.1080/09500690110110142

Keselman, A. (2003). Supporting inquiry learning by promoting normative understanding of multivariable causality. *Journal of Research in Science Teaching, 40*, 898–921. https://doi.org/10.1002/tea.10115

Khan, S. (2007). Model-based inquiries in chemistry. *Science Education*, *91*(6), 877-905. https://doi.org/10.1002/SCE.20226

KMK (Ed.). (2005). Bildungsstandards im Fach Biologie fur den Mittleren Schulabschluss [Biology education standards for the Mittlere Schulabschluss]. Wolters Kluwer.

Lawson, A. E. (2010). Basic inferences of scientific reasoning, argumentation, and discovery. *Science Education, 94*(2), 336-364. https://doi.org/10.1002/SCE.20357

Löhner, S., van Joolingen, W. R., Savelsbergh, E. R., & van Hout-Wolters, B. (2005). Students' reasoning during modeling in an inquiry learning environment. *Computers in Human Behavior*, *21*(3), 441-461. https://doi.org/10.1016/j.chb.2004.10.037

National Research Council (1996). *National science education standards*, National Academy Press.

National Research Council (2000). *Inquiry and the national science education standards*. National Academy Press.

NGSS Lead States (Eds.). (2013). *Next generation science standards: For states, by states*, The National Academies Press.

Pedaste, M., Maeots, M., Siiman, L. A., de Jong, T., van Riesen, S. A. N., Kamp, E. T., Manoli, C. C., Zacharia, Z. C., Tsourlidaki, E. (2015). Phases of inquiry-based learning: Definitions and the inquiry cycle. *Educational Research Review, 14*, 47–61. https://doi.org/10.1016/J.EDUREV.2015.02.003

Scanlon, E., Anastopoulou, S., Kerawalla, L., & Mulholland, P. (2011). How technology resources can be used to represent personal inquiry and support students' understanding of it across contexts. *Journal of Computer Assisted Learning, 27*, 516–529. https://doi.org/10.1111/j.1365-2729.2011.00414.x.

Schurz, G. (2017). Patterns of abductive inference. In *Springer handbook of model-based science* (pp. 151-173). Springer.

Schwarz, C. V., & Gwekwerere, Y. N. (2007). Using a guided inquiry and modeling instructional framework (EIMA) to support preservice K-8 science teaching. *Journal of Research in Science Teaching, 91*(1), 158-186. https://doi.org/10.1002/SCE.20177

Schwarz, C. V., & White, B. Y. (2005). Metamodeling knowledge: Developing students' understanding of scientific modeling. *Cognition and Instruction*, *23*(2), 165-205. https://doi.org/10.1207/s1532690xci2302_1

Stratford, S. J., Krajcik, J., & Soloway, E. (1998). Secondary students' dynamic modeling processes: Analyzing, reasoning about, synthesizing, and testing models of stream ecosystems. *Journal of Science Education and Technology*, *7*(3), 215-234. https://doi.org/10.1023/A:1021840407112

VCAA. (2016). Victorian certificate of education. Biology. Melbourne, VIC: VCAA.

Wang, J., Guo, D., & Jou, M. (2015). A study on the effects of model-based inquiry pedagogy on students' inquiry skills in a virtual physics lab. *Computers in Human Behavior*, *49*, 658-669. https://doi.org/10.1016/j.chb.2015.01.043

White, B. Y., & Frederiksen, J. R. (1998). Inquiry, modeling, and metacognition: Making science accessible to all students. *Cognition and Instruction*, *16*(1), 3-118. https://doi.org/10.1207/S1532690XCI1601_2

Wilensky, U. (2003). Statistical mechanics for secondary school: The GasLab multi-agent modeling toolkit. *International Journal of Computers for Mathematical Learning*, *8*(1), 1-41. https://doi.org/10.1023/A:1025651502936

Wilkerson, M. H., Andrews, C., Shaban, Y., Laina, V., & Gravel, B. E. (2016). What's the technology for? Teacher attention and pedagogical goals in a modeling-focused professional development workshop. *Journal of Science Teacher Education*, *27*(1), 11-33. https://doi.org/10.1007/s10972-016-9453-8

Williams, G., & Clement, J. (2015). Identifying multiple levels of discussion-based teaching strategies for constructing scientific models. *International Journal of Science Education*, *37*(1), 82-107. https://doi.org/10.1080/09500693.2014.966257

Windschitl, M., Thompson, J., & Braaten, M. (2008). Beyond the scientific method: Model-based inquiry as a new paradigm of preference for school science investigations. *Science Education, 92*(5), 941-967. https://doi.org/10.1002/SCE.20259

編號	作者 (年)	建模階段	學習階段	學習環境	學科
1A	White & Frederiksen (1998)	Question, Predict, Experiment, Model, Apply	國中生 (7-9 年級)	Computer Model-Enhanced Thinker Tools)	物理
2A	Stratford, Krajcik, & Soloway (1998)	Analyzing, Relational Reasoning, Synthesizing, Testing and debugging, Explaining	國中生 (9 年級)	Computer (Dynamo and STELLA)	生物
3A	Hogan & Thomas (2001)	Model construction, Model quantification, Model interpretation, Model revision	高中生	Computer (STELLA)	物理
4A	Justi & Gilbert (2002)	Decide on purpose, Select source for model, Have experience, Produce mental model, Express in mode of representation, Reject mental model, Modify mental model, Conduct thought experiments, Design and perform empirical test, Fulfill purpose, Consider scope and limitation of model	在職教師	Classroom (semi-structured interview)	科學
5E	Wilensky (2003)	Present model, Use of models, Extension to the model, Build the model "from scratch"	高中生	Computer (NetLogo)	物理
6E	Windschitl & Thompson (2006)	Immersion experience , Introducing the inquiry project, Introducing models through micro-teaching, Reading and discussion of models and argumentation paper, Final presentations of investigations	職前教師 (國中)	Computer (NetLogo)	物理
7ES	Khan(2007)	Generated, Evaluated, Modified	大學生	Classroom	化學
8A	Schwarz & Gwekwerere (2007)	Engagement, Investigation, Model, Apply	高中生	Computer (STELLA)	生物
9E	Windschitl, Thompson, & Braaten (2008)	Organizing what we know and what we want to know, Generating testable hypotheses, Seeking evidence, Constructing an argument	職前教師 (國中)	Classroom (conversations)	科學
10S	Passmore, Stewart & Cartier (2009)	Engage in inquiry other than controlled experiments, Use existing models in their inquiries, Engage in inquiry that leads to revised models, Use models to construct explanations, Use models to unify their understanding, Engage in argumentation.	國中生與高中生	Classroom	科學

11E	Schwarz & White(2010)	Hypothesize, Investigate, Analyze, Model, Evaluate	國中生	Computer (Model-Enhanced Thinker Tools)	物理
12E	Neilson, Campbell, & Allred(2010)	Modeling, Focused inquiry, Iterations	高中生	Classroom	物理
13S	Buckley, Gobert, Horwitz & O'Dwyer (2010)	Model formation, Model use, Model evaluation, Model reinforcement, Model revision, Model rejection	高中生	Computer (Modeling across the Curriculum)	生物
14S	Bogiages & Lotter (2011)	Organizing what we know and what we do not know, Generating models, Seeking evidence, Constructing arguments, Revising models presenting and critiquing	高中生	Computer (wiki -Web 2.0 tool)	生物
15ES	Khan(2011)	Generate, Evaluate, Modify	在職教師	Classroom (MBT strategies)	科學
16ES	Sun, Looi, & Xie(2014)	Overview, Contextualize, Question & hypothesize , Pre-model, Plan, Investigate, Model, Reflect, Apply	國中生 (8 年級)	Computer (Collaborative Science Inquiry)	物理
17E	Sun & Looi (2014)	Overview, Contextualize, Question & hypothesize, Pre-Model, Investigate, Model, Reflect, Apply	國中生 (7 年級)	Computer (Collaborative Science Inquiry)	生物
18E	Bouwma-Gearhart & Bouwma (2015)	Students construct a model of natural selection, Students add to their model to account for sexual selection, Students use/revise their model of selection to account for both natural & sexual selection, Students use/revise their model to explore the relationship between natural & sexual selection	高中生	Classroom	生物
19E	Dass, Head. & Rushto (2015)	Macroscopic exploration, Initial model development peer review of class models, Test and apply models in secondary exploration, Model revision, Peer review of class models	在職教師 (高中)	Classroom	化學
20ES	Herna´ndez, Couso, Pinto (2015)	Students' elicitation of a preliminary mental model, Students' revision of their mental models in agreement with new evidence obtained in hands-on or thought experiments, Students' revision of their mental models in agreement with the scientific perspective, Students' use of their revised mental models in a new task	高中生 (10 年級)	Classroom acoustic properties of materials teaching–learning sequence	物理

21E	Wang, Guo, & Jou(2015)	Exploratory modeling, Expressive modeling, Experimental modeling, Evaluative modeling, Cyclic modeling	高中生	Computer (virtual physics lab)	物理
22S	Xiang & Passmor (2015)	Articulating phenomenon, Defining model, Constructing program codes, Making prediction, Testing model, Examining explanation, Revising/confirming model	國中生 (8 年級)	Computer (NetLogo)	生物
23ES	Soulios & Psillos (2016)	Introduction, Revision, Expansion of the model	在職教師 (國小)	Computer (Flash)	物理
24E	Wilkerson, Andrews, & Vasi(2016)	Identifying the important components, Processes, Relationships in a phenomenon of interest, Representation, Evaluation, Revision.	職前教師	Computer (SiMSAM)	物理
25S	Samarapungavan, Bryan, & Wills (2017)	Model articulation phase, Model elaboration and refinement phase, Model application phase, Model dissemination phase	國小生 (2 年級)	Classroom	物理
26ES	Baze & Gray(2018)	Planning for engagement with important science ideas, Eliciting students' ideas, Supporting ongoing changes in thinking, Pressed to construct an evidence-based explanation	國中生	Classroom	生物
27ES	Gray & Rogan-Klyve (2018)	Planning for engagement with important science ideas, Eliciting students' ideas, Supporting on-going changes in thinking, Pressing for evidence-based explanations	國中生 (8 年級)	Classroom	地球科學
28S	Hovardas, Pedaste, Zacharia & de Jong (2018)	Orientation, Conceptualization: questioning; hypothesis generation, Investigation: exploration; experimentation; data interpretation, Conclusion Discussion: Reflection; communication	高中生	Computer (Go-Lab)	物理
29S	Ogan-Bekiroglu& Arslan-Buyruk (2018)	Generate initial models, Develop inquiry questions, Propose hypotheses, Investigations and conduct experiments models, Revised models, Used them for explanations	職前教師	Classroom	物理
30S	Wilkerson, Shareff, Laina & Gravel (2018)	Referencing past experience, Representation explicit selection, Evaluating with respect to the world, Revising the model, Empirically testing the model, Using the model to predict or explain	國小生 (5 年級)	Computer (SiMSAM)	物理
31E	Campbell, Gray, & Fazio (2019)	Planning for engagement with important science ideas, Eliciting students' ideas, Supporting ongoing changes in thinking, Pressing for evidence-based explanations	高中生 (10-12 年級) 與少數國中生 (9 年級)	Classroom	物理

附註：編號中，E 表由 EBSCOhost 資料庫搜得，S 表及 Scopus 資料庫搜得，ES 表該篇文獻同時可由 EBSCOhost 及 Scopus 資料庫搜得。A 則為由資料庫搜得文獻之參考文獻中進一步確認尋得的文獻。

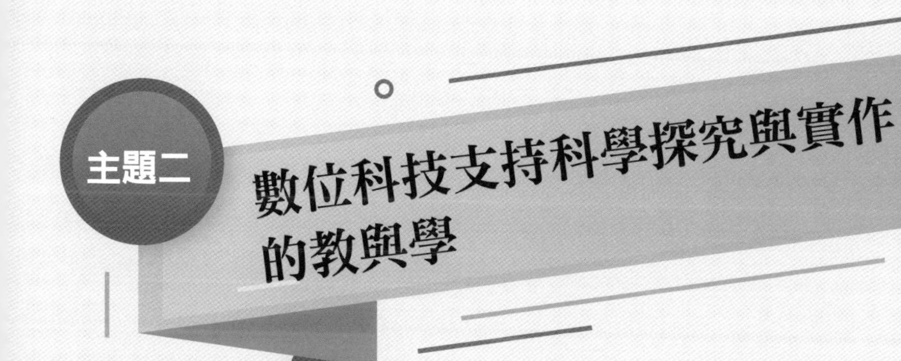
主題二
數位科技支持科學探究與實作的教與學

以數位模擬探究培養學生科學證據的分析與運用能力

盧玉玲、李倩如（國立臺北教育大學自然科學教育學系）

摘要

科學教育發展重視學生科學探究和論證能力的培養，此也是國內外新課程綱要及國際評比所關注的要項。學習須持續的增長，能力培養須漸進的累積，才能孕育出日後面對社會各種科學有關的抉擇與挑戰時，能理性的溝通、討論與判斷，充分展現其智能以因應的公民，因此從小開始科學素養的培養甚為重要。尤其值此數位科技發達的時代，善用數位科技，降低實驗材料成本，增加學習機會，讓國小的科學學習更具多元性，是值得努力的方向。本章節主要在介紹幾款國小學生適用的量化證據運用為主的探究模擬應用程式（Apps）與應用虛擬技術（MR/VR/AR）之數位模擬探究系統，期提供學生透過變因的探討、實驗數據的分析，進行科學解釋，強化其探究和論證能力的學習機會，期能有助於培育高科學素養的公民建立基礎。

關鍵詞：數位模擬、科學證據、科學論證

壹、前言

國民義務教育的科學教育強調培育公民之科學素養，讓公民在面對生活環境中的各種科學有關的抉擇時，能理性的溝通、討論與判斷，免於面對迷信與偽科學時產生盲從的現象。論證能力的培養是達成此目標的關鍵方法之一，論證是一種思考的能力，專注於連結「論點」與「證據」間的邏輯關係。個人提出「論點」時，常是依據其生活經驗與知識背景，須有「論據」的支持，方可顯示論點的有效性或正確性。論據是支持論點的證據，思索「論點」與「證據」間是否有合理的邏輯關係，並進行推理的思考過程即是「論證」。其是個人提出論點前，思考如何說服他人相信自己的「所述為真」的思考檢核過程，也是判斷他人「論點」是否值得相信的思考歷程。當面對不同證據時，個體須以邏輯與推理的思維，對證據進行評估，以獲取更值得認同的認知觀點。因此，科學教育宜提供學習者，有面對不同證據的機會，刺激學習者，運用邏輯推理的思考，建立自己的思考與智能體系，以理性的態度面對問題，提出合理的論述。此不僅是國內外科學教育共同努力方向，亦是達成高科學素養公民不可或缺的要項，以下將先就證據對論證思考與探究能力培養的重要進行說明。

貳、探究、證據與科學解釋

科學探究的樂趣在發現，發現的關鍵在證據，運用證據支持發現的推理邏輯思考過程為論證。科學是對大自然探索理解的過程，其常藉由實驗量化數據來支持理論假設，透過社群溝通激發認知，以產生對自然現象的理解（吳百興、吳心楷，2015）。科學的特殊性不僅呈現在其科學知識的內涵，亦展現在科學的探究方法。Duschl and Osborne（2002）、Driver, Newton, & Osborne（2000）和 Bell & Linn（2000） 等認為科學論證學習是一種學生如科學家一般，利用證據以建立或否定原有科學信念的概念成長過程。他們覺得科學的解釋都需要由論證所建構，而這個論證所含括的就是由一些證據到模型或理論的連結。例如在使學習者信服“地球是球型的”這個模型，或者“晝夜之起因，是由於地動而非日動”，一定會運用到論證的多種元素以形成有效的解釋與信念改變（Duschl & Osborne, 2002, pp. 44-45）。十二年國教自然科學領域課程綱要，強調「探究與實作」的科學學習方法，期培養學生終身學習的能力，以面對充滿變動性的未來社會。

「探究與實作」的精神與教學著重培養學生發現問題、探究問題、解決問題及自我學習的能力，其相關的重要思考智能包含推理論證與批判思辨（教育部，2018）。推理論證與批判思辨是理性的科學探究思考過程，也是邏輯推理的思考歷程，也是判別事物合理的思考歷程，也是評估「證據」有效性與合理性的思考歷程（Jiménez-Aleixandre & Puig, 2012）。美國下一世代科學課程標準（Next Generation Science Standards, NGSS）提出「學科核心構念」、「科學與工程實作」、「跨學科概念」等三個面向的課程準則，在「實作」的面向包含下列八個重要步驟：「提出疑問並定義問題」、「發展與使用模型」、「計畫並執行研究、分析與詮釋數據」、「運用數學與計算思維」、「建立解釋並設計方案」、「從證據中形成論述」和「蒐集、評價、溝通資訊」（NGSS, 2013）。其精神和十二年國教的精神一致，認為在知識的建構探究過程，除了動手操作外，討論互動、分析推理等也都是實驗重要的部份。諸多研究顯示國小學童具證據評估能力（陳文正、古智雄、許瑛玿、楊文金，2011；Piekny & Maehler, 2013; Saffran, Barchfeld, Sodian, & Alibali, 2016; Chen, Lu, & Lien, 2019; Chen, Huang, Lien, & Lu, 2020）。因此，在國小階段進行相關能力的培育應具可行性。

參、科學證據的分析與應用

科學教育的目標之一是培養具有科學素養的公民，使其具備面對未來生活或工作挑戰的能力。國際學生評量計畫（PISA）的評量架構注重在生活相關情境中，學生必須具備的科學能力、知識以及態度。PISA 2015 評量試題的三大類別：1.「解釋科學現象」；2.「評量及設計科學探究」；3.「解讀科學數據及舉證科學證據」（佘曉清、黃莉郁、蘇怡蓓，2017）。其第 3 項的定義與內容為：

能以多樣的表現方式分析和評量科學數據、主張和論點，並做出適當的結論之能力：

- 將數據從一個表現方式轉換成另一個表現方式；
- 分析及詮釋數據，並提出適當的結論；
- 能辨識科學相關的文本（內容）中假設、證據和推理；
- 能區分以科學證據、理論和其他原因為基礎的論點間之差異性；
- 對不同來源的科學論點與證據做評價（例：報紙、網路、期刊）。

顯示證據的分析與判斷為科學能力培養重要的一環。PISA 2015 為了能評量學生對探究實驗中變因的操作、假設的驗證，在 2015 的 PISA 首度使用線上評量（圖 4-1）。其特色是讓受試者透過系統操作，評測受試者，經由探究過程，產生數據，並進行分析，以應用於系統中的情境任務的能力。此顯示科學證據的分析與應用為國際評比的要項，且朝數位化型態發展。當國際的探究能力評量朝向數位化時，國內類似或相關的數位培育系統卻不多見。Tracy（2012） 指出因為高速網路的普及、便宜與效能的提高，使得行動應用程式（App） 變得越來越普及，進而帶動教學應用程式（App） 的發展。根據 PGbiz（2022）於 2022 年 5 月的數據顯示，目前可下載的行動應用程式（App） 數量有 4,805,994 個，其中，最受歡迎的類別分別是遊戲類（21.07%）、商業類（10.07%）和教育類（8.66%），其中有些遊戲類也包含教育學習性質，因此近年來行動數位學習的教學應用程式（App） 也成為產官學關注的板塊。由於行動應用程式具有無所不在、互動性和多工等特質（Larivière, Joosten, Malthouse, Birgelen, Aksoy, Kunz, & Huang, 2013），讓學習不再侷限於時間和空間，使學習者可主動進行知識的探索。此外，科學探究實驗模擬數位化教材具視覺化的功能，可引起學生的學習動機。透過模擬讓學生在安全狀況下，重複進行變因操作和實驗結果觀察，獲得之實驗數據可幫助學生驗證想法或主張，幫助其理解抽象的科學概念，及提升科學論證能力（鍾昌宏、王國華，2014；徐瑛黛、李文瑜，2020）。因此，筆者之研究室開發相關的數位教材，並進行實徵性研究，以下將就以開發之應用程式（Apps）的設計理念、特色與應用實例進行說明。

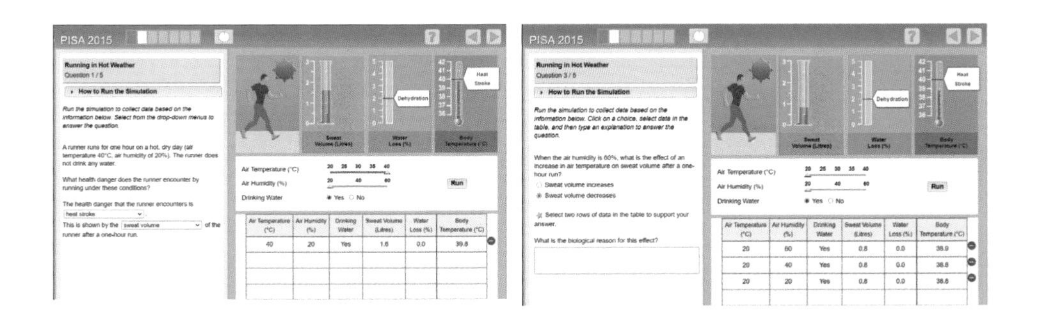

圖 4-1 PISA 2015 科學樣本試題
（資料來源：OECD.（2015）. PISA 2015 Science Test Questions.）

肆、應用程式（Apps）的設計理念、特色與應用

筆者近年執行國科會計畫，研究團隊已開發數款教學應用程式（Apps）與應用虛擬技術（MR/VR/AR）之數位模擬探究系統，其設計的主要理念包含**連結生活、自由探索、減少耗材、增加實驗材料的豐富度與免除實驗失敗的焦慮感等**。先就「科學探究實驗模擬 App」進行相關說明，目前開發之 App 設計為擬真的實驗模擬操作，透過一個類似真實生活的模擬情境，提供可調控的變項，讓學生自由操作，經由操作模擬變項產生資訊或數據，學習者需據以分析、了解該變項對實驗結果的影響及其重要程度。換言之，是以模擬操作所得之數據做為科學證據，幫助學生形成科學解釋，或是獲得解答，進而解決問題。

研究團隊所開發之科學探究實驗模擬 App 有三款，包括：「簡單機械」、「風力發電」和「摩擦力大挑戰」，教師可選擇適合之 App 搭配教學或學習活動，引導學生運用證據於問題解決過程或科學論證等，以培養學生的科學素養。目前開發之科學探究模擬 App 曾分別應用於制式教育和非制式教育，亦獲得正面成效。以下就應用案例，例舉說明。

一、制式教育

簡單機械為國小制式科學課程中重要的學習內容，因此研究團隊開發一款「簡單機械」App，幫助學生探究影響簡單機械運作的機制，並瞭解其基本運作原理。「系統特色」在於以周遭常見之簡單機械裝置，例如：機械鐘錶、腳踏車和遊樂園的旋轉木馬等，連結學生的生活情境。系統並提供多種不同的簡單機械裝置模擬器，如：輪軸、齒輪、鍊條……等，讓學生可改變其輪軸大小、齒輪大小、轉動圈數……等，增加實驗材料的豐富性。學生可以調整不同簡單機械裝置模擬器上的變項條件，進行科學探索，例如：學生想要探究「旋轉木馬（如圖 4-2）的某齒輪（如：A 齒輪）齒數越多，旋轉木馬轉速是否越快？」，即可操作旋轉木馬模擬器，固定控制變因，自由改變該齒輪的齒數，系統即會產出實驗數據表格，學生可藉由分析觀察表格中的數據，做為證據判斷實驗結果是否符合假設符合。App 部分操作畫面如圖 4-2。

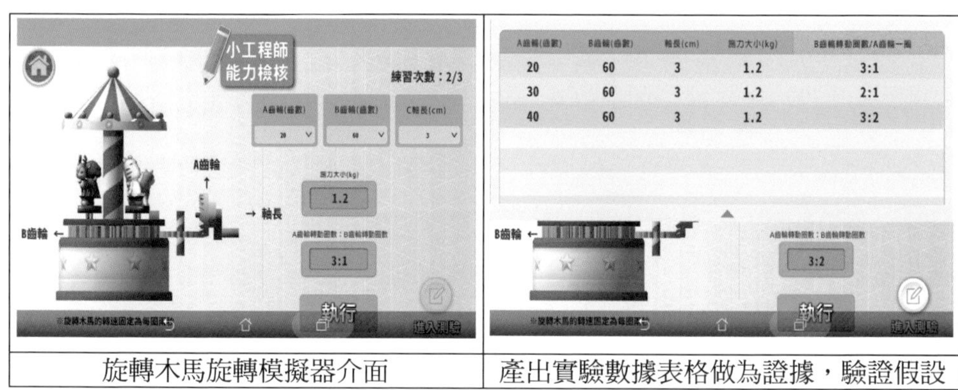

旋轉木馬旋轉模擬器介面	產出實驗數據表格做為證據，驗證假設

圖 4-2 「簡單機械」App 實際操作畫面：以「旋轉木馬」單元為例

研究團隊曾應用此款 App 於制式教育，以新北市某國小六年級的學生為研究對象。課程是以「情境式互動電子書」搭配「簡單機械」App 模擬實驗數據分析，以所獲得的結論解決問題，並於過程中搭配具問題解決情境的學習單。整體教學著重培養學生觀察並提出解釋性假說，思考評估科學探索的方法，並以實作進行評量，以瞭解學生在科學探究實驗設計與實作兩向度的能力。在模擬探究後學生需運用探究學習所得及樂高零件，組成可以完成兩地運輸的「纜車」裝置，且全部零件皆可以順利轉動。所搭配「簡單機械」App 模擬器與應用的「情境式互動電子書」相關畫面如下圖 4-3。

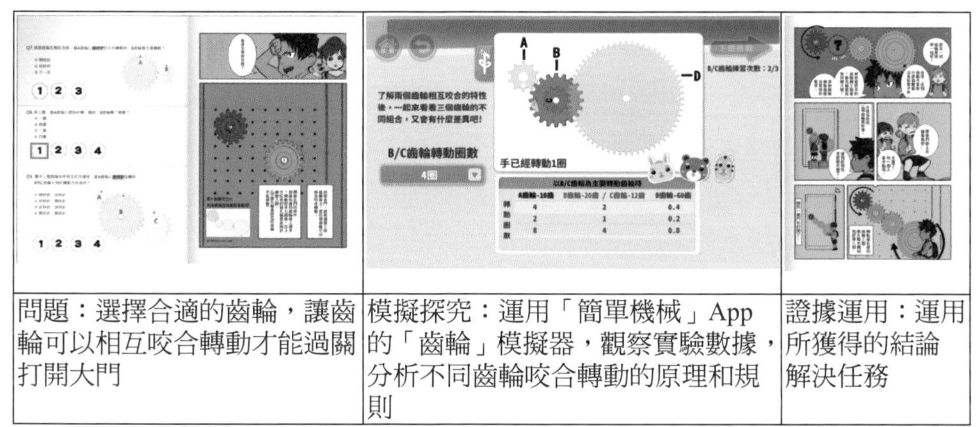

問題：選擇合適的齒輪，讓齒輪可以相互咬合轉動才能過關打開大門	模擬探究：運用「簡單機械」App 的「齒輪」模擬器，觀察實驗數據，分析不同齒輪咬合轉動的原理和規則	證據運用：運用所獲得的結論解決任務

圖 4-3 應用電子書培養學生運用數位模擬進行科學探究（設計者：林郁馨）

研究結果發現：以「電子書」搭配「簡單機械」App 數位媒材進行教學引導，有九成的學生可以運用簡單機械裝置完成纜車實作作品，顯示數位媒材的操作形式對於學生的設計與實作能力皆有助益。且運用「簡單機械」App 的科學實驗模擬器，則可讓學生在短時間內重複操作並獲得數據回饋，系統內簡化的 3D 簡單機械圖像可幫助學生建構物體在真實空間運作時的空間感，搭配實作實驗，更能幫助轉化學生的認知與建立相關概念，有效提升其學習成效（林郁馨，2019）。

二、非制式教育

（一）「風力發電」應用程式（App）

風力發電是國內外重視的再生能源之一，臺灣有良好的風場，西部常見矗立在山上或海岸的風力發電機，吸引民眾目光，因此風力發電為常見的科普推廣教材。由於真實風力發電機的構造和運作原理複雜，所以研究團隊開發「風力發電」App，其「系統特色」在於簡化風力發電機，僅保留運用風力發電機基本運作機制部分，幫助學生瞭解風力發電機的基本組成和運作原理，進而探究不同元件組成的風力發電機組之發電成效。系統以視覺化方式呈現簡易的風力發電機元件，讓學生組裝以瞭解風力發電機的基本運作，並依據簡易風力發電機中的結構元件，提供多組實驗模擬器材選擇，如：不同數量和大小的葉片、不同齒數的齒輪、不同粗細的輪軸和不同大小的風力等，學生可以任意調整模擬器的變項，進行科學探究實驗或觀察科學現象。此外，搭配系統評量，則可進一步培養學生運用實驗設計和圖表數據分析，以驗證假設的能力，例如：想要探究「葉片大小對發電電壓的影響為何？」，學生即可運用模擬器，改變葉片的大小，觀察與分析發電電壓的數據變化，提出適當的結論。App 相關操作畫面如圖 4-4。

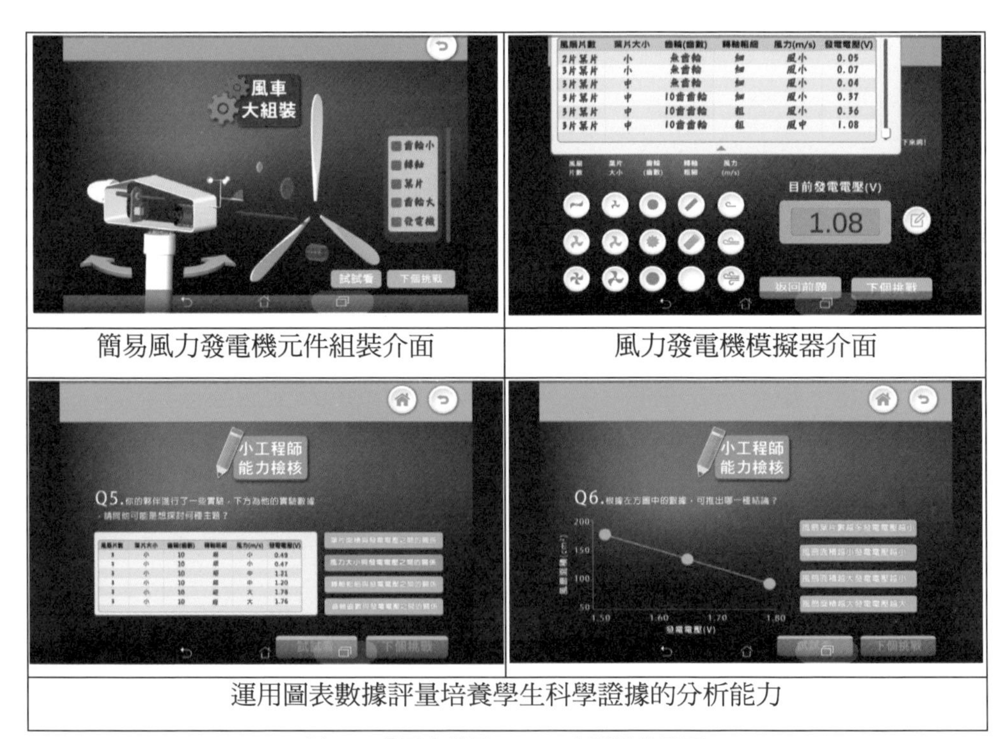

簡易風力發電機元件組裝介面

風力發電機模擬器介面

運用圖表數據評量培養學生科學證據的分析能力

圖 4-4 「風力發電」App 實際操作畫面

（二）「摩擦力大挑戰」應用程式（App）

摩擦力與人們生活密切相關，但是摩擦力的概念對學生來講相對抽象，因此研究團隊開發一款「摩擦力大挑戰」App，幫助學生探究影響摩擦力的因素，以及瞭解摩擦力概念。「系統特色」在於連結學生生活中推動物體的經驗，讓學生觀察不同物質間所產生的摩擦力。此款 App 結合 AR 技術，讓學生先觸碰真實材質板（如：椴木、透明膠布、纖維布）進行預測，再使用平板掃描材質板上的 AR 圖片，替換 App 模擬系統中的地板接觸面材質，系統將模擬於該材質上推動物體的實驗狀況，學生可依據模擬的實驗結果，驗證一開始的解釋性假設，藉由結合數位模擬與真實材質的模式，培養學生科學解釋能力。此外，為增加實驗材料的豐富性，系統也提供其他可能影響摩擦力的變因，如：地板材質、地板狀態、施力大小和物體重量等讓學生進行探究，其中地板材質的部分，是研究團隊依據內政部建築研究所和其他參考文獻，選取數款生活中常見的地板材質及其防滑係數作為模擬器的數據。學生可透過實驗探究獲得的模擬數據，瞭解不同物體的接觸面、物體重量產生的摩擦力對施力大小的影響。App 相關操作畫面如圖 4-5。

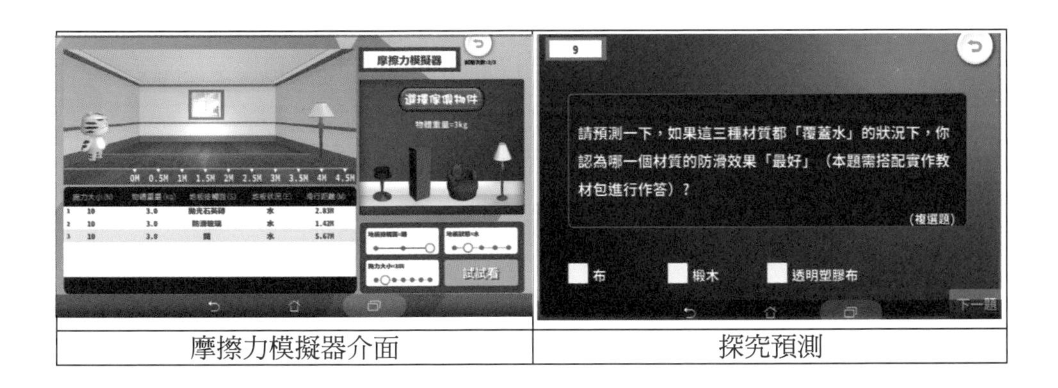

摩擦力模擬器介面	探究預測

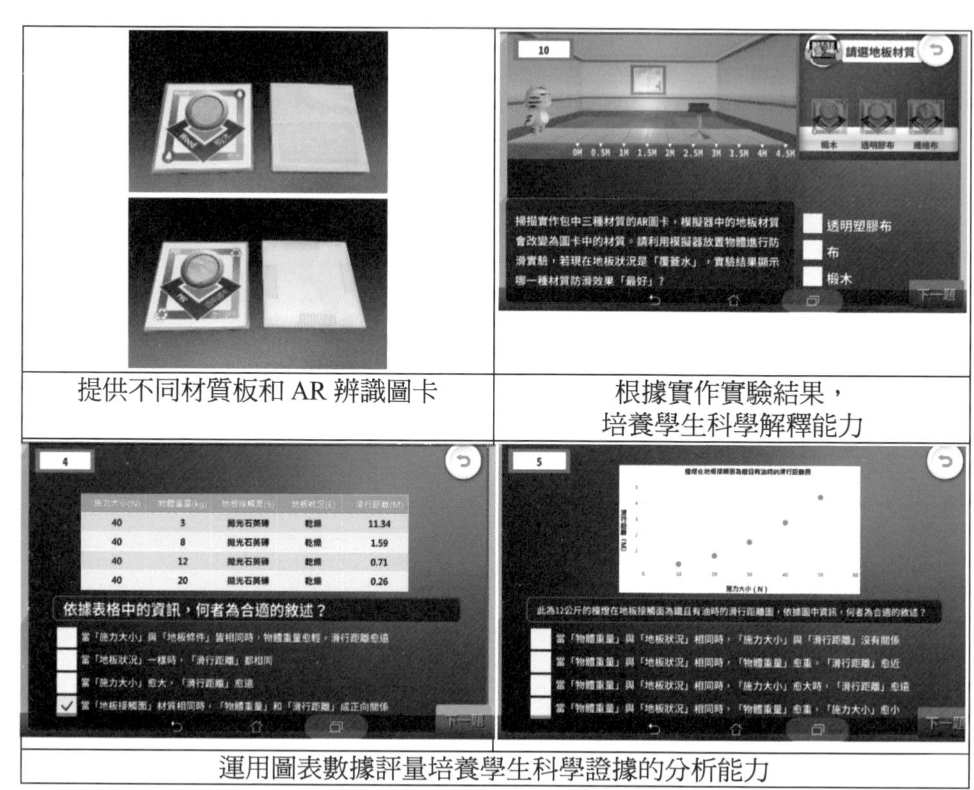

提供不同材質板和 AR 辨識圖卡

根據實作實驗結果，培養學生科學解釋能力

運用圖表數據評量培養學生科學證據的分析能力

圖 4-5 「摩擦力大挑戰」App 實際操作畫面

研究團隊曾應用上述 App 於非制式教育及展覽活動。以「摩擦力大挑戰」App 為例，研究團隊透過辦理科學營隊，招收雙北市國小中、高年級學生，活動採分組教學，每組 3-4 人，課程時間為 3 小時，活動以「摩擦力大挑戰」App 結合「防滑坡道」探究實作，透過實作觀察到的實驗結果，驗證實驗假設，過程中並搭配具科學探究內涵之學習單（如圖 4-6）。教學先是運用「摩擦力大挑戰」App，讓學生熟悉變因的操作，再讓學生觀察和觸摸課堂準備的不同接觸面材質，進行預測與定題，再透過「防滑坡道」探究實驗，替換坡道的接觸面材質和改變接觸面的狀態，讓學生觀察實驗結果以得到解答，並形成科學解釋。

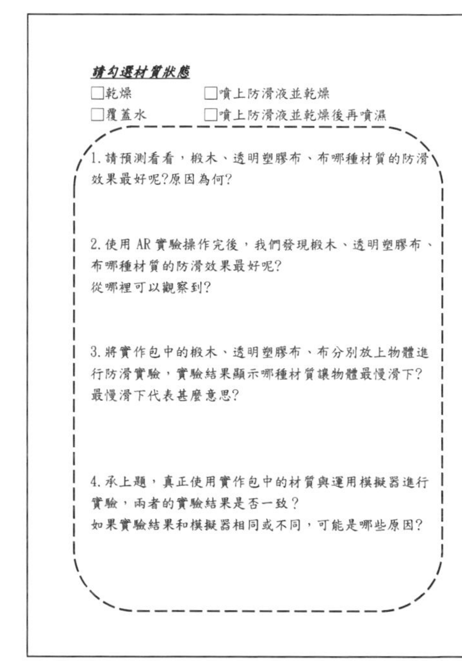

請勾選材質狀態

□乾燥　□噴上防滑液並乾燥

□覆蓋水　□噴上防滑液並乾燥後再噴濕

1. 請預測看看，椴木、透明塑膠布、布哪種材質的防滑效果最好呢?原因為何?

2. 使用 AR 實驗操作完後，我們發現椴木、透明塑膠布、布哪種材質的防滑效果最好呢?
從哪裡可以觀察到?

3. 將實作包中的椴木、透明塑膠布、布分別放上物體進行防滑實驗，實驗結果顯示哪種材質讓物體最慢滑下?最慢滑下代表甚麼意思?

4. 承上題，真正使用實作包中的材質與運用模擬器進行實驗，兩者的實驗結果是否一致？
如果實驗結果和模擬器相同或不同，可能是哪些原因?

◆ 挑戰任務，使用實作包中的材料來設計實驗，如何讓軌道與桌面的角度最大，而車子卻不會滑下來呢?

1. 想想看，影響車子在軌道滑動的因素有哪些?

2. 如何根據以上因素來設計實驗?寫下你們的實驗步驟。

3. 畫出你們設計的實驗並說明實驗結果。

圖 4-6 「摩擦力大挑戰」活動部分擷取之學習單（設計者：饒乘書）

經教學者現場觀察和回饋單分析結果發現，學生認為「摩擦力大挑戰」App 的模擬操作和「防滑坡道」的探究實作皆可以幫助自己學習課程。教學者發現數位學習對學生十分有吸引力，學生可以從「摩擦力大挑戰」App 瞭解如何改變實驗變因，並觀察平板模擬實驗的數據，分析數據結果，理解抽象的摩擦力概念，並獲得「物體越重，摩擦力會越大」的結論，最後結合「防滑坡道」的探究實作則可讓學生更加投入。學生認為從模擬的現象觀察到實際操作，可以比較二者的差異，思考可能影響的原因，並依據實驗數據結果做為下次「防滑坡道」摩擦力實驗改進的證據。整體而言，結合「摩擦力大挑戰」App 和「防滑坡道」實作的教學模式，可以幫助學生提出科學主張，並經由科學探索形成結論，設計最符合任務目標的防滑坡道，以達到培養學生科學探究能力的目的。活動相關照片如圖 4-7。

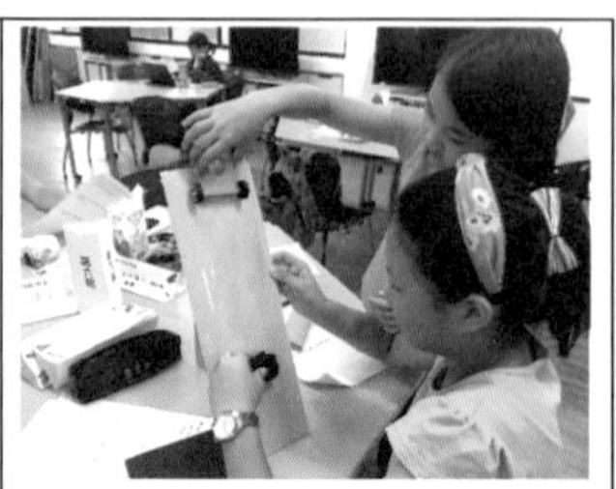

圖 4-7 「摩擦力大挑戰」活動照片

伍、應用虛擬技術（MR/VR/AR）之數位模擬探究系統

虛擬實境（VR）是利用電腦模擬出一個真實的 3D 場景，透過 VR 裝置進行觀察與互動，為全虛擬的場景與情境；擴增實境（AR）是指透過手機、平板或是 AR 眼鏡上的攝影機，經圖像分析技術，讓虛擬物件（或資訊）與真實環境的場景結合，螢幕所呈現的畫面有真有假，以補充真實環境中資訊的不足，提升感知效果（謝旻儕、林語瑄，2017）。近年更有混合實境（Mixed Reality, MR）技術的興起，其混和了 AR 和 VR 的特性，建構在 AR 的基礎上，保有現實感，透過真實的手與虛擬的物體進行互動，可提供更真實的環境感受與互動性，促使學習者投入其中，誘發深化學習。由於探究實作為十二年國教所重視，但有些教學現場可能缺乏實驗所需的空間（如：暗房、生活居住環境）、設備或器材，或是有些實驗具備危險性，不適合學生進行操作，因此虛擬的模擬環境開始成為輔助學生科學學習的工具，以下介紹筆者研究團隊運用上述虛擬技術所發展適用於國中小自然領域課程之模擬探究數位學習軟體。

一、應用擴增實境（ARKit）空間／手勢辨識技術之數位模擬探究 App

AR 強調真實和 3D 虛擬世界的互動，近年也被用於教學幫助增加學生的學習成效。筆者研究團隊曾應用擴增實境（ARKit）的空間辨識技術，開發數位模擬探究 App，主要為運用虛擬技術具備之可操控虛擬空間與時間的特質，藉由 ARKit 技術呈現之 3D 虛擬化生活空間，經由探索的過程，刺激學習者與生活經驗的聯想，轉而與課堂上的學習產生連結，造成學習遷移。以下就開發之系統特色和應用案例進行說明：

（一）「生活中的黴菌」應用程式（App）

生活中常見食物發黴的狀況，為了增進學生瞭解微生物對物質的影響，因此開發「生活中的黴菌」App，幫助學生探究影響食物發黴的因素。其「系統的特色」在於運用空間 ARKit 的技術，學生在真實空間可看到虛擬 3D 空間，並可自行進行空間探索，觀察生活中容易發黴的場所及其易發黴的因素，藉由虛擬場景連結生活情境培養學生的學習思考能力。傳統吐司發黴實驗耗時，也常受其他外力影響（如，防腐劑添加），因此研究團隊拍攝吐司發黴的縮時攝影讓學生觀察，並依據實際吐司發黴實驗的數據作為黴菌培養模擬器的數據和圖片參考，系統提供不同的變因讓學生進行科學探究，包括：天數、水量、溫度、濃度和水溶液種類等，學生可改變不同變項，觀察並分析輸出之實驗數據，增進學生探究能力。本系統亦發展「AR 桌遊」，主要是運用所實驗之黴菌培養的數據，讓學習者擔任黴菌人和驅黴人的角色進行攻防，遊戲採回合制，三戰兩勝，每回合可以出 3 張牌，依角色改變環境條件，促進或抑制黴菌生長，每回合最後 1 張牌出完，可以利用平板的 AR 功能，讓系統判斷目前的牌面狀況，呈現最後發黴面積的數據，讓學習者判斷勝負，系統也提供紙本發黴實驗數據表，藉此培養學習者表格閱讀及分析能力。App 相關操作畫面如圖 4-8、AR 桌遊畫面如圖 4-9。

於虛擬空間中進行探索

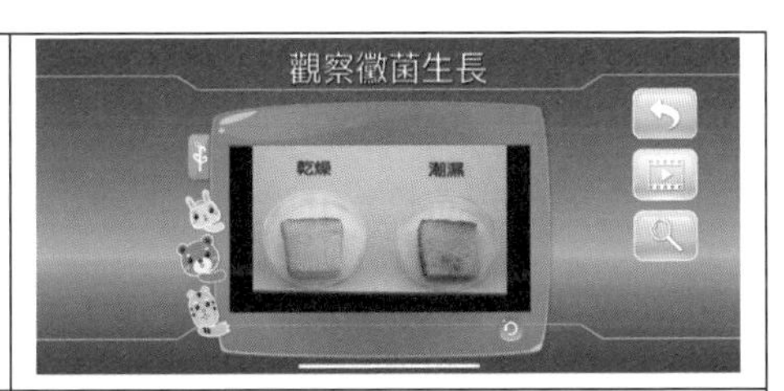

運用數位科技提供的縮時功能，觀察黴菌的生長

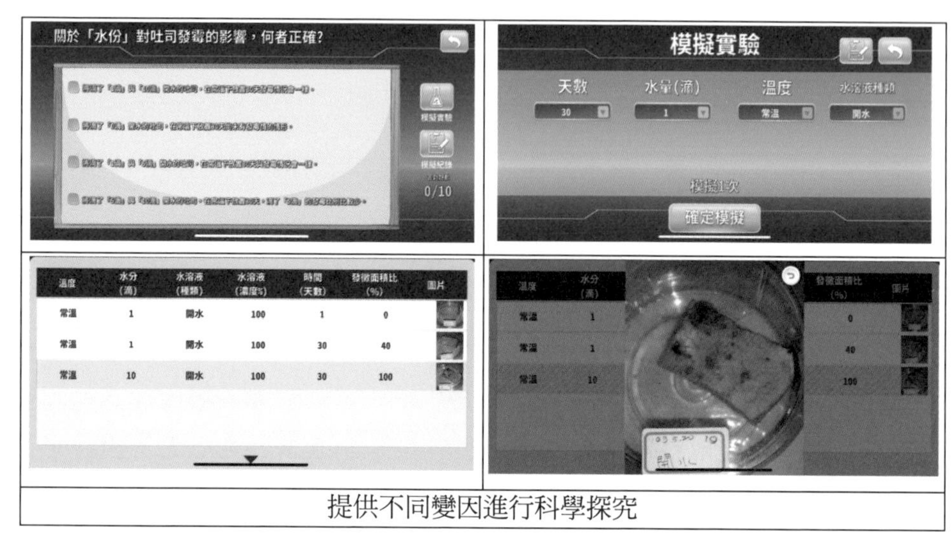

提供不同變因進行科學探究

圖 4-8 「生活中的黴菌」AR App 實際操作畫面

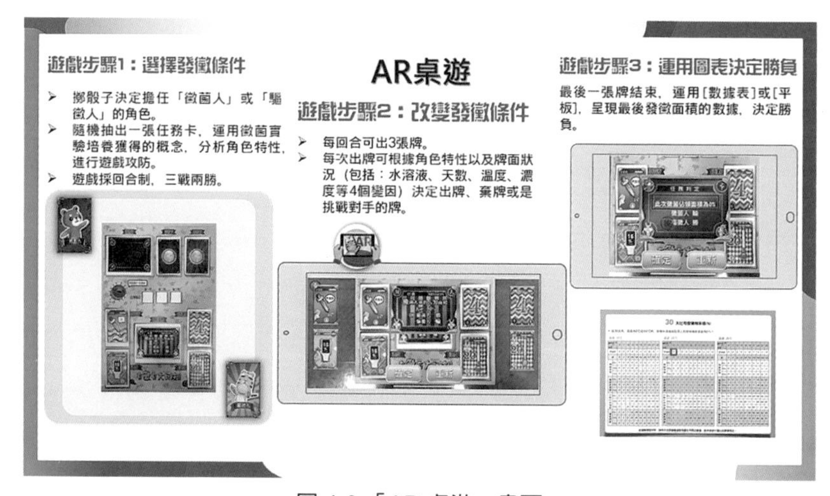

圖 4-9「AR 桌遊」畫面

研究團隊曾應用上述 App 於非制式教育及展覽活動，並於辦理的科學營隊，以培育圖表製作與整理的學習單（圖 4-10）搭配「生活中的黴菌」App 數位學習教材進行教學，每場課程時間為 6 小時。活動先讓學生操作平板，點選「生活中的黴菌」App 的關卡，先認識黴菌生長的環境和觀察黴菌構造，再讓小組瞭解影響黴菌生長的變因，並運用 App 中的模擬器開始模擬吐司發黴實驗，培育學生變因控制和數據紀錄，進而讓學生能夠提出實驗假設，設計實驗，分析數據和繪製圖表作為證據進行驗證，最後以「AR 桌遊」作為科學知識的階段性評量。

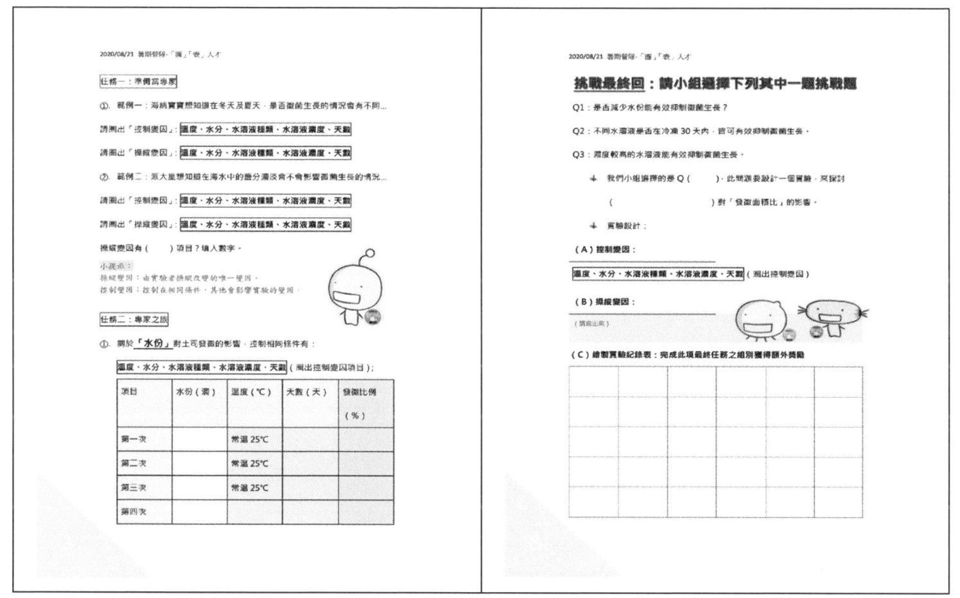
2020/08/21 暑期營隊-「圖」「表」人才

任務一：準備當專家

①. 範例一：海綿寶寶想知道在冬天及夏天，麵包黴菌生長的情況會有不同...

請圈出「控制變因」：溫度、水分、水溶液種類、水溶液濃度、天數

請圈出「操縱變因」：溫度、水分、水溶液種類、水溶液濃度、天數

②. 範例二：派大星想知道在海水中的鹽分濃淡會不會影響黴菌生長的情況...

請圈出「控制變因」：溫度、水分、水溶液種類、水溶液濃度、天數

請圈出「操縱變因」：溫度、水分、水溶液種類、水溶液濃度、天數

操縱變因有（　）項目？填入數字。

小提示：
操縱變因：由實驗者操縱改變的唯一變因。
控制變因：控制在相同條件，其他會影響實驗的變因。

任務二：專家之旅

①. 關於「水份」對土司發黴的影響，控制相同條件有：

溫度、水分、水溶液種類、水溶液濃度、天數（圈出控制變因項目）；

項目	水份（滴）	溫度（℃）	天數（天）	發黴比例（%）
第一次		常溫 25℃		
第二次		常溫 25℃		
第三次		常溫 25℃		
第四次				

2020/08/21 暑期營隊-「圖」「表」人才

挑戰最終回：請小組選擇下列其中一題挑戰題

Q1：是否減少水份能有效抑制黴菌生長？

Q2：不同水溶液是否在冷凍 30 天內，皆可有效抑制黴菌生長。

Q3：濃度較高的水溶液能有效抑制黴菌生長。

- 我們小組選擇的是 Q（　），此問題要設計一個實驗，來探討（　）對「發黴面積比」的影響。
- 實驗設計：

（A）控制變因：

溫度、水分、水溶液種類、水溶液濃度、天數（圈出控制變因）

（B）操縱變因：

（請寫出來）

（C）繪製實驗紀錄表：完成此項最終任務之組別獲得額外獎勵

圖 4-10「生活中的黴菌」活動部分擷取之學習單（設計者：常宜安）

初步探究之研究結果顯示，使用培育圖表製作與整理之學習單搭配「生活中的黴菌」App 數位教材，中年級學生在圖表製作與整理能力量表的進步幅度較高年級大。研究也發現中年級學生可以獨立完成圖表繪製，教材可用於培育學生運用圖表解釋和實驗結果分析的能力。活動照片如圖 4-11。

圖 4-11「生活中的黴菌」活動照片

（二）「危險的科學實驗」應用程式（App）

生活中常見許多清潔用品，但有些強酸或強鹼的產品使用不當將具有危險性，因此研究團隊運用 ARkit 和手部辨識技術開發「危險的科學實驗」App，其「系統特色」在於以近來防疫生活相關之「次氯酸水」為主題進行生活經驗連結，讓學生可以在安全的環境下，運用簡單手勢，模擬實驗操作的手感，進行強酸強鹼的稀釋實驗，避免實驗危險，並幫助實作學習。由於濃度調配是影響「次氯酸水」消毒效果的因素之一，因此系統設計調配次氯酸水的模擬器，提供可能影響的變項，如：不同的鹽酸、漂白水和蒸餾水的容量，讓學生可以調整變項條件，進行實驗探究。藉由模擬不同濃度狀況下的實驗數據和消毒效果，進而讓學生可以比較和分析表格數據，形成解釋，亦可減少實驗耗材的浪費。App 相關操作畫面如圖 4-12。

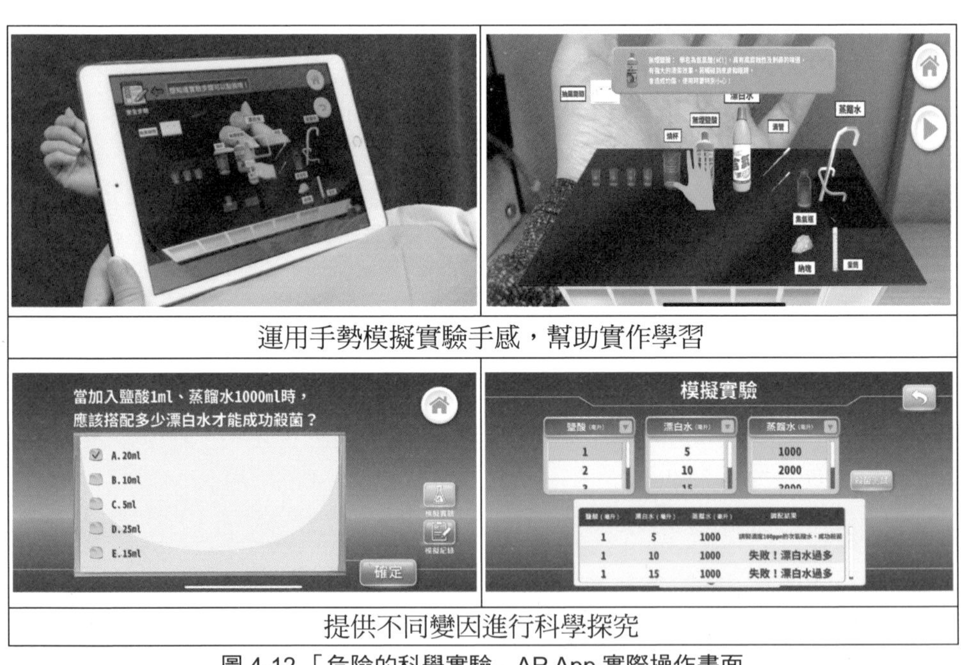

運用手勢模擬實驗手感，幫助實作學習

提供不同變因進行科學探究

圖 4-12 「危險的科學實驗」AR App 實際操作畫面

上述之應用擴增實境（ARKit）技術發展之「危險的科學實驗」模擬

探究系統，經由初步小規模試用及研究者現場觀察發現，學生對課程融入擴增實境 App 有正面的回饋。

二、應用混合實境（MR）技術之模擬探究系統

「光」和我們的生活息息相關，「透鏡成像」即是一種光學現象，但在真實空間中難以模擬出暗房效果，因此研究團隊運用 MR 之虛擬實境技術，開發與「透鏡成像」主題相關的系統，解決教師不易於教室進行透鏡成像演示的問題，也幫助學生探究影響成像的因素，以及瞭解透鏡成像的原理。其「系統特色」在於提供不同的變項讓學生自由探索，包括：不同厚薄的透鏡、不同透明度的物件、以及不同顏色的光源，透過手勢操作虛擬實驗物件，讓學生容易觀察到不同成像的條件及呈現出來的實驗數據，幫助學生瞭解數據判斷及新科技的應用。系統相關操作畫面如圖 4-13。

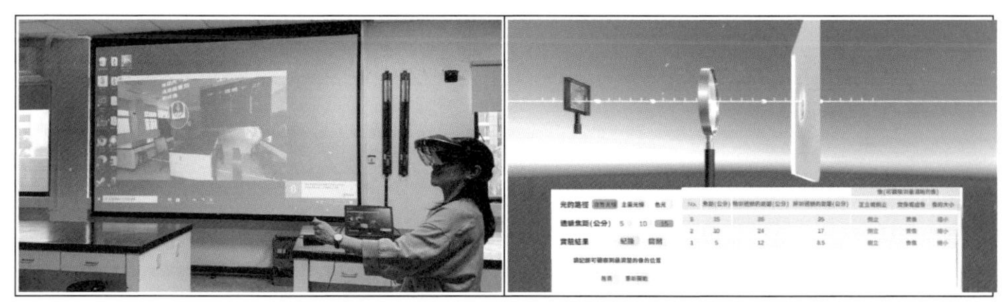

圖 4-13 透鏡成像 MR 操作畫面

三、應用虛擬實境（VR）技術之模擬探究系統

「重力」存在於生活中，但若要去除「重力」的影響，是課堂中無法達到的實作，因此研究團隊運用 VR 頭盔，開發與「重力」主題相關的應用程式，模擬科學探究實驗操作，幫助學生探究不同重力下物體的表現。「系統特色」在於提供不同的重力（如：地球、月球、太空、木星）讓學生預測單擺的擺動，可操作之變因包括：單擺的擺長、球的質量、角度等，藉由讓學生模擬操作，觀察科學現象，幫助學生瞭解重力對物質的影響。系統相關操作畫面如圖 4-14。

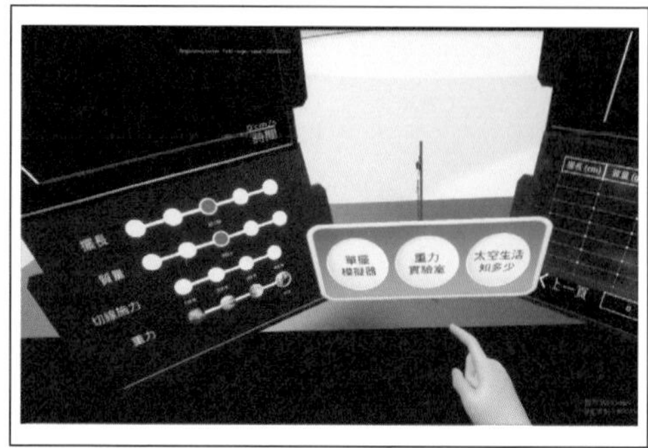

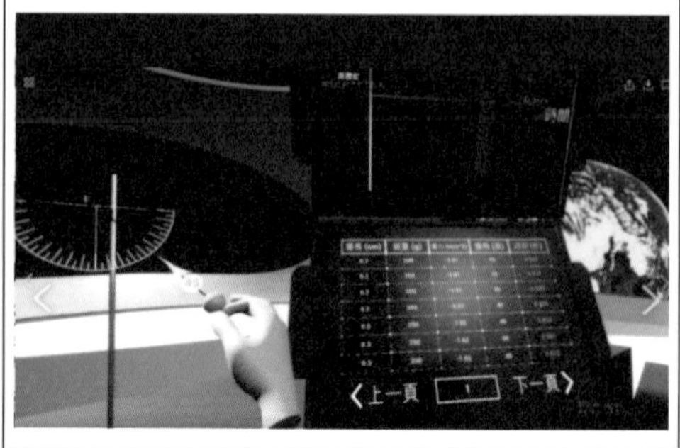

圖 4-14 重力世界 VR 操作畫面

上述之應用混合實境（MR）技術開發的「透鏡成像」模擬探究系統，受限於設備數量限制，僅由部分教師及職前教師試用，其認為系統操作具特色和吸引力，學生可以經由觀察系統模擬輸出之數據表格，歸納出透鏡成像的規則，幫助學生瞭解透鏡成像的原理。而應用虛擬實境（VR）技術發展之「重力世界」模擬探究系統，因尚在開發階段，目前先經 4 位國小學生試用，認為經由系統提供之不同重力的單擺模擬，有改變他們對重力的迷思，有助正確概念的建立。

陸、結語

科學的探究活動就是對自然的偵探活動，上述 App 提供學生測試各種新想法，找出支撐證據與挑戰解決方案的機會，須透過使用科學方法，設計實驗並進行檢測來驗證假設。在真實的實驗前，可依計劃先進行測試，有省時省力之優點。藉由規劃自由探索的模擬實驗，可更有效的估計輸入對輸出的影響，以及更廣泛的變因與問題的探討，獲得更多的結果。模擬實驗除有助科學方法、概念與未來實驗的設計能力養成外，其歷程變因的探討、實驗數據的分析、科學的解釋，以及學習者須思考如何獲得說服他人與自己「所述為真」的證據，是一連串的證據應用與邏輯論證的判斷思考歷程，是建立學習者以理性思考智能與態度面對問題，提出合理論述的歷程，也是培育高科學素養公民基礎所需的歷程。上述的模擬實驗 App 可能還有許多可改進之處，但其提供科技融入教學在研究與應用上的不同參考，目前已將相關教學資源置於研究團隊建置之「豆豆趣 - 教學資源網站（www.dodogo.org）」的「App 專區」，期盼未來能有更多研究者投入並創新模擬實驗，讓科學的學習因此更豐富多彩。

致謝

作者感謝科技部給予經費資助（MOST 106-2511-S-152-005-MY2、MOST 108-2511-H-152-013-MY3）、所有參與和協助本研究的師生，以及協助研究進行的羅文岑小姐。

參考文獻

佘曉清、黃莉郁、蘇怡蓓（2017）。臺灣學生科學素養的表現。載於佘曉清、林煥祥（主編），**PISA 2015 臺灣學生的表現**（頁 23-80）。臺北市：心理出版社。

吳百興、吳心楷（2015）。從族群科學的觀點論原住民科學教育的取徑。**科學教育月刊，381**，17-36。https://doi.org/10.6216/SEM.201508_(381).0002

林郁馨（2019）。**探討運用電子書與紙本繪本培育國小高年級學生科學素養的成效差異**（未出版之碩士論文）。臺北市：國立臺北教育大學。

徐瑛黛、李文瑜（2020）。電腦輔助環境融入科學建模教學對學生模型建立之影響。**數位學習科技期刊，12**（2），25-53。https://doi.org/10.3966/2071260X2020041202002

教育部（2018）。**十二年國民基本教育課程綱要國民中小學暨普通型高中等學校 - 自然科學領域**。臺北市：教育部。

陳文正、古智雄、許瑛玿、楊文金（2011）。概念卡通論證教學促進學童論證能力之研究。**科學教育學刊，19**（1），69-99。https://doi.org/10.6173/CJSE.2011.1901.04

謝旻儕、林語瑄（2017）。虛擬實境與擴增實境在醫護實務與教育之應用。**護理雜誌，64**（6），12-18。https://doi.org/10.6224/JN.000078

鍾昌宏、王國華（2014）。國民中學學生接受不同電腦模擬融入論證式探究的教學模式之學習成效探討 - 以遺傳單元為例。**數位學習科技期刊，6**（3），19-40。https://doi.org/10.3966/2071260X2014070603002

Bell, P., & Linn, M. C. (2000). Scientific arguments as learning artifacts: Designing for learning from the web with KIE. *International journal of science education, 22*(8), 797-817. https://doi.org/10.1080/095006900412284

Chen, C. Y., Huang, H. J., Lien, C. J., & Lu, Y. L. (2020). Effects of Multi-Genre Digital Game-Based Instruction on Students' Conceptual Understanding,

Argumentation Skills, and Learning Experiences. *IEEE Access, 8*, 110643-110655. https://doi.org/10.1109/ACCESS.2020.3000659

Chen, C. Y., Lu, Y. L., & Lien, C. J.（2019）. Learning environments with different levels of technological engagement: A comparison of game-based, video-based, and traditional instruction on students'learning. *Interactive Learning Environments*, 1-17. https://doi.org/10.1080/10494820.2019.1628781

Driver, R., Newton, P., & Osborne, J. (2000). Establishing the norms of scientific argumentation in classrooms. *Science education, 84*(3), 287-312. https://doi.org/10.1002/(SICI)1098-237X(200005)84:3<287::AID-SCE1>3.0.CO;2-A

Duschl, R. A., & Osborne, J. (2002). Supporting and promoting argumentation discourse in science education. *Studies in Science Education, 38*, 39-72. https://doi.org/10.1080/03057260208560187

Jiménez-Aleixandre, M. P., & Puig, B. (2012). Argumentation, Evidence Evaluation and Critical Thinking. In Fraser, B., Tobin, K., McRobbie, C. (Eds), *Second International Handbook of Science Education*. Springer. https://doi.org/10.1007/978-1-4020-9041-7_66

Larivière, B., Joosten, H., Malthouse, E. C., Birgelen, M. van., Aksoy, P., Kunz, W.H., & Huang, M. H. (2013). Value fusion: The blending of consumer and firm value in the distinct context of mobile technologies and social media. *Journal of Service Management, 24*(3), 268-293. https://doi.org/ 10.2139/ssrn.2307058

NGSS. (2013). Science and Engineering Practices in the NGSS. Retrieved May 9, 2022, from https://www.nextgenscience.org/sites/default/files/resource/files/Appendix%20F%20%20Science%20and%20Engineering%20Practices%20in%20the%20NGSS%20-%20FINAL%20060513.pdf

OECD.（2015）. PISA 2015 Science Test Questions. Retrieved May 9, 2022, from https://www.oecd.org/pisa/pisa-2015-science-test-questions.htm

Piekny, J., & Maehler, C. (2013). Scientific reasoning in early and middle childhood: The development of domain-general evidence evaluation, cxperimentation, and hypothesis generation skills. *British Journal of Developmental Psychology, 31*(2), 153-179. https://doi.org/10.1111/j.2044-835X.2012.02082.x

Saffran, A., Barchfeld, P., Sodian, B., & Alibali, M. W. (2016). Children's and adults' interpretation of covariation data: Does symmetry of variables matter? *Developmental Psychology, 52*(10), 1530. https://doi.org/10.1037/dev0000203

Tracy, K. W. (2012). Mobile application development experiences on Apple's iOS and Android OS. Potentials, *IEEE, 31* (4), 30-34. https://doi.org/10.1109/MPOT.2011.2182571

PGbiz. (2022). *Application Category Distribution*. Retrieved May 9, 2022, from https://www.pocketgamer.biz/metrics/app-store/categories/

支持科學探究數位學習的鷹架系統設計

許瑛玿、張文馨（國立臺灣師範大學科學教育研究所）

摘要

本章以分散認知觀點作為鷹架學習理論應用在數位學習環境中的理論基礎，提出支持科學探究的數位學習環境之鷹架系統的特徵與課程實例，以作為科學教育學者與科學教師設計數位教材的參考。根據分散認知的觀點，教學責任可經由電腦、同儕與教師共同承擔，因此設計複雜的數位學習環境時，可以將多元鷹架間的相互影響與支持視為鷹架系統。電腦、同儕與教師在此鷹架系統中相互補足，提供不同程度的鷹架支持，以協助學生進行科學探究學習。最後，本章針對鷹架系統中的 3 種角色所能提供的 4 種鷹架類型：概念型、動機型、後設認知型與策略型鷹架，提出課程設計範例，作為未來鷹架系統之數位課程發展的參考。

關鍵詞：分散認知觀點、科學探究、數位學習、鷹架系統

壹、科學探究學習中的鷹架學習理論

一、科學探究

人類的生活中充斥著科學，而人類基於好奇心主動探索自然生活環境的過程，是科學發展的動力（張珮珊等人，2017），因此，「結合科學探究於科學課程中，培養學生的探究能力，藉此協助學生建構其對自然世界的理解。」已被各國視為科學教育的重要內涵之一。自 1960 年代開始，「探究（inquiry）」一詞在科學教育領域受到重視。美國國家研究委員會

（National Research Council，簡稱 NRC）於 1996 年頒布的國家科學教育標準（National Science Education Standards，簡稱 NSES）呼籲將科學探究視為科學學習的核心，強調學生應該如同科學家理解世界的過程，建構自身對自然世界或科學概念的理解（NRC, 1996）。在 NSES 中更指出學生在探究的過程是一個多面向的歷程，包含觀察並描述自然世界中的現象或事件、指出問題、規劃科學調查活動以收集數據或資料、使用各種工具整合分析數據、提出問題的答案及解釋並與他人溝通探究結果。Anderson（2002）指出，「探究」這個詞有太多定義。例如：在科學領域，「探究」意指科學家探索自然世界過程中使用的方法、策略與邏輯思考。在教育領域，探究對學生而言指的是其在建構科學知識與理解科學本質的主動學習過程，通常稱之為「探究學習」，但是探究在教學領域也能指涉教師為了讓學生投入探究學習，所設計發展的一連串教學策略與教學內容。正因為「探究」被不同研究領域學者廣泛討論與研究，導致其定義過於模糊，為此NRC（2012）在新世代科學標準（Next Generation Science Standards，簡稱NGSS）中使用「實務（practice）」取代「探究」，重新強調科學探究應當重視科學概念與探究實務活動相輔相成的重要性，且使用「實務」一詞更強調探究的歷程是由一連串的科學調查方法所組成。因此，NGSS 強調科學課程的設計應轉向讓學生投入科學實務（scientific practice）、發展核心概念（core ideas）、應用跨科概念（crosscutting concepts）這三個面向的整合，不再強調單一學科的課程設計。換言之，如何培養學生透過科學實務活動，建構其對自然世界的跨科概念，並能將其建構之跨科概念應用在真實生活中，是科學教育研究者與教師需考量的重點。

無獨有偶，我國新頒布的十二年國教課綱將科學探究納入自然科學領域的必修科目之一（國家教育研究院，2018），稱之為「探究與實作」，同樣強調科學概念與探究實務活動的整合。新課綱強調探究與實作課程：「含有探究本質的實作活動、跨科的學習素材、多元的教法與評量方式，培養學生自主行動、表達、溝通互動和實務參與之核心素養。（國家教育研究院，2018，頁 40）」。期能達到提升學生對科學學習的正向態度、了解科學探究歷程與問題解決方法並培養其科學思考過程的關鍵思考智能等教學目標。為此，探究與實作課程的領域綱要羅列出該課程的學習重點，包含發現問題、規劃與研究、論證與建模、表達與分享共四個項目。這四個項目再細分 3-4 細項，並針對各細項列出可實際操作的科學活動。此外，在新自然領域課綱中明確列出三個學習表現的學習重點：探究能力—思考智能、探究能力—問題解決、科學的態度與本質。上述三項學習表現都與科學探究實務息息相關，除強調學生在科學探究實務過程中所應具備的思考智能與問題解決能力外，在科學態度與本質項目上，亦強調社會面向在科學探究實務的角色。由此可知，新自然領域課綱不僅重視學生對科學過程技能與思考智能的發展，亦強調學生應該理解科學與社會的連結、以及科學知識在社會上的應用，與美國新一代課程標準的核心理念不謀而合。

自從 NRC（1996）公布的 NSES 談及「探究」的概念，已有許多研究者應用各式教學和學習理論以培養學生的探究能力，例如蔡執仲、段曉林與靳知勤（2007）提出的巢狀探究教學模式、White 與 Frederiksen 的（1998）探究環（inquiry cycle）、以及 Krajcik 等人（1998）提出的專題導向科學（project-based science，簡稱 PBS）等。整合美國國家科學課程標準以及上述這些教學與學習模式可發現，學生經歷的科學探究歷程與十二年國教課綱—自然領域列出的四個歷程相仿，包含發現問題、規劃與研究、論證與建模、表達與分享。不過，Krajcik 等人的 PBS 更指出探究的歷程並非單向且線性的循環，而是一個複雜、不斷反覆的歷程。雖然許多實徵研究已指出探究導向的教學活動或課程能增進學生科學概念理解與探究能力（Zhang et al., 2015），然而在這種複雜且反覆的實務活動中，無論是探究過程技能、思考智能、科學概念理解與應用的學習，對學生而言都具有挑戰性（蔡哲銘等人，2019）。

二、鷹架學習理論

聯合國科教文組織的 21 世紀教育委員會在 2007 年發表的文稿聲明人類的學習型態正在轉變，終身學習與學習型社會是趨勢。這份聲明揭露兩項重要訊息，學習如何學習（learn how to learn）以及如何與他人協作學習（collaborative learning）的重要性。科技蓬勃發展帶動學習者的學習型態轉變，數位時代的學習者的學習型態已經與過去完全不同，學校不再是他們獲取訊息與學習知識的唯一管道。根據 Sloan 聯盟（Sloan Consortium）持續統計 2003-2012 年美國學習者，至少註冊一門線上學習課程的比例從 9.6% 增加到了 32.2%（引自韓錫斌等人，2013）。對這些數位時代的學習者而言，透過電腦科技吸收資訊已經是常態。所以，知識的灌輸不再適用，使用多媒體進行學習已習以為常。為了因應這樣的學習型態轉變，培養學習者的認知技能成為主要的學習目標（如探究能力與後設認知能力）。因此，學者強調情境化的學習，讓學習歷程可以沉浸於科學探究實務。不過，許多學者指出這樣的學習歷程可能較為複雜，導致有些學生無法單獨在複雜學習環境下完成任務或學習，他們需要幫助與引導（Eshach et al., 2011; McNeill et al., 2006）。因此，如何協助學生在複雜情境下學習是目前教育界關切的重點，加上電腦科技的發展，許多研究已將電腦輔助學習融入科學探究的教學活動設計中，例如 Puntambekar 等人（2020）設計電腦科技支持的虛擬實驗室，協助學生發展探究能力。然而，亦有學者認為在融入電腦與多媒體的學習環境下，學生除了需瞭解跨領域的知識訊息，也需要認識多媒體使用的方式以及與他人溝通與協商等（Azevedo & Hadwin, 2005; Hmelo-Silver & Azevedo, 2006），顯然電腦科技輔助的探究學習改變了傳統的學習習慣與模式，如何協助學生在電腦輔助的探究學習環境下，進行有效的學習是許多研究者要考量的重點之一。

許多學者為此發展不同教學理論協助學生在複雜情境下的學習。例如，鷹架理論（scaffolding theory）與相互教學（reciprocal teaching）等，協助學生在貼近真實且複雜的電腦輔助學習情境下學習。其中鷹架理論最早來自 Wood、Bruner 與 Ross（1976）研究孩童與父母在問題解決情境下的互動關係。他們探討 30 名 3-5 歲的孩童在父母一對一引導下（tutoring）解決積木問題的互動關係，鷹架被用以隱喻這種一對一的互動過程。他們認為鷹架是一種教學過程或策略。鷹架搭建的過程中由成人控制任務的重要成分，透過提供直接協助、提醒錯誤等策略引導學生執行他們能力所及的堆積木任務。Wood 等人最後歸納 6 種鷹架功能：引發學習者的參與動機和興趣（recruitment）、減少任務複雜度（reduction the degrees of the freedoms）、指明任務目標（direction maintains）、標示任務的重要特徵（mark critical features）、掌握學生挫折感（controlling frustration）與示範（demonstration）。其後續研究發現父母引導孩童若能適時調整（contingent scaffolding），比其他只用特定引導方式的父母，更能協助孩童解決積木問題（Wood et al., 1978）。1979 年，Cazden 將近側發展區（zone of proximal development, ZPD）與鷹架學習理論連結（Abdu et al., 2015），並強調學生的能力在學習過程會不斷變動，因而建議教師提供的引導需注重學生的反應，強調教與學的變動性與互動性，促進學生潛能認知（potential cognition）的發展。故學生在教師的協助下，超越其原來的能力，最後將其內化而促成能力的發展。

此外，教學需配合孩童的認知現況並作調整。若考量學習過程中學生能力的變動性，教師需考慮動態診斷（dynamic diagnosis）的必要性，確保教師提供的引導落在孩童的 ZPD 內。需注意的是，在 Wood 等人的研究裡，鷹架褪除的概念尚未出現。

基於此，鷹架的搭建有三點原則：首先，鷹架是附隨學生需求的（contingent），教師需隨時診斷學生的表現以便調整學習支持（Azevedo, Moos, et al., 2010; van de Pol et al., 2010）；而且，鷹架是暫時性的，當學習者的認知表現隨時間逐漸成長，教師應該要逐漸褪除學習支持（Azevedo et al., 2010; van de Pol et al., 2010）；最後，鷹架要能促進責任的轉移，當學習者的能力逐漸成長，隨著教師的鷹架褪除，完成任務的責任將逐漸轉移到學習者的身上（Puntambekar & Hubscher, 2005; van de Pol et al., 2010）。

Wood 等人的傳統鷹架理論強調學習支持由教師或有能力者提供（Puntambekar & Hubscher, 2005）。教師隨時評估學生的表現，僅給予足夠且適當的協助，並在學生獲得能力後褪除鷹架。然而，鷹架理論最初是建立在一對一的成人—孩童互動上。這種一對一的教學互動型態與實際教學現場並不相符，因為教學現場的教師通常需面對全班大約 20-30 名學生。在此情形下，教師很難同時評估每位學生的認知狀態並給予適當引導。再者，越趨複雜的學習環境通常需要不同的知識與能力需求，教師又該如何一個人提供這些複雜的學習支持也是一大挑戰。基於此，近代的學者從分散認知的觀點建議同儕或電腦工具也可作為鷹架來引導學生學習。透過教師、同儕與電腦工具互相補足彼此的缺點以便能提供學生多重的學習支持，促進有效的學習（Puntambekar & Kolodner, 2005）。例如：Brown 等人（1993）引用分散認知的觀點提出的相互教學法，認為提供同儕互動的機會，讓不同能力的學生互搭鷹架，促進彼此的學習。而隨著科技的發展，以及學者對於情境認知的強調，開始有學者發展電腦教學軟體，透過提示（prompts）與暗示（hints）的方式引導學生學習（Puntambekar & Kolodner, 2005）。

由於鷹架理論應用的層面日趨廣泛，學者質疑近代鷹架的定義與應用（尤指電腦工具為主的鷹架）和 Wood 等人（1976）的傳統鷹架特徵有所差異（Pea, 2004; Puntambekar & Hubscher, 2005）。例如，電腦無法動態調整它本身提供的引導，而同儕鷹架則被質疑就算是高能力者是否有能力評估同儕的表現，並給予適當的支持。為此，學者嘗試以分散認知的觀點解釋同儕與電腦鷹架為何能促進學習者的學習。尤其在電腦科技日益發達下，同儕與電腦鷹架究竟能如何協助教師在課室中的探究教學，並有效提升學生的探究能力？

貳、鷹架系統的特性及其設計原則

一、分散認知觀點

如上所述，有學者嘗試以分散認知（distributed cognition）的觀點詮釋同儕與電腦鷹架如何協助教師，共同提供學習支持。傳統的認知觀點認為認知僅發生於人腦內。分散認知則認為認知分散在整個學習情境中，亦即除了人腦內外，還包括個體與之互動的教學者與同儕、環境中的產物（artifacts）等，都會影響個體的認知表現（Belland, 2011; Dabbagh, 2005; Pea, 2004），因此認知被擴展到個體外，外部因素不再被視為刺激，而是參與其中。這些學者認為應將個體及其環境（包括人與產物）視為一個認知系統，探討認知系統內各個組成（包括人、產物與社群）的互動關係才有意義。

如前所述，分散認知觀點認為認知分散在情境中各項組成（components）。許多學者從真實情境中的觀察與分析後主張，人類的認知表現不應被獨立於情境之外進行檢視。例如 Hutchins 針對輪船的行駛、出航等複雜運作情境的認知過程中，船員的集體工作歷程進行仔細的分析後指出，人類處理問題很大一部分需仰賴自然環境中的文化的或物理的組成（人、工具、環境與社會文化）共同決定才能解決（于小涵，2013）。例如，導航過程中，導航員確認軍艦位置需仰賴導航儀、望遠鏡以及海圖共同決定。Giere（2006）稱這為一種集體認知（collective cognition），而認知表現是整體系統的產出，由認知系統內的組成各自負責處理部分的認知過程。然而，認知系統中的工具（如電腦、導航儀）是否具備認知能力來處理認知過程，Giere 本人與其他許多學者則持保留態度（Brown et al., 1993; Perkins, 1993; Salomon, 1993）。這些學者認同認知分散在個體的周遭環境，與個體有清楚的界線，且個體與這些分散認知的儲存裝置（認知工具）之間存在相互依存（interdependence）關係。但認知工具只是認知媒介，並不具有思想。研究者應將認知工具視為增強人類認知表現的媒介，而非具備能驅動某種認知功能的代理人（Nardi, 1996）。基於此觀點，Giere 認為掌握認知系統中驅動力（cognition of agency）的角色不應被擴展到整個認知系統各組成（components）中，能驅動認知系統的只有人（human component）。而人類的認知表現，是由學習者與環境中的外在因素（人或產物）共同構成的一個認知系統，透過系統內部互動，交互取用（mutual appropriation）系統內各個組成所蘊含的認知，最後整個系統的產出才是認知展現（Brown et al., 1993）。因此，學習不只是個人的獨立行為（person-solo），是人與外在環境的整合（Perkins, 1993）。

另外，人類又是如何調整認知系統的認知產出呢？ Perkins（1993）認為一個認知系統由訊息（information）與執行功能（executing function）所組成。訊息分散於認知系統中，而執行功能則涉及作選擇的能力（the ability to make choice）。人類需要承擔認知系統的執行功能，負責調控認知系統的表現。人必須考慮認知系統內的組成要素（環境、工具條件）的功能與限制，調整各認知系統內的各要素間訊息流動，最後產出認知表現。

若將分散認知的觀點用在學習者的學習上，學習者能否承擔認知系統的執行功能責任是促進責任轉移的關鍵（Belland, 2011）。當學習者承擔認知系統的執行功能時，事實上是在做選擇（make choice）、基於決策觀點運作認知系統、以及挑選最適當的運作認知系統的路徑。因此，學習者不需承擔各種分散認知所附載的認知能力（例如：計算機的複雜運算），而是在學習的過程中考量環境的支持及限制，透過認知系統內的各個組成（人與工具等）彼此訊息交流，最後運轉系統才有認知表現。而分析學生的認知表現不應侷限在學生個人能做什麼，應該將學生與其環境視為整體進行探討。

二、以分散認知觀點重新詮釋鷹架學習理論

在先前段落，本章曾列出搭建鷹架所應具備的三點原則：（一）鷹架

提供的支持要符合學生的學習困難與需求、（二）鷹架應當是暫時性的學習支持，當學生的能力在幫助下已經內化成長，鷹架應該被褪除、（三）在鷹架褪除後，學生應當能負起更多甚至完全的完成認知任務的責任。其中第三點，是學生能力內化後，而所能展現出來的學習結果，也就是教學的最終目標，第一和第二兩點原則是需要透過教學設計來達成。為達這兩點，提供即時診斷以評估學生學習過程中的認知狀況是重點。如前所述，學生的認知狀況會隨著學習進程變動，最終達到內化，唯有提供即時診斷，才能在學生的學習過程中提供符合學生需求的鷹架，也才能在確認學生的認知能力內化後再將鷹架褪除。但是，傳統鷹架觀點並不適用於一對多的課堂環境中。若根據分散認知觀點，檢視學生的認知表現或許也能從教師身上，分散轉移到整個學習環境中。例如，在電腦輔助學習的探究學習環境中，尤其是協作學習，專業知識或能力不僅存在教師身上，設計良好的電腦鷹架、不同先備能力的同儕都擁有不同程度的專業能力，Brown 等人（1993）將其稱之為分散的專業知識（distributed expertise），也就是說，教學與檢視學生認知表現的責任也能分散在電腦、同儕與教師身上，對學習者提供不同程度的學習支持達到有意義學習的目標。

除了教師提供鷹架外，有許多實徵研究已經證實同儕與電腦提供的鷹架都能達到提升學生能力的效果。在 Brown 等人的研究中，不同能力的同儕透過適當的協作學習策略，能達到互搭鷹架的效果，並提升彼此的閱讀理解能力。他們將學生分組成小型的學習社群，透過拼圖式合作先讓小組成員各自學習不同知識後，再讓成員重回小組透過協同合作活動協助同組成員學習，以提問—釐清—總結—預測的小組互動方式，在討論與協商中，相互取用（mutual appropriation）彼此對文本的理解，研究結果顯示學生的閱讀理解得到加強。而有許多研究使用電腦科技提供鷹架支持，在發展課程之初，先了解學生的學習困難，並針對這些學習困難，提供適當的學習支持（Hsu et al., 2015；張文馨、許瑛玿，2021）。例如：Azevedo

等人（2010）設計的 MetaTutor 以問題搭配電腦代理人（Marry），結合人體血液循環的模擬軟體，有效促進學習者有關血液循環的心智模式的建構。Reiser 等人（2001）發展的互動學習環境（Biology Guided Interactive Learning Environment, BGuILE）利用電腦軟體提供學生在進行科學解釋時的證據支持，有效提升學生的科學解釋能力。

不過，受限於目前電腦科技的限制，對於探究學習這種複雜的學習任務，難以提供精確的即時診斷，當學生的認知能力在學習過程中不斷變動，電腦鷹架提供的支持可能不再適用。相較於教師能提供的能隨時調整的暫時性鷹架，這種無法變動的電腦鷹架被稱之為固定鷹架（fixed scaffolds）。近年來，深度學習、機器學習等技術的發展越來越成熟，研究者結合人工智慧（artificial intelligence, AI）或自然語言處理（Natural Language Processing, NLP）等技術，針對複雜情境中的文本或對話進行語意辨識，以便建置自動評分與回饋系統（Dilkli, 2006）。若能將這些技術應用在學生的探究學習中，或許能有機會即時診斷學生的認知發展現況，教師們在教學現場便能根據診斷結果提供適當的教學支持與鷹架（Wiley et al., 2017），增進教師的教學效能。當然，這些技術至今尚未完全成熟，這類分析技術需仰賴大量以評分之資料作為依據進行模型訓練，以進行後續的自動評分機制（Dilkli, 2006），對於探究學習這類複雜學習任務的診斷精確度也有待提升。但已有少數學者投入這類複雜學習任務的研究，相信在未來資料分析技術越趨成熟，研究實務上的技術問題能夠得到解決。例如：Käser 與 Schwartz（2020）應用 AI 技術，即時診斷學生在探究學習環境中如何使用探究策略及其探究表現，診斷結果則能用以預測學生的學習成就。Chen 等人（2020）透過機器學習演算法自動辨識學生在遊戲導向活動中的 27 種關鍵行為特徵，並利用長短期記憶網路（long short-term memory networks, LSTM）建構學生時間序列的行為特徵，藉此預測他們的技能表現。

Kim 等人（2018）則是提出學習者中心鷹架系統（learner-centered

scaffolding system，簡稱 LSS），探討電腦、同儕與教師在 LSS 中的鷹架角色。他們認為在整個 LSS 中，協助學生投入複雜學習任務是由電腦、同儕與教師共同協助、相互輔助。他們也將鷹架系統中提供的鷹架按照教學目的分成 4 種：概念型（conceptual）、策略型（strategic）、動機型（motivational）、後設認知型鷹架（metacognitive）。概念型鷹架提供有關概念知識的提示或引導，主要是用來幫助學生建構對任務或待解決問題的理解；策略型鷹架專門提供學生能成功完成任務的程序性引導；動機型鷹架協助提升學生的興趣、信心與投入協作學習的意願等情意相關的支持；最後，後設認知鷹架著重在引導學生反思自己的學習過程，並考量解決問題的方法。

圖 5-1 呈現的協作學習模式的學習者中心鷹架系統修改自 Kim 等在 2018 年提出的觀點。如圖 5-1 所示，電腦、教師、與同儕甚至學生自己在學習者中心鷹架系統中，均能提供鷹架與褪除鷹架的效果。針對提供學習支持方面，電腦能針對一般學生普遍遭遇的學習困難提供適當支持，再由老師針對學生個別的學習困難提供特殊的鷹架支持，並透過協作學習的教學設計，同儕在分享與討論學習成果的同時，也能相互提供學習幫助，彼此提供解決問題的方法與想法；在鷹架褪除方面，則能由學生個人先自行評估鷹架褪除的時機，因為由學生個人判定鷹架褪除的時機也算是一種自我引導學習（self-directed learning），透過評估自身認知狀況並採取適當學習策略（例如：褪除鷹架或進一步尋求幫助），是協助學生成為自主學習者的學習過程。當學生決定褪除鷹架後，LSS 可提供機制進一步透過電腦與教師進行即時診斷以確認學生褪除鷹架的時機是否適當。

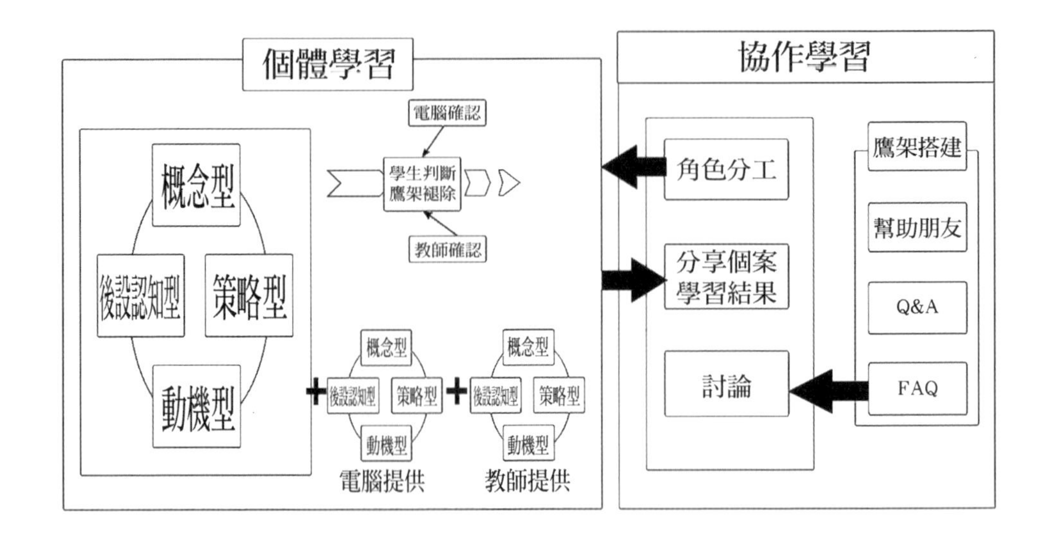

圖 5-1 協作學習模式的學習者中心鷹架系統。修改自"Scaffolding for optimal challenge in K–12 problem-based learning". Kim et al.（2018）. Interdisciplinary *Journal of Problem-Based Learning, 13*（1）.

參、學習者中心的鷹架系統課程設計

Kim 等人提出的 LSS 能提供學生在複雜學習環境下的探究學習。透過電腦、同儕與教師的相互協助，提供多元混成鷹架（概念型、動機型、後設認知型、策略型），藉以支持不同學習需求學生的有意義學習。正如 Tabak（2004）提出的混成鷹架（synergistic scaffolds）概念，在 LSS 中的鷹架具有互補關係，透過電腦、同儕與教師三種角色，相互分擔教學任務，提供不同程度、不同目的的鷹架，達到提升學生學習成效的目標。根據 LSS 的概念分析本研究團隊過去發展的數位線上學習課程，解析此課程中的參與者（包含：電腦、同儕與教師）能夠提供的鷹架類型，輔以課程實施時的課室觀察資料，說明三者如何在鷹架系統中相輔相成，共同協助學生進行有意義的學習。

一、線上協作的社會性科學議題決策課程

線上協作的社會性科學議題（socioscientific issue, SSI）決策課程是本研究團隊近年發展的社會性科學議題導向的課程，挑選海岸線變遷的議題作為情境，協助學生探討海岸線變遷所產生的待解決問題，並透過資料探索、分析與比較，最終使用各種海岸防護工法設計適當的防護方案以解決問題。因此，這個 SSI 決策課程雖是要求學生進行決策任務，但本質上是一個探究活動，研究發現聚焦於探討高中生的反思策略與其對決策表現之影響（張文馨、許瑛玿，2021），另一研究則是聚焦於探討教師的在社會性科學議題的教學專業成長（Zhang & Hsu, accepted）。線上協作的 SSI 決策課程實施約需 3.5 小時，包含三個主要學習任務：（一）透過資料的探索來辨識情境與待解決問題，（二）透過收集相關資料並比較及探討不同海岸防護工法的可行性，（三）透過同儕相互審查，反思自身的方案品質。課程實施時，除透過由研究團隊發展的電腦鷹架外，亦透過改良的協作模式促進學生進行協作學習，促進同儕提供學習支持的機會。圖 5-2 為此課程的操作介面之一，學生在圖 5-2 介面中所需要進行的任務是探索圖下方的電腦軟體提供的環境資料，透過這些環境資料判斷當地在海岸線變遷的情形下可能產生的問題。

此課程曾在臺北市某高中的多元選修課實施，授課老師在該校教授地球科學已超過 20 年，具有社會性科學議題導向課程的授課經驗。彙整該教師在實施這個 SSI 決策課程中的課室觀察記錄，探討學習者中心的鷹架系統應用在教學的情形。如表 5-1 所示，本文將解析電腦、同儕與教師，在這個線上協作的 SSI 決策課程中，各自能提供何種形式鷹架，及經由共同協作如何促進學生的學習。

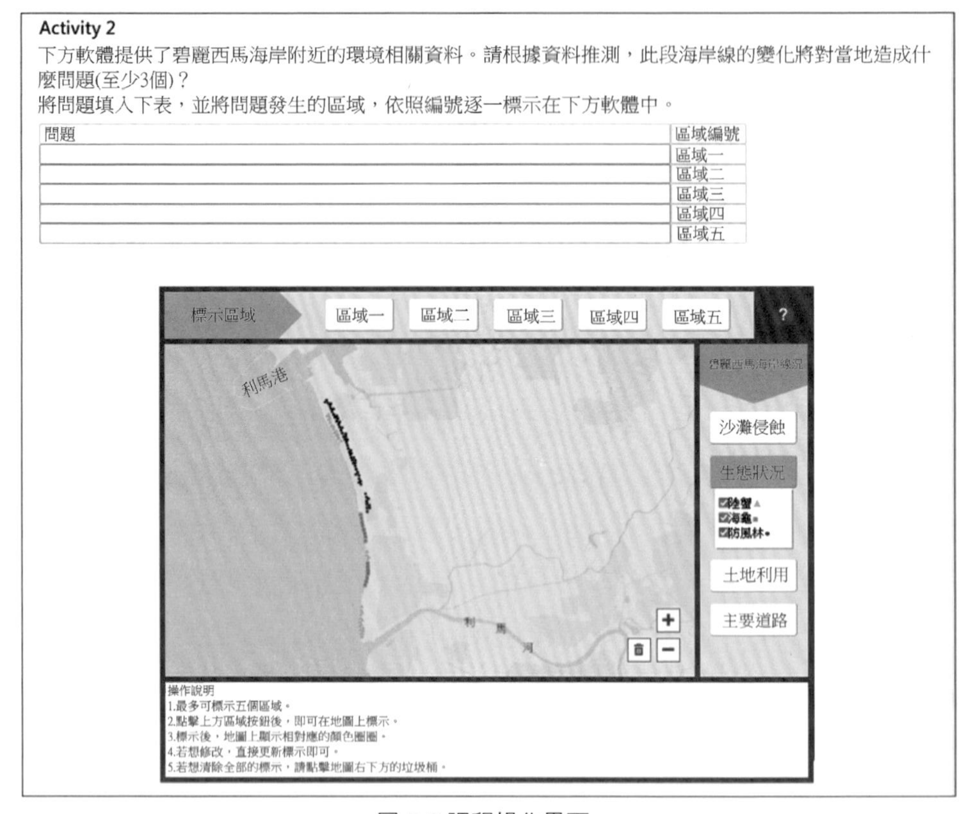

圖 5-2 課程操作界面

二、學習者中心的鷹架系統的實務應用

從表 5-1 可知，電腦提供的鷹架大多是固定性的鷹架，研究者在發展課程之初，從文獻或實徵資料彙整學生學習困難並提供特定的學習支持。例如：針對概念型鷹架，本課程以網頁連結的方式提供沿岸流概念說明，學生依需要瀏覽網頁中沿岸流相關概念。電腦提供的後設認知型鷹架以文字提示為主，在每個學習任務後面，提供反思範例，提示學生如何從何種角度切入來評估同儕設計的海岸防護方案。在策略型鷹架上，電腦主要提供設計好的表格，協助學生彙整資料，方便進行比較。

同儕提供的鷹架主要來自協作互動與同儕互評活動中，由於每位學生因其生長經驗、興趣等因素對於海岸線變遷的理解各有不同，思考問題的情境也有所差異。因此，在同儕提供的概念型鷹架上，為了豐富並建構學生對課程情境與問題的完整理解，該課程採異質性分組，透過不同思考想法的學生相互分享想法與學習成果，豐富對議題的全面理解。此外，在動機型鷹架方面，透過過去實務研究與授課教師的經驗分享指出，臺灣學生對協作分享彼此想法的意願並不高，尤其是進行類似同儕相互審查的任務時，多數學生可能是短時間內沒有想法，或是顧及友情等原因，造成同儕審查的任務大多達不到效果。為此，我們調整協作模式：「學生首先獨自完成學習任務，再與他人分享討論」，以此方式能促進學生先就任務進行深思以建構自己的看法，才能在後續討論活動中與他人分享，提升學生交流想法的意願。在後設認知型鷹架方面，我們設計同儕互評活動，透過同儕相互詰問，指出彼此的問題，引發學生反思並精緻化自己的學習任務的認知。

教師在本課程中能提供的多樣化且彈性鷹架，但大多以師生對話進行，形式可能是一對一，或者一對多。例如：在概念型鷹架，授課教師平常就習慣使用科技輔助自己進行授課，因此，在課堂上，我們觀察到該位教師會利用 google classroom 的作業功能，即時發起小任務，要求學生思考並回答問題，透過 google classroom 的功能，彙整並檢視全班想法，以確認每位學生的認知狀況，並針對表現不佳的同學，提供個別指導，如此達到即時診斷、適時提供學習需求之目的。在動機型鷹架方面，教師會使用多元的激勵方式，針對學習意願不高，給予激勵並安排這些同學作為小老師，指導其他同學，建立正向動機。同時授課教師也會透過同儕壓力，給予這些參與意願不高的同學警告，暗示學生不能拖累與影響小組同學的表現，藉此建立小組的良好互動關係與協作意識。在後設認知鷹架上，教師於三個主要學習任務前，會先向全班同學說明學習目標，並在巡堂時確認學生都理解學習目標。此外也會邀請表現佳的同學，向全班分享想法，並與全班討論哪些是針對特定任務的最佳表現。

表 5-1 SSI 課程的學習者中心鷹架系統解析

		鷹架提供者		
		電腦	同儕	教師
鷹架類型	概念型	提供沿岸流相關概念介紹 提供互動軟體供學生探索並解析待解決問題	以異質性分組，促進學生有效分享想法與學習成果。	教師利用 google classroom 作業功能，彙整並檢視全班學生想法，即時確認學生認知狀況。
	動機型		改良式協作模式提升學生參與意願	安排小老師任務，給予激勵。 同儕壓力
	後設認知型	透過文字提示學生如何相互評估以進行反思	進行同儕互評，透過相互詰問，指出彼此問題。	課前率先與學生說明各任務的學習目標 教師邀請表現佳的學生發表想法，並進行全班討論。
	策略型	提供表格，協助學生彙整探索得到的資料 說明軟體操作方式。		課前示範軟體使用方式

肆、結論

人類活動始終無法與其存在的社會與生活脫節，即便科學探究活動也是如此。近期的科學教育將科學探究從過去強調技能的發展轉為鼓勵學生學習跨科核心概念並將其與探究實務連結，為的是期待學生能結合學校所學，解決他們生活中遇到的複雜問題。複雜的真實問題加上需要不斷反覆驗證的探究實務歷程，無論對學生的學習亦或是教師的課室教學都是挑戰。為此，本章依據文獻從分散認知的觀點重新詮釋鷹架學習理論，試圖協助教師與學生克服這個困境。從過去的相關研究與本研究團隊的實務經驗指出，在複雜的學習環境中將學習支持鷹架分散於教師、學生同儕及電腦科技有其可行性。過去電腦鷹架為人詬病的問題：「無法進行即時且精確診斷。」，若能透過電腦、學生同儕、教師三者共同協助進行，可用以判斷學生的認知狀況並決定鷹架褪除的時機。另外，電腦與數據運算處理的技術與日俱進，未來相關研究也可以進一步導入AI技術強化即時診斷的機制，由電腦依據即時診斷結果，按個別學習者需求提供適當學習鷹架，以及決定鷹架褪除時機，讓教師更專注於情緒、動機等面向提供學習支持，以提供學習者一個整合性且適性化學習環境，增加學生學習效能。

致謝

本章的內容來自多方積累的結果，感謝科技部專題研究計畫的經費支持（MOST 104-2511-S-003-044-MY4、MOST 107-2511- H-003-014-MY3），以及參與課程實施的教師與學生，沒有他們的協助，本研究無法完成本章內容之撰寫。

參考文獻

于小涵。（2013）。**認知系統性的研究：基於分布式認知的視角**。中國社會科學出版社。

張文馨、許瑛玿。（2021）。高中生在社會性科學議題決策中的反思與評估。**科學教育學刊，29**（2），113-135。https://doi.org/10.6173/CJSE.202106_29(2).0002

張珮珊、賴吉永、溫媺純。（2017）。科學探究與實作課程的發展、實施與評量：以實驗室中的科學論證為核心之研究。**科學教育學刊，25**（4），355-389。https://doi.org/10.6173/CJSE.2017.2504.03

國家教育研究院。（2018）。**十二年國民基本教育課程綱要國民中小學暨普通型高級中等學校 - 自然科學領域**。教育部。https://www.naer.edu.tw/upload/1/16/doc/848/ 十二年國民基本教育課程綱要綜合型高級中等校 - 自然科學領域 .pdf

蔡哲銘、邱美虹、曾茂仁、謝東霖。（2019）。探討高中學生於建模導向科學探究之學習成效。**科學教育學刊，27**（4），207-228。https://doi.org/10.6173/CJSE.201912_27(4).0001

蔡執仲、段曉林、靳知勤。（2007）。巢狀探究教學模式對國二學生理化學習動機影響之探討。**科學教育學刊，15**（2），119-114。https://doi.org/10.6173/CJSE.2007.1502.01

韓錫斌、翟文峰、程建鋼。（2013）。Cmooc 與 xmooc 的辯證分析及高等教育生態鏈整合。**現代遠程教育研究，6**，4-10。https://doi.org/10.3969/j.issn.1009-5195.2013.06.001

Abdu, R., Schwarz, B., & Mavrikis, M. (2015). Whole-class scaffolding for learning to solve mathematics problems together in a computer-supported environment. *Zdm-the International Journal on Mathematics Education, 47*(7), 1163-1178. https://doi.org/10.1007/s11858-015-0719-y

Anderson, R. D. (2002). Reforming science teaching: What research says about inquiry. *Journal of Science Teacher Education*, *13*(1), 1-12. http://dx.doi.org/10.1023/A%3A1015171124982

Azevedo, R., & Hadwin, A. F. (2005). Scaffolding self-regulated learning and metacognition - implications for the design of computer-based scaffolds. *Instructional Science*, *33*(5-6), 367-379. https://doi.org/10.1007/s11251-005-1272-9

Azevedo, R., Johnson, A., Chauncey, A., & Burkett, C. (2010). Self-regulated Learning with MetaTutor: Advancing the Science of Learning with MetaCognitive Tools. In M. S. Khine & I. M. Saleh (Eds.), *New Science of Learning: Cognition, Computers and Collaboration in Education* (pp. 225-247). Springer New York. https://doi.org/10.1007/978-1-4419-5716-0_11

Azevedo, R., Moos, D. C., Johnson, A. M., & Chauncey, A. D. (2010). Measuring cognitive and metacognitive regulatory processes during hypermedia learning: Issues and challenges. *Educational Psychologist*, *45*(4), 210-223. https://doi.org/10.1080/00461520.2010.515934

Belland, B. R. (2011). Distributed cognition as a lens to understand the effects of scaffolds: The role of transfer of responsibility. *Educational Psychology Review*, *23*(4), 577--600. https://doi.org/10.1007/s10648-011-9176-5

Brown, A. L., Ash, D., Rutherford, M., Nakagawa, K., Gordon, A., & Campione, C. J. (1993). Distributed expertise in the classroom. In G. Salomon (Ed.), *Distributed cognitions: Psychological and educational considerations* (pp. 188-228). Harvard University Press https://www.google.com.tw/url?sa=t&rct=j&q=&esrc=s&source=web&cd=2&ved=0ahUKEwimvquYms3KAhVhIKYKHRZUDo8QFggsMAE&url=http%3A%2F%2Facademic.shu.edu%2Fenglish%2F1201%2FBrown_et_al%2C_Distributed_Expertise_in_

the_Classroom.pdf&usg=AFQjCNF102LVUky20rEkwhVfa_MFMPc9tQ

Chen, F., Cui, Y., & Chu, M. W. (2020). Utilizing game analytics to inform and validate digital game-based assessment with evidence-centered game design: A case study. *International Journal of Artificial Intelligence in Education*, *30*(3), 481-503. https://doi.org/10.1007/s40593-020-00202-6

Dabbagh, N. (2005). Pedagogical models for e-learning: A theory-based design framework. *International Journal of Technology in Teaching and Learning*, *1*(1), 25-44.

Dilkli, S. (2006). An overview of automated scoring of essays. *The journal of technology, learning and assessment*, *5*(1), 5-35.

Eshach, H., Dor-Ziderman, Y., & Arbel, Y. (2011). Scaffolding the "scaffolding" metaphor: From inspiration to a practical tool for kindergarten teachers. *Journal of Science Education and Technology*, *20*(5), 550-565. https://doi.org/10.1007/s10956-011-9323-2

Giere, R. N. (2006). The role of agency in distributed cognitive systems. *Philosophy of Science*, *73*(5), 710--719. https://doi.org/10.1086/518772

Hmelo-Silver, C. E., & Azevedo, R. (2006). Understanding complex systems: Some core challenges. *Journal of the Learning Sciences*, *15*(1), 53-61. https://doi.org/10.1207/s15327809jls1501_7

Hsu, Y.-S., Lai, T.-L., & Hsu, W.-H. (2015). A design model of distributed scaffolding for inquiry-based learning. *Research in Science Education*, *45*(2), 241-273.

Kim, N. J., Belland, B. R., & Axelrod, D. (2018). Scaffolding for optimal challenge in k–12 problem-based learning. *Interdisciplinary Journal of Problem-Based Learning*, *13*(1). https://doi.org/10.7771/1541-5015.1712

Käser, T., & Schwartz, D. L. (2020). Modeling and analyzing inquiry strategies in open-ended learning environments. *International Journal of Artificial Intelligence in Education*, *30*(3), 504-535. https://doi.org/10.1007/s40593-020-00199-y

Krajcik, J., Blumenfeld, P. C., Marx, R. W., Bass, K. M., Fredricks, J., & Soloway, E. (1998). Inquiry in project-based science classrooms: Initial attempts by middle school students. *Journal of the Learning Sciences*, *7*(3-4), 313-350.

McNeill, K. L., Lizotte, D. J., Krajcik, J., & Marx, R. W. (2006). Supporting students' construction of scientific explanations by fading scaffolds in instructional materials. *Journal of the Learning Sciences*, *15*(2), 153-191. https://doi.org/10.1207/s15327809jls1502_1

Nardi, B. A. (1996). Studying context: A comparison of activity theory, situated action models, and distributed cognition. In B. A. Nardi (Ed.), *Context and Consciousness : Activity Theory and Human-Computer Interaction* (pp. 35-52). MIT Press.

National Research Council. (2012). *A framework for K-12 science education: Practices, crosscutting concepts, and core ideas*. The National Academies Press. https://doi.org/https://doi.org/10.17226/13165

NRC. (1996). *National science education standards*. National Academy. http://www.nap.edu/openbook.php?record _ id=4962

Pea, R. D. (2004). The social and technological dimensions of scaffolding and related theoretical concepts for learning, education, and human activity. *Journal of the Learning Sciences*, *13*(3), 423-451. http://dx.doi.org/10.1207/s15327809jls1303_6

Perkins, D. N. (1993). Person-plus: A distributed view of thinking and learning. In *Distributed cognitions: Psychological and educational considerations* (pp. 88-110). Cambridge: Cambridge University Press.

Puntambekar, S., Gnesdilow, D., Dornfeld Tissenbaum, C., Narayanan, N. H., & Rebello, N. S. (2020). Supporting middle school students' science talk: A comparison of physical and virtual labs. *Journal of Research in Science Teaching*. https://doi.org/10.1002/tea.21664

Puntambekar, S., & Hubscher, R. (2005). Tools for scaffolding students in a complex learning environment: What have we gained and what have we missed? *Educational Psychologist*, *40*(1), 1-12. https://doi.org/10.1207/s15326985ep4001 _ 1

Reiser, B. J., Tabak, I., Sandoval, W. A., Smith, B. K., Steinmuller, F., & Leone, A. J. (2001). Bguile: Strategic and conceptual scaffolds for scientific inquiry in biology classrooms. In S. M. Carver & D. Klahr (Eds.), *Cognition and instruction: Twenty-five years of progress* (pp. 263-305). Erlbaum.

Salomon, G. (1993). No distribution without individual's cognition: A dynamic interactional view. In G. Salomon (Ed.), *Distributed cognitions: Psychological and educational considerations*. Harvard University Press

Tabak, I. (2004). Synergy: A complement to emerging patterns of distributed scaffolding. *Journal of the Learning Sciences*, *13*(3), 305-335. http://dx.doi.org/10.1207/s15327809jls1303_3

van de Pol, J., Volman, M., & Beishuizen, J. (2010). Scaffolding in teacher–student interaction: A decade of research. *Educational Psychology Review*, *22*(3), 271-296. https://doi.org/10.1007/s10648-010-9127-6

White, B., & Frederiksen, J. R. (1998). Inquiry, modeling, and metacognition: Making science accessible to all students. *Cognition and Instruction*, *16*(1), 3-118. http://dx.doi.org/10.1207/s1532690xci1601_2

Wiley, J., Hastings, P., Blaum, D., Jaeger, A. J., Hughes, S., Wallace, P., Griffin, T. D., & Britt, M. A. (2017). Different approaches to assessing the quality of explanations following a multiple-document inquiry activity in science [Article]. *International Journal of Artificial Intelligence in Education*, *27*(4), 758-790. https://doi.org/10.1007/s40593-017-0138-z

Wood, D., Bruner, J. S., & Ross, G. (1976). The role of tutoring in problem solving. *Journal of child psychology and psychiatry*, *17*(2), 89-100.

Wood, D., Wood, H., & Middleton, D. (1978). An experimental evaluation of four face-to-face teaching strategies. *International Journal of Behavioral Development*, *1*(2), 131-147. https://doi.org/10.1177/016502547800100203

Zhang, W.-X., & Hsu, Y.-S. (in press). Teachers' SSI professional development in a reflection-based in-service program. In Y.-S. Hsu, R. Tytler, & P. White (Eds.), *Innovative approaches to teaching and teacher professional learning in socio-scientific issues and sustainability education*. Springer.

Zhang, W.-X., Hsu, Y. S., Wang, C. Y., & Ho, Y. T. (2015). Exploring the impacts of cognitive and metacognitive prompting on students' scientific inquiry practices within an e-learning environment. *International Journal of Science Education*, *37*(3), 529-553. https://doi.org/10.1080/09500693.2014.996796

第 6 章

電腦輔助科學建模教學：發展現況與研究

李文瑜（國立臺灣師範大學資訊教育研究所）
王亞喬（國立中科實驗高級中學）

摘要

建模本位教學（modeling-based instruction；簡稱建模教學）為臺灣以及其他國家的重要科學探究目標，然而建模的過程對於學生而言是抽象與困難的。從所使用的教育科技的角度，電腦輔助科學建模教學大致可分為使用電腦建模工具以及電腦模擬。使用這些教育科技除了可以視覺化地呈現難以理解的概念或科學現象外，電腦建模工具亦可以協助學生進行資料分析整理與理論模型的建構與修正。本章主要對於過去數位科技融入建模教學的種類與國內外平台、軟體進行介紹。此外，透過實徵研究的舉例，本章列舉電腦輔助建模教學中科技與課程的結合方式，並探討此種建模教學對於學生科學學習成效以及對於學習情意面向的幫助。然而面對數位科技的融入，教師仍然需要適應與調整，而科技本身也在不斷進化中，因此本章最後探討教師應用電腦輔助建模教學可能遇到的挑戰，並且對於電腦輔助建模教學未來展望以及研究議題提出建議。

關鍵詞：建模本位教學、電腦輔助科學建模教學、科學學習、學習投入

壹、前言

模型建立與模型修改為科學探究密不可分也是科學學習所重視的活動之一 (Gilbert et al., 2000; Lehrer & Schauble, 2006; Schwarz, 2009; Stewart et al., 2005）。美國國家研究委員會於 2012 年所出版的 A Framework for K-12

Science Education（National Research Council [NRC], 2012）中，再次強調模型的使用與模型的建立為科學學習之重要目標。建模過程有學者定義為「建構與檢驗類比於真實世界系統的表徵系統」（NRC, 2007）。以 12 年級的高中生為例，根據此科學教育標準，應該培養學生使用表徵建構事件或系統、運用各種模型解釋科學現象，並且在適當證據支持之下，討論模型之限制與準確度。建模本位教學（modeling-based instruction；簡稱建模教學）可以促進學生的科學素養，也是建立正確科學本質觀的方式之一。

過去研究發現學生在學習科學時，對於理解較為複雜的系統現象時有困難。以生物為例，學生學習時將知識視為片段、瑣碎的，卻無法完整的描述一些系統的特性以及其組成成分之間的關係（例如人體的循環系統）（Riess & Mischo, 2010; Wilensky & Resnick, 1999）。尤其有些自然界系統具有循環或是動態的特性，例如水的循環或大氣的循環（Assaraf & Orion, 2010; Gunckel et al., 2012）。系統思考能力即是能夠將真實世界的複雜現象以系統的觀點加以描述與建立模型。由於模型和系統皆為表徵、解釋與預測科學現象的工具，模型亦為系統思考的最終產物（Gilbert et al., 1998）。部分建模教學的歷程與建立系統思考的過程亦相當吻合（Sins et al., 2005），有研究指出建模為發展系統思考的關鍵活動（Verhoeff et al., 2008）。建模教學也可以同時提升學生的系統思考能力與幫助學生建立較為精緻的模型觀點。

雖然現今科學教科書中包含許多模型的表徵（例如原子模型或是生態模式），但是大部分的時候學生只是藉由靜態模型學習科學概念，學生無法瞭解模型形成的過程以及模型如何隨科學知識演進改變與修正的歷程（Van Driel & Verloop, 2002）。由於科學模型與建模過程常常相當複雜，學生需要鷹架與輔助，電腦則可以扮演重要的角色。電腦可以支援實驗進行或是知識建構，例如透過電腦收集資料、透過電腦進行計算或將資料視覺化等；另一方面電腦可以讓學生比較有自主學習的機會，學生可以自行決定所要選取的資料，不需要完全依賴教師（Bell et al., 2010）。尤其在建模的過程中，電腦建模工具或是模擬可以將模型中抽象的元素視覺化，並且呈現元素之間與時間改變的關係，更可以提供學習者一套將自己對於模型想法外顯與表達的工具（Schwarz et al., 2007）。

由於國內過去對於電腦輔助科學建模的文獻相對較為缺乏，本章首先將介紹電腦融入建模教學的三種類型並針對現今電腦輔助建模的不同工具進行介紹。本章的另一個部分則以研究者過去研究之課程為例，說明電腦輔助建模教學如何設計並介紹其相關的研究成果。最後，本章則針對電腦輔助建模教學未來的發展進行討論並提出建議。

貳、應用於電腦輔助建模教學的數位學習環境以及特色

本節分析電腦輔助建模教學的文獻，歸納出電腦模擬以及電腦建模工具兩大類數位學習環境。其中電腦模擬和建模工具又根據其特性各自分為三類，以下將逐一介紹與舉例說明。

一、電腦模擬融入建模教學

電腦模擬是利用電腦製作出如同真實世界及其過程的動態模型，能呈現真實世界的組成元素、現象或過程的理論或簡化模型（Smetana & Bell, 2012），也被定義為是一種研究系統的方法，其過程包括選擇一個模型、找到一種可以在電腦上運行模型的方式、計算演算法的結果，以及提供視覺化和研究結果數據（Winsberg, 2013）。電腦模擬學習環境具有許多科學教育上的功能與目的，例如學生可以藉由操弄電腦模擬，進行系統地探索問題假設，調查課堂內難以感知和操縱的現象，可以視覺化和呈現模型的動態關係。近年，電腦模擬已經被引入建模教學活動中，且研究已指出其對於提升學生的模型觀點、目標模型與品質、科學概念及建模能力之影響（Baumfalk et al., 2019; Dickes et al., 2019; Mulder et al., 2016; Schwarz & White, 2005）。

用於融入建模教學的模擬可以分為三種類型，第一類是虛擬實驗，學生可以藉由調整參數進行科學實驗或觀察科學現象。早期研究融入模擬於

建模課程代表之一為 Schwarz 與 White（2005）的 Model-Enhanced Thinker Tools Curriculum（METT）課程。這個物理建模課程，依循問題、假說、調查、分析、模型及評鑑為建模序列步驟，運用 ThinkerTools 模擬物體在光滑或粗糙平面上的運動情形，協助學生發展牛頓運動定律的科學模型。而其中的電腦模擬被設計於調查階段，能提供學生執行如同在真實世界中的調查活動過程與情境。研究發現，METT 課程能顯著提升學生的物理知識、探究技能及對建模的理解。近年網路上有許多可用於科學學習的電腦模擬教材，一般教師較為熟悉的 PhET（Physics Education Technology）即是其中一種，目前也已經被應用於科學建模活動中。 PhET（http://phet.colorado.edu）電腦模擬主題囊括物理、化學、數學、地球科學、生物學等各領域。Podolefsky 等人（2010）的研究，在應用 PhET 的模擬時，依循問題、探索、類比為建模序列，協助學生建立波的干涉模型。電腦模擬被設計於探索階段，例如學生可以透過調整電腦模擬右方的波長及雙狹縫距離（參見圖 6-1 的模擬畫面截圖），探討其對於干涉現象產生的影響。結果發現，PhET 模擬能提高學生的建模學習成效。

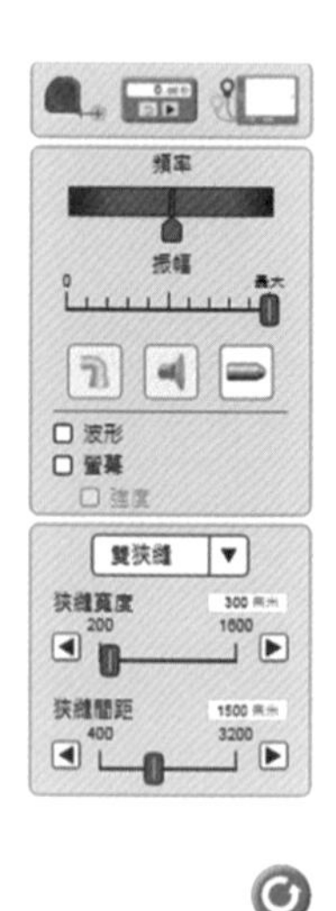

圖 6-1 PhET 中雙狹縫干涉實驗模擬畫面截圖

圖片來源：PhET 網站 https://phet.colorado.edu/sims/html/wave-interference/latest/wave-interference_zh_TW.html

第二類則是個體本位模擬（agent-based simulation），即透過調整微觀個體行為的參數，呈現個體行為對於整體現象影響的演變過程，是一種連結微觀與巨觀現象的動態模擬，其中著名的例子為 NetLogo （https://ccl.northwestern.edu/netlogo/）。NetLogo 模擬的架構分為觀察者、行為者及環境三大部分，學生能自行設計此三部份條件及互動規則，進而從觀察者角度，觀察行為者（例如人、雁子、微粒等）在環境中運動的情形與最後產生的結果，適合用於複雜系統的模型建構。以 Jacobson 等人（2015）的研究為例，研究者採用問題、調查活動、模型建立為建模序列與 NetLogo 歐姆定律模擬器作為建模工具，協助學生發展歐姆定律的科學模型。在歐姆定律模擬器中（參見圖 6-2 的模擬畫面截圖），學生可以透過調整電腦模擬左方的參數，例如電壓或內部電阻，並探討這兩個變因對於單一電子運動的影響，以及導線中電流逐漸趨於穩定的演變過程，進而建立導線中電壓、電阻及電流三者之間的關聯。研究發現，經過教學後，能夠有效提升學生對於歐姆定律概念的理解。

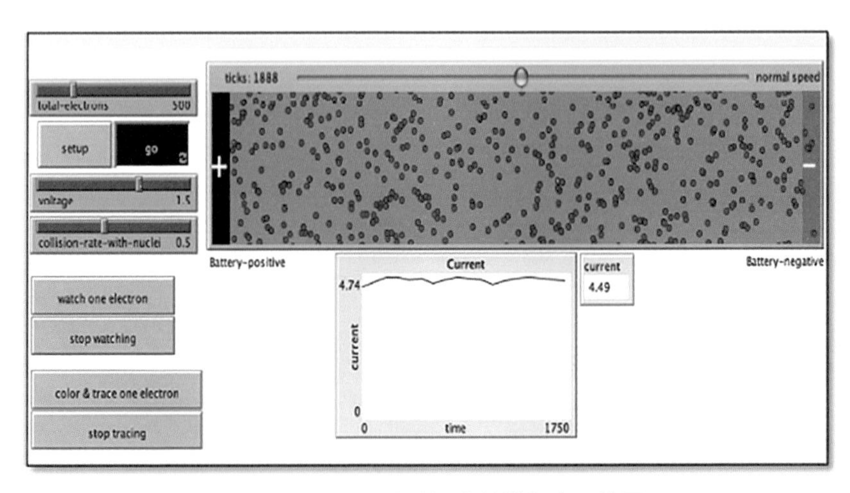

圖 6-2 NetLogo 中歐姆定律模擬畫面截圖

圖片來源："To guide or not to guide: issues in the sequencing of pedagogical structure in computational model-based learning," by Jacobson, M. J., Kim, B., Pathak, S., & Zhang, B., 2015, *Interactive Learning Environments 23*(6), p. 720.

第三類是整合模擬與建模學習活動的數位平台，教師或研究者可以在平台上自行設定建模活動步驟並嵌入電腦模擬於學習活動中，這類的平台如 CoSci（http://cosci.tw/）。Wang 等人（2021）的研究使用 CoSci 平台，所設計的建模序列包括八個階段，分別是問題、預測、第一次實驗調查與解釋、第二次實驗調查與解釋、最終模型建立和模型評鑑，並於兩個實驗調查階段中嵌入的電腦模擬，協助學生發展有關摩擦力以及牛頓第二定律的科學模型。第一次實驗調查與解釋階段，學生被要求設計一個實驗，透過調整電腦模擬上方的木塊質量及繩上拉力（參見圖 6-3 的模擬畫面截圖），學生可以觀察水平面上木塊的運動情形，並解釋關於木塊運動的三個力學問題。學生所需進行的建模任務、活動所需填寫的學習單、所需觀察的模擬實驗結果以及學習行為都記錄在平台的系統中。結果顯示，此電腦建模活動能顯著提升學生的模型功能、模型建構之本質等觀點；建模任務表現較好的學生，表現出較好的建模能力。

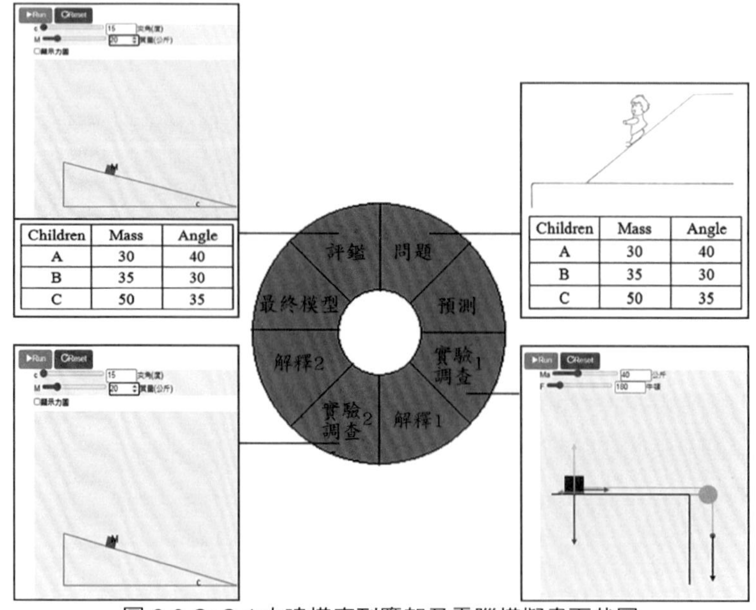

圖 6-3 CoSci 中建模序列鷹架及電腦模擬畫面截圖

圖片來源："Investigating the Links Between Students' Learning Engagement and Modeling Competence in Computer-Supported Modeling-Based Activities." by Wang, Y.-J., Lee, S. W.-Y., Liu, C.-C., Lin, P.-C., & Wen, C.-T., 2021. *Journal of Science Education and Technology*, *30*, p. 755.

二、電腦建模工具

電腦建模工具則是以圖像、類似心智圖的模式，讓學生訂出相關的概念以及其複雜的關係。Bell 等人（2010）將建模工具根據其特性分為：第一類是具質性建模特性工具（qualitative features）；第二類是具半質性與半量化建模特性工具（semi-qualitative and quantitative features），以及第三類是系統動態建模工具（system dynamic modeling）。第一類通常提供一個可以讓學生繪製心智圖的介面，學生定義出相關的「概念」與彼此的「關係」；第二類則可以定義概念的相關屬性，此種屬性可以有程度上的區別，但是非精準的量化，例如「A 對於 B 具有正向影響」，此種建模工具所形成的網絡，可以讓學生檢驗模型中相關元素彼此關係的消長，但不需要太多數學關係的知識，這種工具適用於在建模過程初期使用。第三類則是以「流入量與流出量」互為消長的概念，看到模型的動態變化，學生可以精確量化模型，此等建模工具可以產生最接近真實世界的模型。

概念圖工具（concept-mapping tool）屬於第一類具質性建模特性工具，是一種圖像工具，利用與主題有關聯的單詞或短語，以線段連接各單詞或短語，並在線段上標明關係，以建立與主題所有相關聯因素的整體想法。Chang 等人（2016） 的研究，採取五個步驟的建模序列鷹架，分別是辨識主要概念、使用連結詞描述主要概念、辨識次要概念、使用連結詞描述次要概念及回顧整個概念圖，以 CmapTools 概念圖軟體為建模工具，協助學生建立能量的模型。概念圖被使用於三個階段，首先是在「教師演示階段」，教師藉由與內容主題有關的生活實例，進行電腦概念圖的繪製示範；接著在「教師指導階段」，老師會提醒學生如何描繪概念之間的關係，協助學生繪製概念圖；最後在「學生自行建構階段」，學生會在沒有老師幫助的情況下，自行完成概念圖。結果顯示，概念圖建模教學，能夠有效的提升學生對於模型的認知理解、高階思考能力，並延長內容知識的記憶時間。

第二類具半質性與半量化建模特性工具則有 SageModeler 建模軟體（https://concord.org/our-work/research-projects/building-models/），這是一個線上動態建模工具，讓學生可以使用文字和圖片來設置概念變量之間的複雜關係，有助於學生對於系統思考的學習，適合的建模主題很廣包括氣候變遷、氣體分子動力理論、力與能量、蒸發現象等。之所以稱為半質性與半量化建模工具，主要是因為在建立模型的過程中，學生並不需要編寫複雜的數學方程式，只需要從選項中定義兩概念之間的關係，也就是選擇當其中一個變項減少時，另一個變項是否隨之減少、增加或是有不穩定的改變。有別於概念圖工具僅能靜態的定義概念之間的關係，SageModeler 可以讓學生改變參數來測試其所建立之模型，觀察模型依時間變化而產生的曲線，進而查看其所建立的模型是否合理與正確，藉此幫助學生建立完整的概念動態模型。Bielik 等人（2018）的研究使用 SageModeler 為建模工具，以問題、建立、使用、評鑑及校正為建模序列，協助學生建立河流系統的模型。學生使用 SageModeler 設定變因之間的關聯，執行預測的模型，並使用輸出的數據來評估其模型。結果顯示，大多數學生成功地使用建模工具構建了複雜的水質模型。

第三類系統動態建模工具則是以 STELLA（Structure Thinking Experimental Learning Laboratory with Animation）為代表，是由 isee systems 公司所開發的付費軟體。該軟體中有三個基本變數元件，我們將常用的圖形及其說明彙整於表 6-1 中，第一個元件是儲量變數（stock），是指某一個系統變數在某一個特定時刻的狀態，其數值大小是流入率與流出率淨差額的累加值；第二個元件是流量變數 （flow），是指某種儲量變化之速率，其數值是由儲量與輔助變數的交互關係來決定;第三個元件是輔助變數（converter），用以補充說明前兩種變數之間的交互關係（Nuhoglu, 2008）。藉由這三個變數元件，配合函數、邏輯或常數，即可構成完整之系統動力模式，用以模擬系統之結構與演進發展，非常適合應用於探究時間演進之相關議題。Nuhoglu（2008）的研究中，建模序列包括三階段：探索系統元素、建模系統及測試模型，課程中並以 STELLA 為建模工具，協助學生探討模型中的影響變因，包括力、質量、位置及速度，最終讓學生建立彈簧與質量系統的動態模型。STELLA 應用於在系統模型建立階段（如圖 6-4a），學生可以定義元件與關聯，用以表示速度儲量影響位置的流量，力與質量影響速度的流量，而位置儲量決定受力的大小;在系統模型測試階段（如圖 6-4b），學生可以執行模擬，並透過圖像探究模型中變因之間的動態變化關聯。結果顯示，此課程能顯著增加學生的學習興趣，以及對於模型的理解程度。

表 6-1 STELLA 軟體基本變數元件圖形及說明

圖形	名稱	功能
□	儲量（stock）	流入率與流出率淨差額的累加值
⊏○⇒	流量（flow）	單位時間內流入或流出儲量的流量
○	輔助變量（converter）	設置在儲量與流量之間的信息通道上的變量

參考來源：許哲豪（2009）。**應用系統動態模式 STELLA 模擬臺灣溫室氣體及空氣污染物整合減量效益**（未出版之碩士論文）。國立臺北科技大學，臺北市。

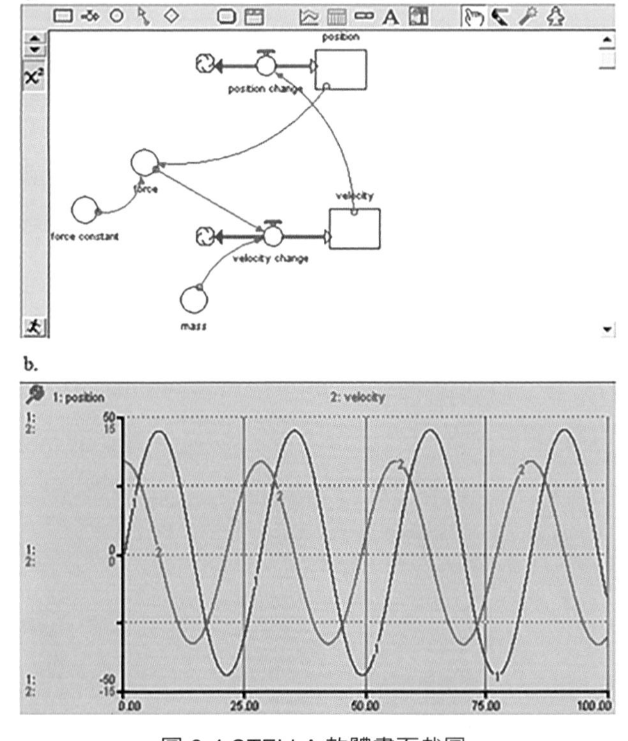

圖 6-4 STELLA 軟體畫面截圖

a. STELLA 中系統模型建立階段畫面截圖。b. STELLA 中系統模型測試階段畫面截圖。圖片來源："Modeling spring mass system with system dynamics approach in middle school education," by Nuhoglu, H, 2008, *Turkish Journal of Educational Technology, 7*(3), pp. 27-28.

參、電腦輔助建模教學實例與研究成果

本節將以本研究團隊過去所發展的課程以及其相關研究成果，讓大家了解建模課程如何融入電腦模擬和建模工具，第一小節將以海洋永續建模課程為例說明。另外，藉由實徵資料的收集與分析，本節中也將呈現兩個電腦輔助科學建模課程對於學生學習歷程與學習成果之影響。第二小節將展現有關前述海洋永續建模課程中學習歷程與學習成效；最後一個小節將呈現碳循環建模課程中，使用不同建模工具對於學生學習成效影響。

一、電腦輔助建模課程介紹—以海洋永續為例

本節藉由介紹「生生不息—海洋永續建模課程」呈現電腦輔助工具與科學建模課程的結合，並介紹相關研究的成果。此課程特色包括：第一，本課程希望學生建構之海洋漁業永續模型，主要包含自然界族群的自然消長（population growth model，自然因素模型） 以及人為活動（human activity model，人為因素子模型）的交互作用。在建模的過程中釐清與定義相關變項、瞭解變項與變項相對於整體模型之動態（dynamic）與循環（cyclic）關係，並且針對預測模型做整體的考量，上述即是系統思考能力（Assaraf & Orion, 2005）的培養。生態或環境保育相關主題由於其複雜度高，因此很適合作為建模與系統思考的教材（Manz, 2012）。第二，許多模型在科學知識建構的過程中都是暫時性的且需要經過多次修改（Gobert et al., 2011），且模型具有預測和解釋的功能。這方面對於模型本質的觀點在一般科學課程中很難讓學生體會與了解。再者，過去研究發現，由學生自行建構模型比學生直接使用表達模型具有較好的學習效果（Jonassen et al., 2005; Verhoeff et al., 2008），本研究的設計，讓學生可以從一系列的探究活動中以電腦輔助建模工具建立模型以解釋現象，再以模型預測如何使海洋漁業永續經營，在此過程中模型必須經過修正，學生將調整其原本模型所考慮因素之不足，因此期望在課程結束時，學生也同時能建立較為精緻化

的模型觀點。

第三是希望學生可以從中喚起學生對於此議題的重視。根據聯合國糧食及農業組織（Food and Agriculture Organization of the United Nations [FAO]）追蹤發現目前世界已有百分之六十的魚種被歸列為「完全被利用」、「過度利用」、「耗竭殆盡」的等級（馬克・克朗斯基，1999）指出，過度漁撈（overfishing）已是漸趨嚴重的全球性問題。教育部所出版的《海洋教育政策白皮書》中建議海洋教育目標之一，即在於促使全民「認識海洋、熱愛海洋、善用海洋及珍惜海洋」（教育研究委員會，2007）。十二年國教新課綱已將海洋教育列為 19 項重大議題之一，強調學校必須發展正式、非正式及潛在的海洋教育內容融入課程中，以培養學生「海洋環境保護以及資源合理開發」的生態永續意識，涵育全球公民素養（教育部，2019）。然而目前國中與高中課程中僅「生物與環境」中略有相關內容。根據分析，當前海洋教育的重要問題之一為國人未積極參與海洋社會，例如高密度捕撈以及全球海洋環境變遷使得海洋漁業日趨耗竭等問題未能獲得重視，對於海洋漁業保護與永續經營等問題，雖然時有所聞但仍缺乏具體的教育內容。有效且可行之相關教學內容仍有待進一步發展，希望藉由本課程的介紹，可以提供現場教師與研究者一個參考的方向。

本課程教學活動設計是修改自 Baek 等人（2011）為促進學生科學建模所設計出的建模為中心的教學序列（Model-centered Instructional Sequence，簡稱 MIS）。共包含七個科學建模階段：錨定現象及中心問題（anchoring phenomena and central questions）、建構初始的模型（constructing an initial model）、進行實徵調查研究 （empirical investigations）、引入科學想法及電腦模擬（scientific ideas and computer simulations）、評論及修正模型（evaluating and revising the model）、同儕評價 （peer evaluation）及建構共識模型（constructing a consensus model）。教學時間包含十四節課，在「錨定現象及確定核心問題」的教學活動包含文章閱讀、影片欣賞及進行海洋

活動之模擬遊戲。本課程使用遊戲「開心漁場」改自 Fishbanks（Meadows et al., 2017），以分組的方式進行，學生扮演漁民的角色，在遊戲中與其他組別的漁民競爭，並根據漁類資源儲量和捕獲量上的變化，以讓自己可以獲得最大利益為目標。在遊戲中學生透過策略的討論、意見的交流，全面思考海洋資源與人類活動、經濟間的關係，也藉由遊戲體驗海洋資源枯竭的可能性。「開心漁場」遊戲設計為參與式的模擬遊戲（participatory simulated game），即參與者扮演整個動態系統中的一個組成份子，而每一位參與者與參與者之間的互動將影響整個模擬系統的結果（Klopfer & Squire, 2008）。參與式模擬的研究相對於非參與式，更能夠藉由學生的小組成員互動，促進學生在遊戲進行中的行為與認知投入；經歷參與式遊戲的學生相較於經歷非參與式遊戲的學生，可於遊戲後獲得更高的科學學習成效（Lee et al., 2021a）。遊戲結束後搭配學習單，讓學生討論海洋資源之問題，以及人類活動與海洋魚群之間的關係，並進行初始模型的繪製（及模型一）。

本課程的模型是以概念圖呈現，在「引入科學想法及電腦模擬」則包括引導學生閱讀科學文章並分析文章中的科學數據，並使用前述所介紹的半質性半量化的電腦建模工具 SageModeler（如圖 6-5）。此階段強調融入生物食物鏈、食物網、動物食性以及族群數量消長的科學概念，並讓學生將相關概念在 SageModeler 中進行測試，檢驗對於不同概念間數量改變的假設是否正確，進而思考是否需要修改或擴充自己所繪製的初始模型（即模型二）。最後在進入「評論及修正模型」階段，再次讓學生探索有關漁具、漁法及海洋法規之相關概念，呈現經濟面向、社會面向及環境面向之衝突，經由課程介紹及討論讓學生思考如何取得其間之平衡並能使環境永續發展，此階段由教師和學生互動討論的方式進行，並搭配學習單及小組討論互動，學生得以對自己所繪製的模型進行評價及進行最後一次修正（即模型三）。在課程最後藉由小組內同儕互評並討論代表小組的共識模型。

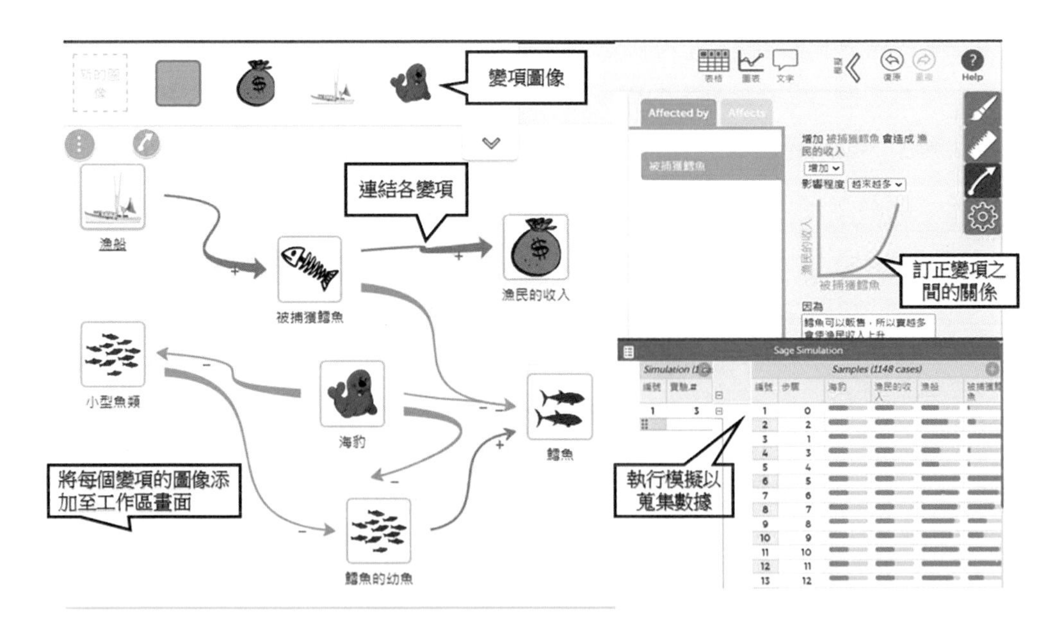

圖 6-5 電腦建模工具 SageModeler 操作介面截圖 (https://sagemodeler.concord.org/)

二、海洋永續建模課程之學習歷程與學習成效

上述「生生不息—海洋永續建模課程」在臺灣中部七年級四個班級正式實施，主要的研究問題為（徐瑛黛、李文瑜，2020）：（一）學生在建模歷程中學生模型建構表現為何？（二）學生在經歷上述數位輔助建模課程歷程後，其科學學習成效與模型觀點改變情形為何？（三）學生在使用模擬遊戲與建模工具時，學生學習投入情形為何？這裡所指的數位輔助建模工具包括前述所列之「開心漁場」模擬遊戲以及電腦建模工具 SageModeler。

本研究藉由分析學生模型的「要素數量」、「複雜性」和「解釋力」向度來評量學生的建模表現，其評分等級如表 6-2 所示（徐瑛黛、李文瑜，2020）。在表 6-2 的評分標準中，「要素數量」分為五個等級，主要是根據過去歷次學生所繪概念圖及根據專家的標準答案訂定而成。專家繪製的概念圖要素，其在數量上大致是七個左右，因此訂定為「適中」，並在上下各增加兩個評分等級。「複雜性」則是參考過去文獻，著重於概念圖的結構與概念間的連接方式（Hough et al., 2007; Kinchin et al., 2000; Novak & Gowin, 1984），以複雜的狀況來給予不同等級的分數，例如，鏈狀結構即代表由單一概念延伸兩兩概念之間的關係，但欠缺思考多重概念間關係的能力；而簡單階層具有明顯概念間的階層性，但仍缺乏整體概念所形成的廣度；最後網絡狀則兼具概念連結的深度與廣度，具有多重橫向與縱向較複雜的概念間連結。「解釋力」的分析，首先將學生概念圖中所形成的命題分為經濟、環境及社會三個面向（莊秋蘭等人，2018）。在經濟相關方面和漁獲量影響漁民生活有關（如：收入、獲益、漁民失業或經濟困難等）；在環境相關觀點和捕具（如：使用底拖網或流刺網）以及破壞、危害或保育生態有關；在社會面向觀點則和法律有關，如「漁業法規保護魚群」。再依據學生概念圖所涵蓋上述一到三個面向，分為一到三個等級。在使用本課程的一項前導研究中，結果顯示，高成就與低成就學生在要素數量和複雜性向度的最高等級的學生人數均有增加，並經歷使用電腦建模工具後低成就學生在概念圖所展現的模型上的差距亦被縮小（徐瑛黛、李文瑜，2020）。

表 6-2 學生模型評分標準

表現等級／向度	等級 0	等級 1	等級 2	等級 3	等級 4
要素數量	沒有	極少 （1～4 個）	適中 （5～7 個）	多 （8 個以上）	極多 （12 個以上）
複雜性	概念未連結	輻射狀或 簡單圖型	鏈狀	簡單階層	網絡狀
解釋力	無	一個面向	兩個面向	三個面向	

本研究結果顯示（如圖 6-6）學生（N=94）在體驗電腦模擬遊戲後（模型一），對於「要素數量」、「複雜性」和「解釋力」的表現上，多數同學皆停留在等級一的階段，即僅能畫出有限的要素；概念圖多為輻射狀或是簡單圖形且少數同學可以形成鍊狀；在解釋力方面，多數同學提及環境或經濟單一面向，而在這個階段未能同時整合三個面向。而在學生經歷過使用 SageModeler 電腦建模的活動之後（模型二），學生「要素數量」上等級二到四的學生都有明顯的增加；在「複雜度」上，能夠建立網狀概念圖（等級四）和簡單階層（等級三）的學生明顯增加；在海洋永續的解釋上，能夠兼具兩種觀點的學生人數也明顯增加。推測可能的原因主要是遊戲體驗過程中，學生雖然能感受到海洋永續的重要性，也感受到遊戲的趣味性，但是尚未能夠建立具體的概念，而再進一步進行電腦建模活動後，學生透過變項以及變項間半量化關係的建立，進一步建立海洋永續的概念，並具體轉化為的概念圖要素和連結。但是學生若要能夠整合三個面向解釋海洋永續，要到進一步探究與引入更多科學與社會性環境永續的討論後，有更多學生可以達到等級二（77.35%）以及少部分學生達到等級三（8.23%），顯示能夠同時兼顧海洋永續模型中環境、經濟與社會三個面向依然對於七年級學生是困難的。

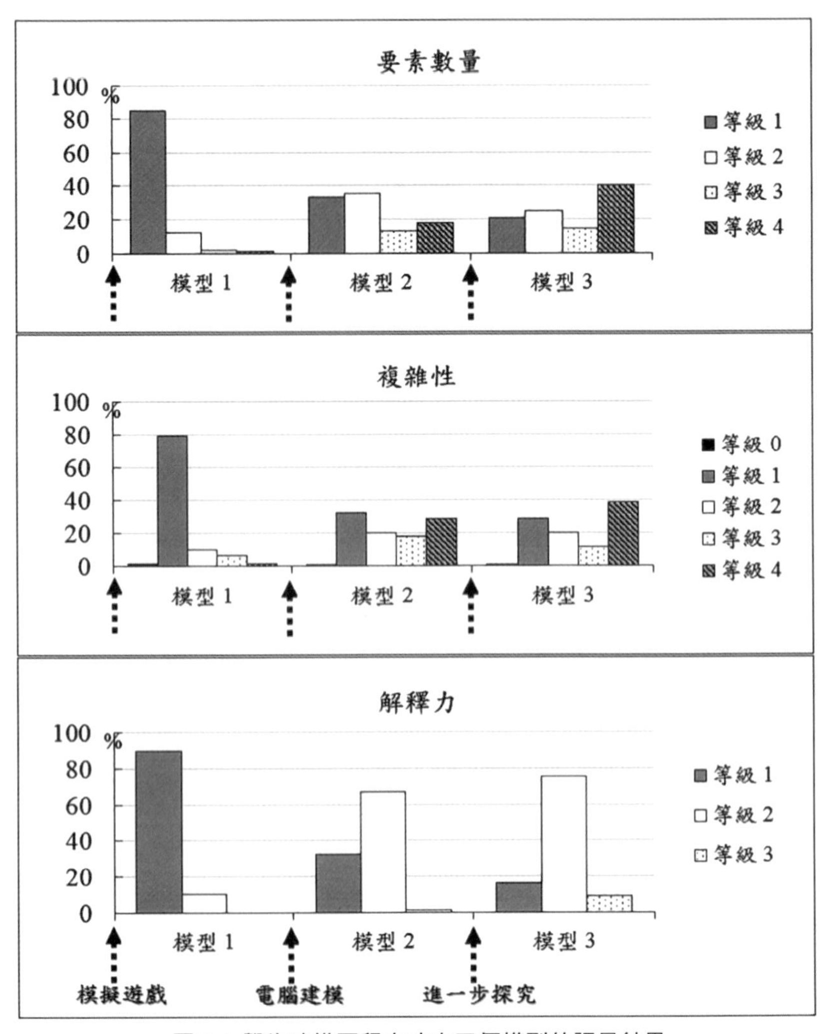

圖 6-6 學生建模歷程中建立三個模型的評量結果

針對研究問題二，本研究量測學生學習前後在系統思考和模型觀點是否在統計上有達顯示差異。本研究使用「海洋生態與永續系統思考導向試題」（徐瑛黛、李文瑜，2020），其中分為「動態關係」和「循環與因果關係」兩個面向，共十題。模型觀點則分為「模型目的」、「模型改變」、「多重模型表徵」、「建模本質」與「模型評鑑」，共 32 題（Lee & Lin, 2019）。在經歷建模課程前後，學生在系統思考兩個面向（動態關

係 t= -4.056; p< .001；循環與因果關係 t= -4.681; p< .001 ）和模型觀點五個面向皆有顯著的進步（模型目的 t= -8.776; p< .001；模型改變 t= -4.300; p< .001；多重模型表徵 t= -3.898; p< .001; 建模本質 t= -6.092; p< .001；模型評鑑 t= -6.662; p< .001）。上述研究結果驗證，經適當設計的電腦輔助建模教學課程，可以有效提升學生在該科學主題的系統思考和科學模型觀點。且進一步以階層迴歸分析學習成效和學生三個模型之間的關係，結果顯示學生先備知識（前一學期科學成績 β=.556; t= 5.946; p< .001、系統思考前測 β=.292; t= 3.159; p= .002）、學生第二個模型的「複雜度」（β=1.705; t= 2.742; p= .008）和第三個模型的「複雜度」（β=1.650; t= 2.715; p=.008）可以預測系統思考後測成績（F=13.972; p<.001）。此項結果建議教師在進行建模教學，應考量學生的先備知識程度，並關注學生模型建立的學習進程，尤其是模型概念結構的複雜程度。

本研究亦針對學生在建模歷程中使用不同數位學習環境後，學生在該環境中的學習投入情形進行調查。本研究使用研究工具修改自過去科學活動學習投入問卷（Lee et al., 2021a; Wang et al., 2021），研究結果顯示學生在使用建模工具相較於參與模擬遊戲，具有較高的認知投入（t= -4.843; p< .001）與行為投入（t= -2.535; p= .013）（如圖 6-7）；在情緒投入和社交投入上兩者相當並無統計顯著差異性。也就是說在兩種數位學習環境下，學生在小組中皆能感受到愉悅且正向的學習情緒，並能接納他人的意見與同組同學合作；但是在使用 SageModeler 建立模型相較於爭奪漁業資源的模擬遊戲時，更能專心於完成活動的任務（即行為投入），並運用自律學習策略和深層學習方法如何解決問題（即認知投入）。綜合前述研究結果，模擬遊戲是扮演讓學生體驗資源匱乏，開始思考影響模型可能的因素並提升正向學習情緒；而建模工具的使用，能促進學生投入於思考變因之間的關係將模型更精緻化，建模工具亦能持續維持學生在學習情緒和小組合作的正向投入，兩種數位學習環境對於建模學習有不同且正向輔助學習的效果。

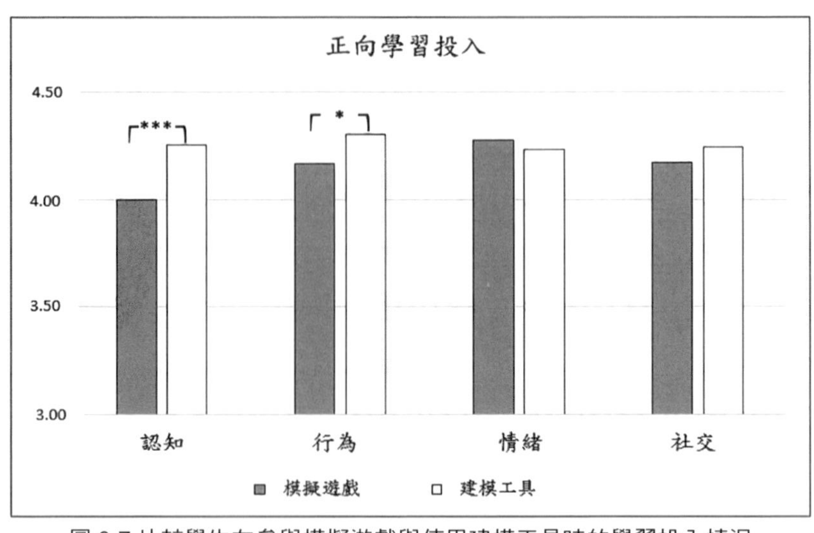

圖 6-7 比較學生在參與模擬遊戲與使用建模工具時的學習投入情況

三、比較不同建模方式對於科學學習成效的影響

以前述類似的建模序列，本研究團隊亦探討不同建模方式對於學生不同學習成效的影響。莊秋蘭（2020）以「碳循環」為研究主題，中部某國小六年級學生為研究對象，同樣採用 Baek 等人（2011）的 MIS 教學序列，研究者將不同繪圖任務融入於建模教學中，用以比較三種不同的繪圖建模方式，對學生的碳循環科學知識及系統思考能力的影響。三種繪圖任務分別為「紙本概念圖」是以讓學生在紙本建立文字概念即要素（elements），再寫下兩個概念之間關係的連接詞，是以「抽象」的文字及符號呈現，屬於概念圖教學法。「紙本繪畫」是以畫出圖像的方式表示系統中的要素，要素間加上箭號連結來表達要素之間關係的方向，再寫下或畫下兩個要素之間關係的連接詞，屬於著重「具象及抽象」之間轉換的教學法。「電腦建模工具繪圖」是使用 SageModeler 作為模型繪製的工具，從圖庫中選擇要素圖像並輔以文字說明圖像所表示的系統要素，要素間加上箭號連結來表達元素之間關係的方向，並設定要素間關係的參數並進行動態模擬，是屬於著重「動態模擬」的教學。本研究於學習前後評量學生系統思考能力，

共分為八項，分別為能辨識出系統中包含的要素以及系統過程、能辨識出要素之間的關係、在關係架構內組織系統的要素與過程、有歸納的能力、能辨識出系統內的動態關係、了解系統背後隱藏的面向、了解系統具有循環的本質、時間性的思考－回顧與預測。

研究結果發現，繪圖融入建模教學活動的設計，確實有助於提升學生的系統思考能力，不過三種繪圖的建模方式，對系統思考能力的影響有所差異。其中「紙本概念圖」組（N=29）及「電腦建模工具繪圖」組（N=29）能分別提升六項及七項系統思考能力，而「紙本繪畫」組（N=29）則能提升兩項系統思考能力。另外「電腦建模工具繪圖」組學生在「辨識系統中要素間關係」及「辨識系統動態關係」的表現較其他兩種繪圖為佳，推測主要原因是在建模過程中可以透過動態的模擬，觀察並探究要素之間的關係及動態關係；而「紙本繪畫」組的學生在「辨識系統中包含的要素及過程」問答題中的表現是三組中最好的，推測以畫出具體圖像方式表示系統中的元素能加深學生對於系統中要素的印象，因此總結三組不同的繪圖導向建模任務能夠提升學生不同系統思考的能力面向。

肆、電腦輔助建模教學的挑戰與未來遠景

雖然過去研究顯示，電腦輔助科學建模教學可以有效提升學生的科學學習，但學生在學習時可能會面對挑戰和學習困難，亦需要老師和研究者特別關注和採取適當的教學策略與設計適合的建模活動。研究顯示，當學生進行電腦輔助建模學習時，會因為先備知識不足而導致訂定假設的困難、無法進行系統性的實驗行為，以及無法對資料進行正確的詮釋（de Jong & van Joolingen, 1998）。再者，建模或探究需整合學生多種高階的思考能力與技能，例如當學生缺乏詮釋電腦模擬實驗結果圖表的能力時，便難以理解隱含在其中的脈絡與概念，導致無法根據實驗產生的結果修改模型，因此學習者需要更多探究能力的訓練和學習支持（Basu et al., 2016）。部分

的學習困難也可能來自於學生對於建模與探究過程的不熟悉，學生對於任務目的理解不足以致影響後設認知的計畫，學生經常花費過多時間進行與任務無關的情境探索，也很少反思他們做了什麼以及如何改進（Quintana et al., 2005）。因此基於上述的困難，建議未來除了應設計適合學生先備知識程度的課程內容，並在讓學生使用不同電腦輔助建模工具時，建議在系統中或是藉由學習單提供適當的提示與探究鷹架。最後在後設認知的支持上，建議電腦系統中提供讓學生自由回顧整個建模活動流程與相關實驗結果的機會（Wang et al., 2021），並在建模教學過程中加強學生模型觀點與後設建模能力的提升（Lee, 2018; Lee et al., 2021b）。

未來隨著新興科技的發展與進步，電腦輔助建模教學可以融入多種類型的教育科技，其中也包括虛擬實境（virtual reality，簡稱 VR）。以 Dickes 等人（2019）的 EcoMOD 課程為例，即是融合 VR 體驗與多種建模工具的建模課程，運用的建模工具包括軟體 ViMAP、概念圖及程式撰寫。建模序列過程中，包括兩個階段的 VR 體驗與模型建立，學生可以分別以海貍、啄木鳥的角色在生態系統中自由探索，例如當學生扮演海狸時，可以在 VR 環境中觀察在河道中添加原木建造水壩時，對於水流產生的及時變化，以體會在河流中築壩對於生態環境的影響。也就是在 VR 的虛擬環境中，學生可以扮演不同的情境主角，透過不同的視角實際觀察情境變因對於系統所產生的影響，能夠提升學生的模型學習成效。結果顯示，參與此電腦建模活動的學生，對生態系統的模型，能夠進行更細緻的因果解釋。如何有效整合不同的教育科技使其各自發揮最大的符瞻性（affordances）以促進建模導向科學學習，相信是未來數位學習融入科學教育的重要目標之一。

另一個可能的趨勢是未來進行電腦輔助建模教學可藉由跨科整合，促進學生科學學習之外的能力或素養。過去個體本位的建模活動即有讓學生藉由簡單程式編寫定義個體的行為規則，進而建立模型的活動設計。例如

Papaevripidou 等人（2007）的研究中，學生使用 Stagecast Creator（SC）軟體進行程式編寫，透過模型建立、模型應用、模型比較、模型測試等四個階段，協助學生建立海洋生態系統模型。該研究發現使用 SC 教學能提高學生的模型建立及知識遷移能力。然而，這類建模工具也可能因為需要撰寫程式語言而增加學習困難。近年的研究除了持續發展易於使用的視覺化程式系統以降低學生的學習困難，更採用 STEM（science, technology, engineering, and math）導向的課程設計，在著重科學建模與科學概念的學習之外，並融入運算思維（computational thinking）（Basu et al., 2016），這類整合多重學習目標，尤其是提升 21 世紀關鍵素養的課程活動，亦是未來電腦輔助建模值得關注的方向。

參考文獻

徐瑛黛、李文瑜（2020）。電腦輔助環境融入科學建模教學對學生模型建立之影響。**數位學習科技期刊，12**（2），25-53。https://doi.org/10.3966/2071260X2020041202002

教育研究委員會（2007）。海洋教育政策白皮書。臺北市：作者。

教育部（2019）。十二年國教議題融入說明手冊。臺北市：作者。

莊秋蘭、李文瑜、蕭淳浩、曾一偵、黃耀萱（2018）。以建模導向課程促進海洋永續觀點發展之初探。**環境教育研究，14**（1），117-158。https://doi.org/10.6555/JEER.14.1.117

莊秋蘭（2020）。**探討繪圖融入建模教學對國小學生模型建立、系統思考能力與模型觀點之影響**（未出版之博士論文）。國立彰化師範大學，彰化市。

馬克・克朗斯基（譯者彭優慧）（1999）。**鱈魚之旅 Cod: A biography of the fish**。新北市：新雨出版社。

Assaraf, O. B. Z., & Orion, N. (2005). Development of system thinking skills in the context of earth system education. *Journal of Research in Science Teaching, 42*(5), 518–560. https://doi.org/10.1002/tea.20061

Assaraf, O. B. Z., & Orion, N. (2010). System thinking skills at the elementary school level. *Journal of Research in Science Teaching, 47*(5), 540–563. https://doi.org/10.1002/tea.20351

Baek, H., Schwarz, C., Chen, J., Hokayem, H., & Zhan, L. (2011). Engaging elementary students in scientific modeling: The MoDeLS fifth-grade approach and findings *Models and modeling* (pp. 195-218), Springer.

Basu, S., Biswas, G., Sengupta, P., Dickes, A., Kinnebrew, J. S., & Clark, D. (2016). Identifying middle school students' challenges in computational thinking-based science learning. *Research and practice in technology enhanced learning 11*(1), 1-35. https://doi.org/10.1186/s41039-016-0036-2

Baumfalk, B., Bhattacharya, D., Vo, T., Forbes, C., Zangori, L., & Schwarz, C. (2019). Impact of model-based science curriculum and instruction on elementary students' explanations for the hydrosphere. *Journal of Research in Science Teaching, 56*(5), 570-597. https://doi.org/10.1002/TEA.21514

Bell, T., Urhahne, D., Schanze, S., & Ploetznerd, R. (2010). Collaborative inquiry learning: Models, tools, and challenges. *International Journal of Science Education, 22*(3), 349-377. https://doi.org/10.1080/09500690802582241

Bielik, T., Opitz, S. T., & Novak, A. M. (2018). Supporting Students in building and using models: Development on the quality and complexity dimensions. *Education Sciences 8*(3), 149. https://doi.org/10.3390/EDUCSCI8030149

Chang, C.-C., Yeh, T.-K., & Shih, C.-M. (2016). The effects of integrating computer-based concept mapping for physics learning in junior high school. Eurasia Journal of Mathematics, *Science and Technology Education. 12*(9), 2531-2542. https://doi.org/10.12973/EURASIA.2016.1284A

de Jong, T., & van Joolingen, W. R. (1998). Scientific discovery learning with computer simulations of conceptual domains. *Review of educational research 68*(2), 179-201. https://doi.org/10.3102/00346543068002179

Dickes, A. C., Kamarainen, A., Metcalf, S. J., Gün-Yildiz, S., Brennan, K., Grotzer, T., & Dede, C. (2019). Scaffolding ecosystems science practice by blending immersive environments and computational modeling. *British Journal of Educational Technology, 50*(5), 2181-2202. https://doi.org/10.1111/BJET.12806

Gilbert, J. K., Boulter, C. J., & Rutherford, M. (1998). Models in explanations, Part 1: horses for courses? *International Journal of Science Education, 20*, 83-97. https://doi.org/10.1080/0950069980200106

Gilbert, J. K., Boulter, C. J., & Rutherford, M. (2000). Explanations with models in science education. In J. K. Gilbert & C. J. Boulter (Eds.), *Developing Models in Science Education.* The Netherlands: Kluwer Academic Publishers.

Gobert, J. D., O' Dwyer, L., Horwitz, P., Buckley, B. C., Levy, S. T., & Wilensky, U. (2011). Examining the relationship between students' understanding of the nature of models and conceptual learning in biology, physics, and chemistry. *International Journal of Science Education, 33*(5), 653-684. https://doi.org/10.1080/09500691003720671

Gunckel, K. L., Covitt, B. A., Salinas, I., & Anderson, C. W. (2012). A learning progression for water in socio-ecological systems. *Journal of Research in Science Teaching, 49*(7), 843-868. https://doi.org/10.1002/TEA.21024

Hough, S., O'Rode, N., Terman, N., & Weissglass, J. (2007). Using concept maps to assess change in teachers' understandings of algebra: a respectful approach. *Journal of Mathematics Teacher Education, 10*(1), 23-41. https://doi.org/10.1007/S10857-007-9025-0

Jacobson, M. J., Kim, B., Pathak, S., & Zhang, B. (2015). To guide or not to guide: issues in the sequencing of pedagogical structure in computational model-based learning. *Interactive Learning Environments 23*(6), 715-730. https://doi.org/10.1080/10494820.2013.792845

Jonassen, D., Strobel, J., & Gottdenker, J. (2005). Model building for conceptual change. *Interactive Learning Environments, 13*(1-2), 15-37. https://doi.org/10.1080/10494820500173292

Kinchin, I. M., Hay, D. B., & Adams, A. (2000). How a qualitative approach to concept map analysis can be used to aid learning by illustrating patterns of conceptual development. *Educational Research, 42*(1), 43-57. https://doi.

org/10.1080/001318800363908

Klopfer, L. E., & Squire, K. (2008). Environmental detectives: the development of an augmented reality platform for environmental simulations. *Educational Technology Research and Development, 56*(2), 203-228. https://doi.org/10.1007/S11423-007-9037-6

Lee, S. W.-Y. (2018). Identifying the item hierarchy and charting the progression across grade levels: Surveying Taiwanese students' understanding of scientific models and modeling. *International Journal of Science and Mathematics Education, 16*(8), 1409-1430. https://doi.org/10.1007/s10763-017-9854-y.

Lee, S. W.-Y., & Lin, H.-M. (2019). Validating an instrument for epistemic awareness of scientific model and modeling and investigating its relationship to scientific epistemic beliefs. Paper presented at Personal Epistemology and Learning Conference. Taipei, Taiwan.

Lee, S. W.-Y., Shih, M., Liang, J.-C., & Tseng, Y.-C. (2021a). Investigating learners' engagement and science learning outcomes in different designs of participatory simulated games. *British Journal of Educational Technology, 52,* 1197–1214. https://doi.org/ 10.1111/BJET.13067

Lee, S. W.-Y., Wu, H.-K., & Chang, H.-Y. (2021b). Examining secondary school students' views of model evaluation through an integrated framework of personal epistemology. *Instructional Science, 49*(2), 223-248. https://doi.org/10.1007/s11251-021-09534-9.

Lehrer, R., & Schauble, L. (2006). Cultivating model-based reasoning in science education. In R. K. Sawyer (Ed.), *The Cambridge Handbook of The Learning Sciences* (pp. 371-388). New York, NY: Cambridge University Press.

Manz, E. (2012). Understanding the codevelopment of modeling practice and ecological knowledge. *Science Education, 96*(6), 1071-1105. https://doi.org/10.1002/SCE.21030

Meadows, D., Sterman, J., & King, A. (2017). *Fishbanks: A renewable resource management simulation.* Retrieved from https://mitsloan.mit.edu/LearningEdge/ simulations/fishbanks/Pages/fish-banks.aspx

Mulder, Y. G., Bollen, L., de Jong, T., & Lazonder, A. W. (2016). Scaffolding learning by modelling: The effects of partially worked-out models. *Journal of Research in Science Teaching, 53*(3), 502-523. https://doi.org/10.1002/TEA.21260

National Research Council. (2007). Understanding how scientific knowledge is contructed. In R. A. Duschl, H. A. Schweingruber & A. W. Shouse (Eds.), *Taking Science to School: Learning and Teaching Science in Grades K-8.*

National Research Council. (2012). *A Framework for K-12 Science Education: Practices, Crosscutting Concepts, and Core Ideas.* Washington, DC: The National Academies Press.

Novak, J. D., & Gowin, D. B. (1984). *Learning how to learn.* Cambridge University Press. https://doi.org/10.1017/CBO9781139173469.

Nuhoglu, H. (2008). Modeling spring mass system with system dynamics approach in middle school education. *The Turkish Journal of Educational Technology, 7*(3), 22–34.

Papaevripidou, M., Constantinou, C. P., & Zacharia, Z. C. (2007). Modeling complex marine ecosystems: An investigation of two teaching approaches with fifth graders. *Journal of Computer Assisted Learning, 23* (2), 145–157. https://doi.org/10.1111/j.1365-2729.2006.00217.x

Podolefsky, N. S., Perkins, K. K., & Adams, W. K. (2010). Factors promoting engaged exploration with computer simulations. *Physical Review Special*

Topics-Physics Education Research, 6(2), 020117. https://doi.org/10.1103/PHYSREVSTPER.6.020117

Quintana, C., Zhang, M., & Krajcik, J. (2005). A framework for supporting metacognitive aspects of online inquiry through softwarebased scaffolding. *Educational Psychologist, 40*(4), 235–244. https://doi.org/10.1207/s15326985ep4004_5

Riess, W., & Mischo, C. (2010). Promoting systems thinking through biology lessons. *International Journal of Science Education, 32*(6), 705–725. https://doi.org/10.1080/09500690902769946

Schwarz, C. V. (2009). Developing preservice elementary teachers' knowledge and practices through modeling-centered scientific inquiry. *Science Education, 93*(4), 720–744. https://doi.org/10.1002/sce.20324

Schwarz, C. V., & White, B. Y. (2005). Metamodeling knowledge: Developing students' understanding of scientific modeling. *Cognition and instruction, 23*(2), 165-205. https://doi.org/10.1207/s1532690xci2302_1

Schwarz, C. V., Meyer, J., & Sharma, A. (2007). Technology, pedagogy, and epistemology: Opportunities and challenges of using computer modeling and simulation tools in elementary science methods. *Journal of Science Teacher Education, 18*(2), 243-269. https://doi.org/10.1007/s10972-007-9039-6

Sins, P. H. M., Savelsbergh, E. R., & Joolingen, W. R. v. (2005). The difficult process of scientific modelling: An analysis of novices'reasoning during computer-based modelling. *International Journal of Science Education, 27*(14), 1695-1721. https://doi.org/10.1080/09500690500206408

Smetana, L. K., & Bell, R. L. (2012). Computer simulations to support science instruction and learning: A critical review of the literature. *International Journal of Science Education, 34*(9), 1337-1370. https://doi.org/10.1080/095

00693.2011.605182

Stewart, J., Cartier, J. L., & Passmore, C. M. (2005). Developing understanding through model-based inquiry. In M. S. Donovan & J. D. Bransford (Eds.), *How students learn: Science in the classroom* (pp. 515-565). Washington, DC: National Research Council.

Van Driel, J. H., & Verloop, N. (2002). Experienced teachers' knowledge of teaching and learning of models and modelling in science education. *International Journal of Science Education, 24*(12), 1255-1272. https://doi.org/10.1080/09500690210126711

Verhoeff, R. P., Waarlo, A. J., & Boersma, K. T. (2008). Systems modelling and the development of coherent understanding of cell biology. *International Journal of Science Education, 30*(4), 543–568. https://doi.org/10.1080/09500690701237780

Wang, Y.-J., Lee, S. W.-Y., Liu, C.-C., Lin, P.-C., & Wen, C.-T. (2021). Investigating the Links Between Students' Learning Engagement and Modeling Competence in Computer-Supported Modeling-Based Activities. *Journal of Science Education and Technology, 30*(6), 751-765. https://doi.org/10.1007/S10956-021-09916-1

Wilensky, U., & Resnick, M. (1999). Thinking in levels: A dynamic systems approach to making sense of the world. *Journal of Science Education and Technology, 8*(1), 3–19. https://doi.org/10.1023/A:1009421303064

Winsberg, E. (2013). Computer simulations in science. In E. N. Zalta (Ed.), *The Stanford Encyclopedia of Philosophy.* Retrieved July 1, 2014 from http://plato.stanford.edu/archives/fall2014/entries/simulations-science/

第 7 章

玩遊戲也可以學探究

鄭夢慈（國立彰化師範大學生物學系）
鄭富中（國立臺南第二高級中學）
林宗岐（國立彰化師範大學生物學系）

摘要

有別以往重視科學知識的記憶與背誦，近代的科學教育思潮主張科學應該被視為是一種知識建構的努力，科學學習應盡可能地反映科學家從事科學的方式，讓學生透過從事真實的科學活動主動建構對科學的理解並培養科學的心智習性。我國於 108 年正式實施的「十二年國民基本教育自然領域課程綱要」，也強調科學課程必須要提供學生參與探究與實作的機會，讓學生能夠親身體驗科學家探究自然世界的實作活動。然而，教學資源的可獲得性、教師接受到的支持程度或對教學的自信心，抑或是學生需要較強的動機以及適當的認知工具進行學習活動，都是影響探究與實作在教育現場是否能落實的重要因素。本文在論述一個設計良好、具有許多認知能供性的教育遊戲，能夠讓學生透過遊戲式學習的方式發展實作社群特有的思維模式，並且將遊戲經驗遷移到其他情境中有效地解決問題，因此有助於 108 課綱科學探究與實作理念的實踐。本文以作者所發展的教育遊戲－《Anter 螞蟻研究所》為例，說明設計理念與遊戲機制，並介紹以遊戲為載具的《蟻起來玩》探究與實作模組課程設計，提供初步實徵研究的證據，支持其在課室中的具體實踐。

關鍵詞：探究與實作、教育遊戲、遊戲式科學學習

壹、前言

過去的科學教育主要以傳統講述式教學為主，將科學視為片段的、離散的事實，著重科學知識的記憶與背誦，而實驗活動則是被動地遵循類似食譜式的程序來進行，學生沒有機會體驗科學是如何完成的；在這樣的學習脈絡下，學生不僅難以理解科學概念，也容易對於自己的能力感到懷疑，導致科學學習興趣低落、高度脫離。為培育學童的競爭力以面對未來挑戰，美國「新世代科學標準」（Next Generation Science Standards, NGSS），主張科學應該被視為是一種知識建構的努力（knowledge-building endeavor），建議以實作為導向（practice-oriented）的方式，讓學生透過從事真實的科學活動來進行科學學習（National Research Council, 2012; NGSS Lead States, 2013; Stroupe, 2015）。我國「十二年國民基本教育自然領域課程綱要」（簡稱 108 課綱），也強調科學課程必須要提供學生參與探究與實作的機會，讓學生能夠體驗科學家探究自然世界的實作活動（國家教育研究院，2018）。儘管近年來的課程改革鼓勵以科學探究與實作進行教學，但教學資源的可獲得性、教師接受到的支持程度或教師對自己缺乏信心等，都是影響探究與實作教學的重要因素（Dorier & García, 2013; Ramnarain, 2014）；能夠讓學生主動探索、應用知識去解決問題（knowledge in use）、驗證假說、預測結果的情境在傳統課室中不容易營造（鄭夢慈、徐美恩，2018），且教師普遍缺乏經驗，導致課程設計難以達成共識也不容易著手，都是目前探究與實作教學實施上所面臨到的挑戰（陳世文，2019）。

研究指出具有許多認知能供性（cognitive affordances）的「學習科技」（learning technologies）（Hartson & Pyla, 2019），有機會可以改變課室中的科學學習。因為學習科技的互動性、視覺化等特徵，有助於學生探索科學的各種面向，藉由鷹架引導學生投入於問題解決與建模等科學探究與實作活動（Krajcik & Mun, 2014）；其中，「教育遊戲」是過去幾年相當受到關注的一種學習科技（Klopfer et al., 2009; Rosenheck et al., 2021）。定義上，以實際的遊戲來進行學習活動，學生能夠透過玩遊戲的歷程而學會特定的知識或技能，即稱之為遊戲式學習（Cheng et al., 2020）；而為了提供學習所發展出來的遊戲，因其不只是單純的娛樂性質，更包含學習／教育／訓練的目的，這樣的遊戲被稱之為學習遊戲（learning games）、教育遊戲（educational games）或嚴肅遊戲（serious games）；在本篇文章中，主要會交互使用「遊戲式學習」或「教育遊戲」來進行論述。一個設計良好的教育遊戲能夠營造開放且真實的情境脈絡，使學生沈浸其中並主動探索，在遊戲中體驗如何從事科學，模擬科學家建構與理解科學知識的歷程，也能夠幫助學生將他們在遊戲中學到的知識與技能轉移到現實生活中（Garris et al., 2002），有助於 108 課綱科學探究與實作理念的實現。

本篇文章的目的在探討教育遊戲如何能應用在科學課室中促進探究與實作教學的具體實踐。首先會先說明新課綱中科學探究與實作的內涵，接著介紹遊戲式學習的理論依據，了解教育遊戲如何有助於學生參與科學探究與實作，接著會以我們實驗室所發展的教育遊戲－《Anter 螞蟻研究所》為例，說明設計理念與遊戲機制，並探討其在教學上的應用。

貳、科學探究與實作

科學家使用各種方式來研究自然世界的運作以發展科學知識，這樣的歷程稱為「探究」（inquiry）（National Research Council, 2012）；另一方面，探究也是一種教學方法，主張科學學習應盡可能地反映科學家從事科學的方式（Llewellyn, 2013），讓學生透過如同科學家了解自然世界的過程，主動建構對科學的理解並培養科學的心智習性（scientific habits of mind）（吳百興等人，2010；劉湘瑤、張俊彥，2018）。但綜觀過去探究在課室中的具體實踐，會發現因為探究一詞廣泛地被使用，大家對於探究的觀點莫衷一是，針對其定義並未有明確共識而易造成困惑（Crawford, 2014）。美國「K-12 科學教育架構」（The framework for K-12 science education）及「新世代科學標準」進一步以「實作」（practices）一詞來進行闡述，以強調科學教育提供學生參與真實科學工作（authentic scientific work）的必要性，並指出這種參與不僅需要技能，還需要特定領域的知識（National Research Council, 2012; NGSS Lead States, 2013）。根據「K-12 科學教育架構」的描述（National Research Council, 2012, p. 45）：「學生不能理解科學實作，也不能完全理解科學知識的本質，除非他們自己直接體驗這些實作。」當學生投入於科學實作（scientific practices）活動時，他們不只是表現「做探究」（do inquiry）的技能及「知道如何作」（knowing how）的程序性知識，也要對於「知道是什麼」（knowing that）與「知道為什麼」（knowing why）的認識論知識（epistemological knowledge）有更深入、更廣泛的理解（Osborne, 2014），也就是能夠知其然並知其所以然。「新世代科學標準」所列出的科學實作項目包含：提問、發展與使用模型、計劃與執行調查、分析與詮釋資料、使用數學與運算思維、建構解釋、從證據進行論證，以及取得、評估與溝通資訊。

我國十二年國民基本教育已於民國 108 年開始正式實施，108 課綱強調科學學習應該要從激發學生對科學的好奇心與主動探索為出發點，立基於情境脈絡，與生活經驗相連結，經由主動參與探究與實作的過程，讓學生系統性地建構對於自然世界的了解，以培養探究能力與科學態度，並對於科學本質有所認識（國家教育研究院，2018）。在 108 課綱自然領綱中，分別以探究能力和科學態度與本質兩大項呈現十二年國民基本教育所培育的學生應該要有的學習表現，其中，探究能力下再分為想像創造、推理論證、批判思辨、建立模型等思考智能，以及觀察與定題、計劃與執行、分析與發現、討論與傳達等問題解決歷程；這樣的內涵與 NGSS 一致。

為落實探究與實作的理念，108 課綱中特別增列「自然科學探究與實作」為高級中等學校教育階段必修課程，將學習重點分為兩部分：「探究學習內容」－著重於科學探究歷程，項目包含發現問題、規劃與研究、驗證與建模、表達與分享，以及「實作學習內容」－其項目包含對應各探究歷程可實際進行操作的科學活動；另外，在國民中小學及高級中等學校教育也分別規劃有「彈性學習課程」及「多元選修」，希望提供跨領域／科目或議題導向之探究與實作體驗，以強化知能整合與生活運用能力（國家教育研究院，2014）。

參、遊戲式學習

隨著科技蓬勃快速發展，遊戲式學習（game-based learning）在近十幾年來逐漸成為數位學習相關研究領域的熱門主題之一。遊戲式學習與遊戲化（gamification）常被混淆使用，但兩者有本質上的不同，需要先進行釐清。遊戲式學習非常強調遊戲特徵與學習內容的適當整合，因此，學習活動需要被重新設計而能夠緊密嵌入於遊戲機制當中，使用者玩遊戲的歷程本身就是學習；但遊戲化則是將遊戲元素，像是徽章、分數、排名等獎勵系統，添加在現有的、非遊戲的學習環境中，以提升學生進行非遊戲相關學習活動的動機（Plass et al., 2015）。以大家熟悉的「憤怒鳥」（angry bird）遊戲來做舉例，其遊戲機制是玩家要將遊戲中的鳥兒作為炮彈，以適當的角度拋射出去攻擊敵人的堡壘，最終消滅所有敵人以獲得勝利。遊戲中物件運動的方式符合現實的物理規則，遊戲會呈現彈射軌跡供玩家修正遊戲操作，玩家可以看到初拋速度、角度對於攻擊點的差異，透過玩遊戲的過程理解重力、拋物線運動等物理概念（Herodotou, 2018; Repnik et al., 2015），這是遊戲式學習[1]。另一方面，如果老師是在課室中建立一套獎勵制度，以競賽、給予點數的方式，鼓勵學生參與課室中與重力、拋物線運動有關的教學活動，這是遊戲化。當然，遊戲式學習中也會有獎勵、點數、分數等的設計，但最關鍵的差別在於學習活動是否能夠與遊戲機制、遊戲

---

1 定義上來說，「憤怒鳥」不算是「教育遊戲」，因為它設計的主要目的是娛樂用途，而非學習。但若教學者將它使用於教學實踐中，讓學生透過玩遊戲來學習，就稱為「遊戲式學習」。

歷程（gameplay）緊密整合；遊戲化提供的是外在動機，鼓勵學生非遊戲相關的學習行為表現，而遊戲式學習則同時具備內在與外在動機，學生因為遊戲而玩遊戲，也因為玩遊戲而學習（Froehling, 2022）。過往已有許多實徵研究支持遊戲式學習的正向影響與價值（Annetta et al., 2009; Cheng, Lin, et al., 2015; Cheng et al., 2014; Rosenheck et al., 2021; Teng et al., 2021; Tokac et al., 2019; Tsai & Tsai, 2020）。

一、遊戲的能供性

研究指出遊戲具有許多有價值的能供性能夠有助於學習（Gee, 2007; Ke, 2016; Prensky, 2001），以下簡單歸納四點進行討論。

（一）規則（rules）

許多人常會把「玩」（play）與「遊戲」（game）混淆，但其實「玩」有多種不同的形式，而「遊戲」是其中一種有組織（organized）、有結構（structural）的玩；遊戲是基於規則的（rule-based），沒有規則的玩是自由的玩（free play），而不是遊戲（Prensky, 2001）。規則是定義遊戲最基本的元素，在遊戲中施加限制，規範什麼可以做，什麼不可以做，提供鷹架讓玩家在遊戲中採取適當的動作及策略，並決定遊戲目標、輸贏狀態和學習活動的結構（Kalmpourtzis, 2019）。透過與這些規則的交互可以引導玩家達到特定的學習目標。

（二）挑戰（challenges）

挑戰指的是「需要心智努力或體力勞動才能夠成功完成的事情，能夠測試一個人的能力」（Cambridge dictionary, n.d.）。遊戲是一系列問題解決的歷程，需要玩家不斷地付出心智努力或體力勞動才能夠完成，因此，遊戲具備挑戰，可以提供玩家持續解決問題的可能性。在從事像是遊戲這樣具有挑戰的活動時，玩家會經驗心流／沉浸感受（一種專心一致、心無旁騖的狀態）（Cheng, She, et al., 2015; Csikszentmihalyi, 1988），透過反覆解決問題的過程，玩家能夠測試不同類型的解決方案並精進技能、擴展主題知識（Cheng, Lin, et al., 2017; Hamari et al., 2016; Hsu & Cheng, 2021; Kiili, 2005）。

（三）敘事（narratives）

敘事是人類描述和架構他們的經驗的方式，是推理也是一種可能是真實或幻想（fantasy）的呈現，依據的不是事實的可信度，而是取決於結構的完整度（Bruner, 1990; Polkinghorne, 1988）。在遊戲式學習中，敘事通常是圍繞和嵌入在學習環境中的故事、場景、框架（Dickey, 2020），玩家不僅在認知上、也會在情感上投入於敘事所建構出的幻想中，甚至可以透過角色扮演（role-play），將現實世界中的自我投射到遊戲中的虛擬角色身上，學習以一種新的方式體驗世界並與世界互動，發展他們的身份認同（identity）（Gee, 2007; Pawar et al., 2020）。

（四）脈絡（contexts）

在遊戲中資訊以多模態表徵（multimodal representations）的方式呈現，能夠營造模擬現實生活實作活動（real-life practices）的沈浸式脈絡，表徵的意義存在於具身體驗（embodied experience）中。在遊戲的開放式（open-ended）探究情境中，玩家可以以不同方式反覆地探索而不必擔心負面後果，脈絡為玩家提供足夠豐富的經驗來進行主動學習（Cheng, Rosenheck, et al., 2017; Rosenheck et al., 2021），透過具身體驗由下而上（bottom up）地發現、建構意義（Gee, 2007; Hsu & Cheng, 2021）。

二、理論架構

依據上述許多遊戲的能供性，有不少學者陸續提出理論說明遊戲式學習如何發揮作用。Kiili（2005）以心流理論為基礎，提出「體驗遊戲模式」（experiential gaming model），將遊戲式學習經驗比擬為血液循環系統，由心臟、想法循環、及體驗循環所組成。心臟是遊戲中的挑戰庫，如幫浦般不斷地提供遊戲任務／問題給學習者，是維持整個系統循環及後續行動的動力來源，在想法循環時學習者針對心臟提供的遊戲挑戰發展出創新解決方法，接著進入體驗循環，學習者將解決方法實際施行於遊戲中，透過遊戲的回饋機制，經過反思修正行動，將注意力集中在可用的資訊上，逐漸形成對於遊戲中學習內容的解釋，構築出自己的一套知識模型，最後發展出遊戲技能進行控制操作；這樣反覆地由心臟提供新的任務挑戰、經想法循環及體驗循環達到任務解決的歷程，學習者可一直處於心流狀態中。

另外一個很常被大家引用來解釋遊戲式學習的理論是 Garris et al.（2002）所提出的「輸入－過程－輸出模式」（input-process-output model, IPO），主張遊戲式學習可以結合學習內容（instructional content）與遊戲特徵（game characteristics）（輸入），這樣的結合可以驅動由使用者判斷（user judgements）、使用者行動（user behavior）、及系統回饋（system feedback）構成的遊戲循環（game cycle）（過程），在遊戲循環中學習者會針對系統回饋進行判斷，而決定遊戲行為，系統針對學習者的行為再次給予回饋，如此一直循環反覆進行，遊戲循環是遊戲歷程的核心，最後透過任務匯報（debriefing），分析遊戲事件並對於遊戲中的錯誤行為進行檢討等，將遊戲中的學習經驗反映至真實世界，以達到認知、技能、情意層面的學習成效（輸出）。在被構想出的遊戲世界中，玩家遭遇到的是現實的可能性，而非現實本身，對玩家來說，是否能將遊戲內容轉化為對現實世界的理解至關重要；因此，Garris et al.（2002）認為任務匯報在遊戲式學習中扮演著關鍵的角色，只有通過任務匯報，學習者才能將遊戲事件和現實世界事件之間進行比較，而將遊戲經驗遷移到其他情境當中，達到真正的學習。

Barab et al.（2010）認為一個設計好的（well-designed）遊戲能夠提供玩家所謂「轉化的玩」（transformational play），也就是在遊戲中玩家扮演的角色能夠運用所理解的概念知識做決策，而這些決策進一步可以幫助玩家理解內容、甚而改變基於問題的遊戲情境脈絡與自我（self）；換句話說，轉化的玩說明一種參與的模式（a model for participation），整合三個元素成為一個交互作用的系統：具意圖的人（person with intentionality）一定位玩家為能夠做出決策影響遊戲敘事發展的角色、具合法性的內容（content with legitimacy）一定位玩家能成功地解決遊戲中的困境所必需的概念理解和應用、具後果的情境脈絡（context with consequentiality）一定位可被玩家決策修改的情境脈絡，以闡明後果並為玩家決策提供意義。

最後，Shaffer（2006）提出「認識框架」（epistemic frames）的概念，主張遊戲式學習有助於玩家發展認識框架，透過認識框架作為機制玩家可以將遊戲經驗遷移到其他情境中有效地解決問題。一個實作社群（community of practice）是由一群具有共同知識（repertoire of knowledge）的成員所組成（Lave & Wenger, 1991），這些共同知識包含了這個社群有關做事（doing）、存在（being）、關懷（caring）、知道（knowing）的方式，並且以一種思維方式（way of thinking）來進行組織，這種思維方式稱為認識框架；一個特定社群的實作、認同、興趣、理解、認識論都被綁定在這個認識框架中（Shaffer, 2005），在參與實作社群的過程中，個體得以發展與社群相關的思維方式並重新定義他們的身份認同和興趣。Shaffer（2005, 2006）認為我們可以透過分析特定實作社群的認識框架並設計活動模擬再現社群成員獲得認識框架的歷程，來建構所謂的「認識遊戲」（epistemic games），這樣的遊戲有助學生透過參與實作來學習，而發展超越遊戲環境的思維方式，能更廣泛地形塑學生的思想和行動。根據 Shaffer 的說法，認識框架不單只是「knowing that」與「knowing how」的知識，更是一種「透過什麼而知道」（knowing with）的知識一「感知、解釋、判斷特定情境的脈絡」（Broudy, 1977, p. 12, as cited in Shaffer, 2006）—包含「知道在哪裡找到和提出問題，知道什麼構成可以考慮的適當證據或可以獲取的資訊，知道如何收集那些證據，並知道何時得出結論並且／或開始進行另一個議題（Shaffer, 2006, p. 23）。」認識框架是實作的組織原則，其內涵與新課綱中強調的科學探究與實作一致。

透過以上文獻探討可以知道遊戲式學習要能夠有效地運作，除了遊戲本身要能夠使玩家沈浸其中，進行一系列的任務並做決策，還要能夠提供玩家轉化的玩，發展認識框架而能夠將遊戲經驗遷移至遊戲外的情境解決問題；這是科教研究者及科學教師採用遊戲式學習時所必須要仔細考量的。

肆、玩遊戲學探究

鑑於上述，我們開發了一款可在手機／平板使用之探究式教育遊戲—《Anter 螞蟻研究所》，並發展可搭配《Anter 螞蟻研究所》的模組課程，進行課室中的教學實踐，讓學生體驗螞蟻科學家的科學實作。選擇以螞蟻做為主題的原因，是因為螞蟻是學生相當熟悉、與生活息息相關、並且是世界上常見也最重要的其中一種昆蟲。螞蟻不僅取得容易，而且非常乾淨，行為表現也相當穩定，不會受到實驗室或課室等人為環境所影響（游淑娟，1995），是非常適合進行「科學探究與實作」相關課程的題材。

《Anter 螞蟻研究所》遊戲呈現 26 種臺灣各地常見及稀有螞蟻，遊戲中透過在臺灣各地採集螞蟻的方式，讓玩家能夠以不同特徵來辨識螞蟻，並且藉由在虛擬實驗室養殖所採集到的螞蟻，操弄不同因子以找尋該種螞蟻的最適生存條件，最後讓所飼養的螞蟻與入侵紅火蟻對戰。而模組課程內容則配合《Anter 螞蟻研究所》的使用引導學生將遊戲中所學習到的經驗轉換至真實世界中，設計實作活動融入真實世界的螞蟻採集與養殖，讓學生能夠進行校園的螞蟻調查、觀察真實的螞蟻行為並自行設計蟻巢養殖螞蟻，進一步針對真實世界所觀察到的現象進行系統性分析、比較、與探討。

《Anter 螞蟻研究所》遊戲與模組課程內容基於學習者為中心的理念，

引導學生能進行系統性思考與問題解決。整體學習目標在認知層面，希望能增進學生對螞蟻形態特徵、生態習性、生態角色，及覓食、繁殖、攻擊行為等相關科學知識的理解；在技能層面，希望能培養學生觀察現象、操縱變因、收集與分析資料、及詮釋結果等表現；而在情意層面則希望提升學生科學探究的興趣。以下分別介紹遊戲與模組課程內容。

一、手掌中的螞蟻世界：Anter 螞蟻研究所

（一）遊戲設計介紹

《Anter 螞蟻研究所》遊戲的設計主要包含五個部分（圖 7-1）：

1. 採集：採集的主要畫面為臺灣地圖，玩家可自由探索，放大縮小整個地圖。地圖中包含各種生態地形，例如草地、竹林、海邊……等，每種地形會出現對應的螞蟻種類。玩家可選擇工具採集該螞蟻，接著觀察採集到的螞蟻身上的特徵，包含：觸角節數、頭型、螫針有無、腹柄節數……等，進行螞蟻鑑種。
2. 養殖：透過各種變因推導出螞蟻的最適生長條件，選擇投放的食物種類與調整培養箱中的溫度、濕度、亮度、清潔，依照調整的數值反映出螞蟻生長狀況。系統將記錄每次玩家調整後的舒適度，讓玩家能了解自變項、應變項並預測改變時可能的影響，玩家可以將適宜的養殖條件標示並保存下來，利於了解該螞蟻喜歡的環境與食物。
3. 戰鬥：當螞蟻養殖數量達到門檻值後，即可與入侵紅火蟻對戰，每種螞蟻都有屬於該物種的戰鬥方式，遊玩過程中可瞭解螞蟻的攻擊特性。
4. 圖鑑：圖鑑內分為鑑種教學及蟻種介紹，鑑種教學提供螞蟻特徵辨識方法；蟻種介紹則供玩家了解螞蟻的生態習性，一方面幫助玩家過關，一方面增加玩家螞蟻知識。
5. 新手教學：初次進入遊戲時，會由博士帶領玩家從圖鑑開始認識螞蟻，到採集、養殖，一步步學習獲得第一巢螞蟻。新手教學結束後，玩家也可隨時重播。

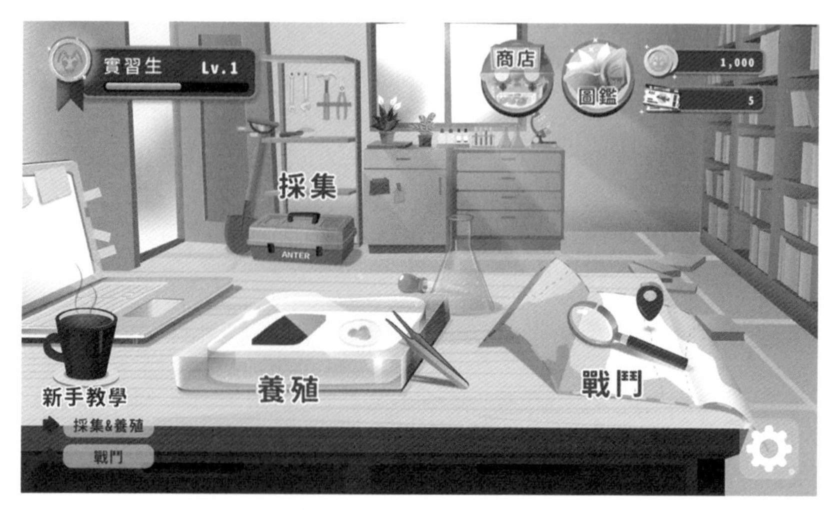

圖 7-1 《Anter 螞蟻研究所》遊戲主介面

（二）遊戲測試成效

遊戲的發展經歷兩階段測試，第一階段先導測試，以來自全國各地共 29 位生物專業的自然科教師作為試用對象，協助測試遊戲並回饋學習目標及使用經驗問卷以效化遊戲中的學習內容，也針對各教學目標提供適用於遊戲修改的具體建議。分析教師的回饋資料，結果反應普遍正向，不僅贊同《Anter 螞蟻研究所》能達到所預期的認知、技能、與情意層面學習目標，使用經驗上也認為《Anter 螞蟻研究所》具有教育性、互動性、及沈浸性（4 點量表平均皆超過 3 分）。

依據先導測試中教師們所提供的回饋優化、修改且豐富遊戲內容後，接著進行第二階段學生使用測試，實徵性評估《Anter 螞蟻研究所》的具體學習成效。以高中生為對象（10-12 年級 108 人），結果顯示學生在認知測驗表現前後測達到顯著差異（$t = -3.05$, $p < .01$），而在技能測驗表現前後測則未達顯著。我們推測對於高中生而言，因為經過國中階段的學習，變因的操弄等實作內容已很熟悉，但學習過程中並未有任何機會進行螞蟻採集、詳細了解螞蟻種類及特徵，因此，《Anter 螞蟻研究所》能夠有效提升學生對於螞蟻相關科學知識的理解。

二、蟻起來玩：Anter 螞蟻研究所的教學實踐

我們進一步設計模組課程，讓學生將遊戲經驗遷移至真實世界進行更深入的探究與實作活動。

（一）模組課程介紹

《蟻起來玩》探究與實作課程包含四個模組，共九週 18 個小時的教學（如表 7-1 所示）。以下針對每個模組內容進行說明。

表 7-1《蟻起來玩》探究與實作模組課程設計

主題	課程目標	課程內容	探究內容	時數
模組一：進入《Anter 螞蟻研究所》	透過遊戲 App，建立螞蟻採集、分類鑑種、養殖的基礎知識。	使用《Anter 螞蟻研究所》至少成功採集 5 種螞蟻）並進行養殖。 配合學習單，將遊戲中的重要資訊（採集工具／螞蟻的特徵／飼養環境……等）紀錄下來。 由遊戲中的觀察進行提問練習：(1) 觀察對象／現象的描述；(2) 感興趣的部分；(3) 提出主問題與子問題；(4) 哪些問題是能夠被量化回答的？量化指標是什麼？	發現問題 規劃與研究 論證與建模	1 週／2 小時
模組二：螞蟻觀察家	觀察螞蟻實體標本，比對遊戲圖鑑進行資訊檢索與鑑種。	給予螞蟻實體，讓學生觀察形態，在學習單上繪圖呈現並製作螞蟻模型。 提示學生可由遊戲中的鑑種依據加以觀察，能說出且能在繪圖及模型上呈現該螞蟻的形態特徵。 透過跑台活動，讓學生互相觀摩辨識所製作的螞蟻模型。	發現問題 表達與分享	2 週／4 小時
模組三：螞蟻獵人	進行校園螞蟻採集調查，進一步了解校園的螞蟻相。	在教室進行討論，認為哪些地方容易出現螞蟻。 認識並實作常見的採集方式（地面／樹掛／餌劑）與各方式使用時機與工具上差異。 將整個校園劃分成 25 個樣區，讓每組選定數個樣區，進行校園螞蟻採集調查。	發現問題 規劃與研究 論證與建模 表達與分享	3 週／6 小時

模組四：走出《Anter 螞蟻研究所》	在真實情境進行蟻巢製作與螞蟻養殖，並設計探究活動。	利用課程材料包製作蟻巢。 至校園採集有興趣的螞蟻以自製蟻巢進行養殖。 對螞蟻進行行為觀察，經由教師引導，訂定欲探究的問題。 根據探究主題設計實驗裝置，收集數據與分析螞蟻的行為、完成探究報告。	發現問題 規劃與研究 論證與建模 表達與分享	3 週／6 小時

1. 模組一：進入《Anter 螞蟻研究所》

學生註冊遊戲帳號後，觀看新手教學並熟悉《Anter 螞蟻研究所》之介面與遊戲方式，於此階段認識遊戲中作為螞蟻鑑種依據的六大特徵：觸角節數、大顎型態、頭型、是否具有前伸腹節刺、腹柄節數、螫針有無。接著學生需在遊戲地圖中尋找螞蟻蹤跡，採集後設法透過卡通圖以及真實照片來觀察螞蟻的六大特徵，順利將螞蟻帶回巢箱中飼養。

這些過程同時配合學習單，將遊戲中的重要資訊紀錄下來，例如：採集工具、螞蟻的特徵、飼養環境等。在此階段教師可引導學生閱讀遊戲中螞蟻圖鑑的資訊，作為巢箱內容調整的依據，並一次改變一項參數，找出最適合螞蟻生長的巢箱條件，而非漫無目的的試誤測試。最後學生試著透過在遊戲中觀察，在教師的引導下提出適合科學探究的問題。

2. 模組二：螞蟻觀察家

學生在遊戲中建立螞蟻相關知識與科學探究方法後，此單元讓學生回到現實實驗室中，學習如何使用科學工具，如解剖顯微鏡、手機顯微鏡，進行真實螞蟻的觀察與鑑種，將遊戲中所學能力遷移至真實情境運用。

除了觀察螞蟻實體之外，學生另需進行科學繪圖以及立體模型實作，進一步深化螞蟻的結構以及比例等形態特徵的認識，且了解科學繪圖與模型於生物學研究的重要性。此單元的最後，將利用學生所製作的螞蟻模型進行跑台測驗，藉此觀摩同儕所製作的成果，並且透過此活動進行同儕評量與回饋。

3. 模組三：螞蟻獵人

在熟悉真實研究情境中的螞蟻觀察後，此單元將讓學生於校園中進行螞蟻的實際採集，並進行鑑種，完成校園螞蟻分布的調查。學生在教室討論校園中容易出現螞蟻的地點，並安排校園探索路線，根據探索路線觀察實際上螞蟻主要分布區域。

接著教師向學生介紹常見的螞蟻採集方式與各方式使用時機與工具上差異，接著讓學生在校園中設置餌劑型／地面型／樹掛型陷阱誘集螞蟻。熟悉真實的螞蟻採集技巧後，全班各組將校園所劃分的樣區均分，以餌劑型陷阱急誘螞蟻，並進行鑑種與數量計算。各小組就樣區的調查結果進行分析，練習數據收集與分析之技巧。

最後全班各組合力完成校園螞蟻分布地圖，形成合作性科學社群，共享研究成果，並給予同儕評量與回饋。

4. 模組四：走出《Anter 螞蟻研究所》

教師引導學生以科學社群的形式進行科展導讀，使學生對於螞蟻的科學研究能有更寬廣的視野，而不局限於特定的研究主題或方法。接著使用課程材料包製作螞蟻蟻巢，並誘集欲飼養之螞蟻，進行鑑種以及資料收集，了解該螞蟻之生存環境與習性。

在飼養的過程中對螞蟻進行觀察，經由教師引導，訂定欲探究的問題，並著手規劃實驗的流程，創意發想進行實驗裝置設計，並收集數據進行分析。最後將探究的預期結果、研究方法、結果等撰寫為研究報告，成果發表仍以科學家社群的形式辦理，並由同儕進行回饋與評量。

（二）科學探究與實作表現

《蟻起來玩》課程實施對象為 10-11 年級選修「微課程」的高中學生共 53 位，在每個模組結束後隨機挑選 4 位同學進行訪談，以了解課程對於學生探究與實作表現的影響。以下簡單以 108 課綱中科學探究與實作的四項學習重點呈現初步結果。

1. 發現問題：透過課程的引入，學生對相關概念更加瞭解，並對研究主題產生興趣，願意主動在生活中進行螞蟻的觀察（觀察現象）；當觀察到好奇的現象時，會提出相關的問題，並想主動獲取更多資訊（形成或訂定問題）；而課程的指定任務要求學生進行特定螞蟻種的生物繪圖及模型製作，並在各組完成後開放讓他組同學參觀，進行鑑種。為了讓他組的同學能正確鑑別生物種，學生在分類特徵相關的部位製作及繪製上更加仔細，觀摩的同儕也能在活動中練習鑑種的技巧、學習他人模型製作與繪圖的呈現方式。

M1G8M3-01

想研究的主題，應該是那個牠（螞蟻）的（螫）針吧，它後面（指尾部）的那個針，就是比較想知道，有（螫）針是不是就一定會（……）會用針去做防禦或攻擊？

M2G7M6-05

學（學生）：（我在畫螞蟻時注重的特徵是）觸角的節數（……）跟螫針吧，因為那個比較好判斷（物種）。

研（研究者）：就是幫大家更好辨別？

學：對

研：那做模型時你會特別重視的是？

學：也是一樣那些，但觸角不太好做（……）那個（觸角的）節數不好刻上，一節一節的不好用（……）大概刻幾條而已。

2. 規劃與研究：執行研究及實務觀察時，有充分的機會能使用解剖顯微鏡進行觀察及鑑種（儀器操作）；在設定研究假說後，能正確辨明自變項、依變項等因素（尋找變因或條件）；並依照待答問題及研究假說，自行設計出適切的實驗裝置、操作並蒐集資料（擬定研究計畫）。

M4G8F16-02

學：接下來想請你們分享一下在你們的實驗設計裡面，控制變因、應變變因、還有操縱變因應該會是什麼？

受訪者：控制變因（……）就是他們的食物、水、還有他們居住的環境

研：然後主要的操縱變因是什麼？

學：操縱變因就是他們的螞蟻品種不同。

M4G8F16-03

（研究主題的實驗設計）就是我們找兩個透明的盒子，把螞蟻放進去，再給他們食物、沾水的棉花，中間用一個透明水管當連通管，看他們能不能發現對方的存在，然後跑過去，看哪一個會先被消滅。

3. 論證與建模：在進行校園螞蟻採集時，藉由學習單上的提問邀請學生討論，預測小組所劃分的樣區中可能採集到的螞蟻種類，學生可在採集及鑑種後瞭解小組的預測是否符合真實情況（分析資料）；遊戲情境提供學生初步實作經驗，學生可瞭解不同螞蟻的棲地環境、最適環境因子例如溫、溼度等的參數範圍，並提取在遊戲中模擬採集的經驗應用於真實世界預測可採集的區域及研究結果；在蒐集研究數據資料後，學生會試著提出合理的詮釋（解釋和推論）。

M3G8M09-01

（對於瞭解實驗變因的設計）應該是有（幫助）吧，就是它（遊戲）有附那個資料，然後就可以從資料去推斷出它（螞蟻生存）可能的環境所需要的溼度和溫度，就比如說它會寫說（螞蟻一般生活）在陰暗的地方，（……）就推斷比較潮濕比較暗。

M3G7M11

學：我們最後發現，在垃圾場的地方……不對，是在司令台的地方會有比較多的螞蟻（……）然後籃球場的螞蟻最少，（……）可能是因為人類都在籃球場活動，導致螞蟻不想住在那邊。

研：所以你覺得，反而是有人的地方，螞蟻會受到打擾，不太喜歡那個環境。

學：對。

4. 表達與分享：在製作巢箱、養殖以及實驗設計活動中，皆安排海報發表的環節，由學生依據實驗操作以圖表或文字描述方式呈現研究結果及詮釋，並製作海報發表。學生除介紹實驗成果外，也會討論自己組的實驗設計待改進之處，並希望能提醒同儕執行相關研究時應注意的事項。由訪談可知班級中透過同一研究主題，同儕間儼然形成一個小型的科學社群，在執行研究上對自身有更高的標準，並自發進行反思，對於同儕也樂於提供建議，形成支持的氛圍。

M4G8F16-10

學：（分享實驗結果時我們著重解說的內容是）我們覺得下一次如果還要設計一次的話，我們可能要改放在比較小的容器裡面。因為容器太大它們應該不太會注意到有對方的存在。或者是直接把螞蟻放在一起讓他們打架；然後也要時刻關心螞蟻們。

研：你是在指（剛剛所談到的採集回來的螞蟻）脫逃事件嗎？

學：對。

伍、結論

科學探究與實作在108課綱的重要性彰明較著，但實際課室中的施行尚存在著挑戰，有賴研究者與教師們攜手共同解決。呼應本書主題「科學探究與實作的理念與實踐」，本文從文獻依據著手討論，接著介紹我們所開發的《Anter 螞蟻研究所》遊戲與《蟻起來玩》探究與實作模組課程，以實徵研究結果提供初步證據支持兩者在課室中的具體實踐，希望對於教學現場科學探究與實作的落實能有所幫助。

《Anter 螞蟻研究所》已上架至 Apple App store 與 Google play 提供免費下載，模組一的課程內容及相關文件也已分享於生物學科中心教學資源庫（鄭富中、李宜欣，2021），歡迎參考。

▲ Apple App Store 下載

▲ Google Play 下載

▲ 遊戲介紹官網

致謝

本研究成果／課程承蒙科技部科學教育實作學門專題研究計畫 MOST 108-2628-H-018-002-MY2 及 110-2628-H-018-001-MY2 補助支持，特此致謝。

參考文獻

吳百興、張耀云、吳心楷（2010）。科學探究活動中的科學推理。**科學教育研究與發展季刊，56**，53-74。

陳世文（2019）。普通型高中自然科學「探究與實作」課程推動初探。**國家教育研究院電子報，190**。取自：https://epaper.naer.edu.tw/edm.php?grp_no=2&edm_no=190&content_no=3387

國家教育研究院（2014）。**十二年國民基本教育課程綱要—總綱**。取自：https://12basic.edu.tw/12about-3-1.php

國家教育研究院（2018）。**十二年國民基本教育課程綱要—國民中小學暨普通型高級中等學校自然科學領域**。取自：https://cirn.moe.edu.tw/WebContent/index.aspx?sid=11&mid=6852

游淑媚（1995）。螞蟻生活習性與行為設計之研究。**臺中師院學報，9**，391-42。

劉湘瑤、張俊彥（2018）。論自然科學課程綱要中的「素養」內涵。**科學教育月刊，413**，2-9。https://doi.org/10.6216/SEM.201810_(413).0001

鄭富中、李宜欣（2021）。**素養式教學資源與指引 ANTER 螞蟻研究所**。取自：https://ghresource.mt.ntnu.edu.tw/nss/s/main/p/Resources?cga022_unit=pwizi2

鄭夢慈、徐美恩（2018）。數位遊戲與科學學習的另類整合－Making Learning Serious Fun。**台灣教育，712**，33-40。https://doi.org/10.6395/TER

Annetta, L. A., Minogue, J., Holmes, S. Y., & Cheng, M.-T. (2009). Investigating the impact of video games on high school students' engagement and learning about genetics. *Computers & education*, *53*(1), 74-85. https://doi.org/10.1016/j.compedu.2008.12.020

Barab, S. A., Gresalfi, M., & Ingram-Goble, A. (2010). Transformational play: Using games to position person, content, and context. *Educational researcher*, *39*(7), 525-536.

Broudy, H. S. (1977). Types of knowledge and purposes of education. In *Schooling and the acquisition of knowledge* (pp. 1-17). Routledge.

Bruner, J. (1990). *Acts of meaning*. Harvard university press.

Cambridge dictionary. (n.d.). Challenge. In https://dictionary.cambridge.org/dictionary/english/challenge

Cheng, M.-T., Huang, W.-Y., & Hsu, M.-E. (2020). Does emotion matter? An investigation into the relationship between emotions and science learning outcomes in a game-based learning environment. *British Journal of Educational Technology*, *51*(6), 2233-2251. https://doi.org/10.1111/bjet.12896

Cheng, M.-T., Lin, Y.-W., & She, H.-C. (2015). Learning through playing Virtual Age: Exploring the interactions among student concept learning, gaming performance, in-game behaviors, and the use of in-game characters. *Computers & education*, *86*, 18-29. https://doi.org/10.1016/j.compedu.2015.03.007

Cheng, M.-T., Lin, Y.-W., She, H.-C., & Kuo, P.-C. (2017). Is immersion of any value? Whether, and to what extent, game immersion experience during serious gaming affects science learning. *British Journal of Educational Technology*, *48*(2), 246-263. https://doi.org/10.1111/bjet.12386

Cheng, M.-T., Rosenheck, L., Lin, C.-Y., & Klopfer, E. (2017). Analyzing gameplay data to inform feedback loops in The Radix Endeavor. *Computers & education*, *111*, 60-73. https://doi.org/10.1016/j.compedu.2017.03.015

Cheng, M.-T., She, H.-C., & Annetta, L. A. (2015). Game immersion experience: its hierarchical structure and impact on game-based science learning. *Journal of computer assisted learning*, *31*(3), 232-253. https://doi.org/10.1111/jcal.12066

Cheng, M. T., Su, T., Huang, W. Y., & Chen, J. H. (2014). An educational game for learning human immunology: What do students learn and how do they perceive? *British Journal of Educational Technology*, *45*(5), 820-833. https://doi.org/10.1111/bjet.12098

Crawford, B. A. (2014). From inquiry to scientific practices in the science classroom. In *Handbook of research on science education, volume II* (pp. 529-556). Routledge.

Csikszentmihalyi, M. (1988). The flow experience and its significance for human psychology. *Optimal experience: Psychological studies of flow in consciousness*, *2*, 15-35. https://doi.org/10.1017/CBO9780511621956.002

Dickey, M. D. (2020). Narrative in game-based learning. In J. L. Plass, R. E. Mayer, & B. D. Homer (Eds.), *Handbook of Game-Based Learning* (pp. 283-206). The MIT Press.

Dorier, J.-L., & García, F. J. (2013). Challenges and opportunities for the implementation of inquiry-based learning in day-to-day teaching. *ZDM*, *45*(6), 837-849. https://doi.org/10.1007/S11858-013-0512-8

Froehling, A. (2022). *5 myths about game-based learning*. https://www.filamentgames.com/blog/5-myths-about-game-based-learning/

Garris, R., Ahlers, R., & Driskell, J. E. (2002). Games, motivation, and learning: A research and practice model. *Simulation & Gaming*, *33*(4), 441-467. https://doi.org/10.1177/1046878102238607

Gee, J. P. (2007). *What video games have to teach us about learning and literacy*. Palgrave Macmillan.

Hamari, J., Shernoff, D. J., Rowe, E., Coller, B., Asbell-Clarke, J., & Edwards, T. (2016). Challenging games help students learn: An empirical study on engagement, flow and immersion in game-based learning. *Computers in*

Human Behavior, *54*, 170-179. https://doi.org/10.1016/j.chb.2015.07.045

Hartson, R., & Pyla, P. (2019). Affordances in UX design. In R. Hartson & P. Pyla (Eds.), *The UX Book* (2nd ed., pp. 651-693). Morgan Kaufmann. https://doi.org/10.1016/B978-0-12-805342-3.00030-8

Herodotou, C. (2018). Mobile games and science learning: A comparative study of 4 and 5 years old playing the game Angry Birds. *British Journal of Educational Technology*, *49*(1), 6-16. https://doi.org/10.1111/bjet.12546

Hsu, M.-E., & Cheng, M.-T. (2021). Immersion experiences and behavioural patterns in game-based learning. *British Journal of Educational Technology*, *52*(5), 1981-1999. https://doi.org/10.1111/BJET.13093

Kalmpourtzis, G. (2019). *Educational game design fundamentals: A journey to creating intrisically motivating learning experiences*. CRC Press.

Ke, F. (2016). Designing and integrating purposeful learning in game play: a systematic review. *Educational Technology Research and Development*, *64*(2), 219-244. https://doi.org/10.1007/s11423-015-9418-1

Kiili, K. (2005). Digital game-based learning: Towards an experiential gaming model. *The Internet and Higher Education*, *8*(1), 13-24. https://doi.org/10.1016/j.iheduc.2004.12.001

Klopfer, E., Osterweil, S., & Salen, K. (2009). Moving learning games forward. *Cambridge, MA: The Education Arcade.*

Krajcik, J. S., & Mun, K. (2014). Promises and challenges of using learning technologies to promote student learning of science. In N. G. Lederman & S. K. Abell (Eds.), *Handbook of research on science education* (Vol. 2, pp. 337-360). Routledge.

Lave, J., & Wenger, E. (1991). *Situated learning: Legitimate peripheral participation*. Cambridge university press.

Llewellyn, D. (2013). *Inquire within: Implementing inquiry-and argument-based science standards in grades 3-8* (3rd ed.). Corwin press.

National Research Council. (2012). *A framework for K-12 science education: Practices, crosscutting concepts, and core ideas*. The National Academies Press. https://doi.org/10.17226/13165

NGSS Lead States. (2013). *Next Generation Science Standards: For States, By States*. The National Academies Press.

Osborne, J. (2014). Scientific practices and inquiry in the science classroom. In *Handbook of research on science education, Volume II* (pp. 593-613). Routledge.

Pawar, S., Tam, F., & Plass, J. L. (2020). Game-Based Learning in Science, Technology, Engineering, and Mathematics. In J. L. Plass, R. E. Mayer, & B. D. Homer (Eds.), *Handbook of Game-Based Learning* (pp. 367-386). The MIT Press.

Plass, J. L., Homer, B. D., & Kinzer, C. K. (2015). Foundations of game-based learning. *Educational psychologist*, *50*(4), 258-283. https://doi.org/10.1080/00461520.2015.1122533

Polkinghorne, D. E. (1988). *Narrative knowing and the human sciences*. Suny Press.

Prensky, M. (2001). *Digital game-based learning*. Paragon House.

Ramnarain, U. D. (2014). Teachers' perceptions of inquiry-based learning in urban, suburban, township and rural high schools: The context-specificity of science curriculum implementation in South Africa. *Teaching and Teacher Education*, *38*, 65-75. https://doi.org/10.1016/j.tate.2013.11.003

Repnik, R., Robič, D., & Pesek, I. (2015). Physics learning in primary and secondary schools with computer games—An Example—Angry Birds. In B. Gradinarova (Ed.), *E-Learning: Instructional Design, Organizational Strategy and Management* (pp. 203-225). InTech.

Rosenheck, L., Cheng, M.-T., Lin, C.-Y., & Klopfer, E. (2021). Approaches to illuminate content-specific gameplay decisions using open-ended game data. *Educational Technology Research and Development*, *69*(2), 1135-1154. https://doi.org/10.1007/s11423-021-09989-0

Shaffer, D. W. (2005). Epistemic games. *Innovate: journal of online education*, *1*(6). https://nsuworks.nova.edu/cgi/viewcontent.cgi?article=1165&context=innovate/

Shaffer, D. W. (2006). Epistemic frames for epistemic games. *Computers & education*, *46*(3), 223-234. https://doi.org/10.1016/j.compedu.2005.11.003

Stroupe, D. (2015). Describing "science practice" in learning settings. *Science Education*, *99*(6), 1033-1040. https://doi.org/10.1002/sce.21191

Teng, Y. Y., Chou, W. C., & Cheng, M. T. (2021). Learning immunology in a game: Learning outcomes, the use of player characters, immersion experiences and visual attention distributions. *Journal of computer assisted learning*, *37*(2), 475-486. https://doi.org/10.1111/jcal.12501

Tokac, U., Novak, E., & Thompson, C. G. (2019). Effects of game-based learning on students' mathematics achievement: A meta-analysis. *Journal of computer assisted learning*, *35*(3), 407-420. https://doi.org/10.1111/JCAL.12347

Tsai, Y. L., & Tsai, C. C. (2020). A meta-analysis of research on digital game□ based science learning. *Journal of computer assisted learning*, *36*(3), 280-294. https://doi.org/10.1111/jcal.12430

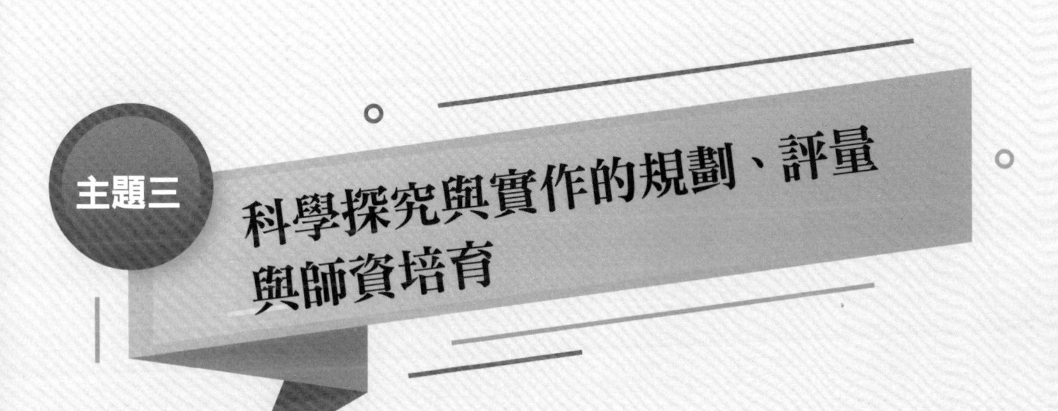

主題三

科學探究與實作的規劃、評量與師資培育

新課綱高中自然科「探究與實作課程」計畫實施現況分析

蔡哲銘（臺北市立陽明高中）

摘要

本文分析 109 學年度北部某縣市高中「探究與實作」課程計畫，發現 92% 的學校於高二實施本課程。師資的安排以跨科合作為主，最常見模式是一學期由物理科與地球科學科合作，另一學期由化學科與生物科合作開課。課程涵蓋之跨科概念遍及領綱揭示的七項概念，且以「科學與生活」最多。

另以科學探究的角度分析學習內容，發現課程設計以引導式及開放式探究並行為主，各校亦發展策略引導學生尋找探究問題及後續規劃與研究。但在師生相對陌生的「論證」與「建模」歷程，在計畫中有達到全部三項描述模型在探究功能的學校僅有 2 所，比例偏低。顯示教師對於「論證」與「建模」歷程有需要提升知能。在「表達與分享」步驟，各校皆有安排一至二周的讓學生分享探究結果。

關鍵詞：探究與實作、科學探究、論證與建模

壹、前言

順應世界科學教育發展的趨勢，臺灣於 2019 年實施的「十二年國民基本教育課程綱要」，除規畫自然學科領域課程綱要（以下簡稱領綱）外，本次新課綱的一項特色為新增「探究與實作」課程，將「探究學習內容」

分為發現問題、規劃與研究、論證與建模、表達與分享等四個主要項目。該課程以科學探究為學習的核心，同時強調培養學生根據探究結果形成科學性解釋，並且嘗試建立合理的科學模型以描述和解釋所觀察到的現象。

為了解新課綱實施後，各校執行探究與實作課程之現況，本文分析 109 學年度北部某縣市高中探究與實作課程計畫，並以科學探究的角度逐項分析發現問題、規劃與研究、論證與建模、表達與分享等四個探究學習內容的主要項目，最後提出結論與建議。

貳、北部某縣市探究與實作課程計畫現況

一、分析對象：

本文從「全國高級中等學校課程計畫平臺」分析北部某縣市之「109 學年度探究與實作課程計畫」。此縣市有 26 所市立普通高級中學（內含 10 所完全中學及一所綜合高中），各校之課程計畫為本文分析及取樣範圍。

二、開課年段：

依據領綱規定，「探究與實作」課程為四學分之課程，可分為兩個學期實施。在 26 所高中之中，有 2 所學校（占 8%）規劃於高一上、下兩學期實施，另外 24 所高中（占 92%）於高二上、下兩學期實施。此一結果跟陳世文與顏慶祥（2021）調查全國 195 所普通高中「探究與實作」課程實施年級情形大致相符，全國 195 所普通高中有 8% 規劃於高一上、下兩學期實施，90% 規劃於高二上、下兩學期實施，2% 規劃於高一、高二各一學期實施。

三、課程師資跨科開設情形：

由於探究與實作課程旨在透過符合探究本質的實作活動，提供學生統整的學習經驗。故課程內容強調跨學科之間的整合，採不分科為原則（國

家教育研究院，2018，頁 40）。因此各校課程計畫亦說明探究與實作課程師資跨科合作狀況。該縣市 26 所市立高中探究與實作課程跨科師資開課情形如圖 8-1 所示。

在該縣市各校有 5 種跨科師資合作模式，最常見的模式是一個學期由物理科與地球科學科跨科合作開課，另一個學期由化學科與生物科跨科合作開課，共有 16 所高中以此模式實施。第二種是上、下學期皆由物理、化學、生物、地球科學科四科教師跨科合作，共有 7 所高中以此模式實施。其餘三所高中模式分別為上、下學期皆由化學、生物教師跨科合作；上、下學期皆由物理、化學、生物教師跨科合作；一學期由物理、化學、生物教師跨科合作以及另一學期由物理、化學、地球科學科教師跨科合作等情況。

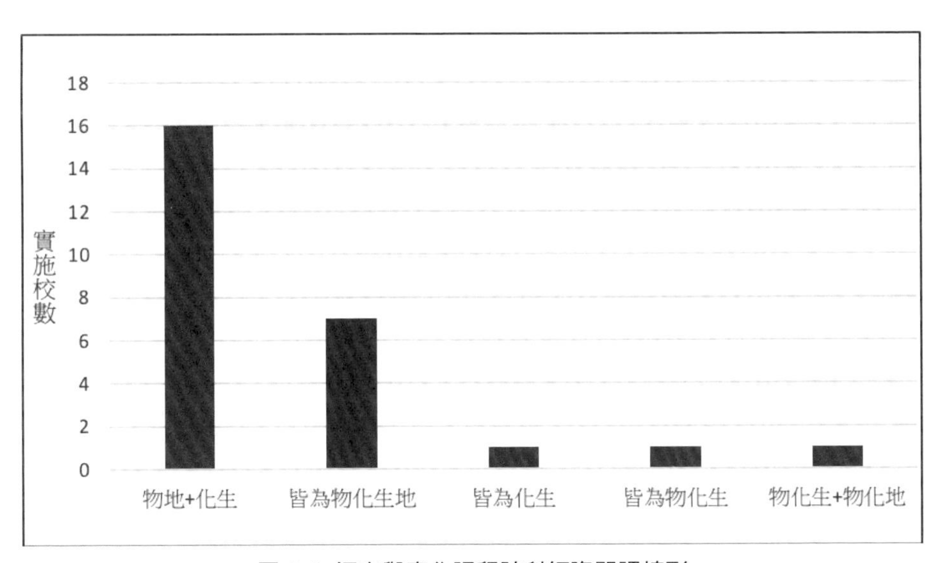

圖 8-1　探究與實作課程跨科師資開課情形

四、探究與實作課程計畫涵蓋之跨科概念

為提供學生統整的學習經驗，領綱提出自然科學領域之跨科概念，包含物質與能量、構造與功能、系統與尺度、改變與穩定、交互作用、科學與生活、資源與永續性等七項，讓各校可據以發展課程，設計探究活動，

進而培養學生探究能力。（國家教育研究院，2018，頁 40）。

圖 8-2 以每一學期之課程計畫為一單位分析 26 所市立高中的課程所涵蓋之跨科概念之情形。其中科學與生活有 46 個計畫為最多，其他依序是物質與能量 35 個、系統與尺度 30 個、構造與功能 27 個、改變與穩定 25 個、交互作用 24 個、資源與永續 23 個計畫。

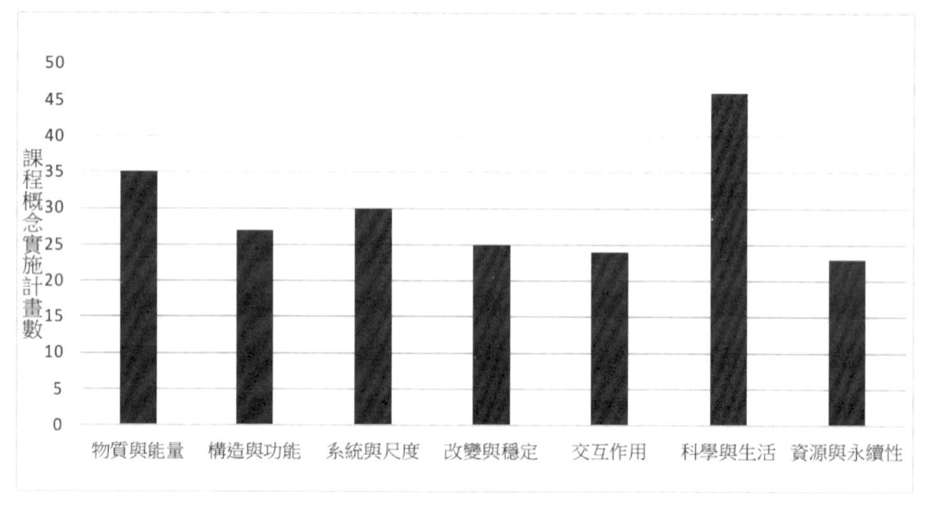

圖 8-2 探究與實作課程計畫涵蓋之跨科概念

對比陳世文與顏慶祥（2021）調查全國 195 所普通高中「探究與實作」課程所涵蓋之跨科概念之情形。「科學與生活」與「物質與能量」在該縣市及全國皆為課程設計最多及第二多之跨科概念，然而「系統與尺度」在該縣市為第三多，「交互作用」則是在全國 195 所高中課程計畫中列居第三多。

五、探究與實作課程計畫涵蓋之課程主題

領綱對於高中探究與實作課程內容之實施有三項指導原則：1. 課程設計與發展；2. 以問題（議題）導向引導探究；3. 教材應有確實的參考資料（國家教育研究院，2018，頁 54），因此各高中在設計課程皆以議題（主題）

之探究來發展課程。

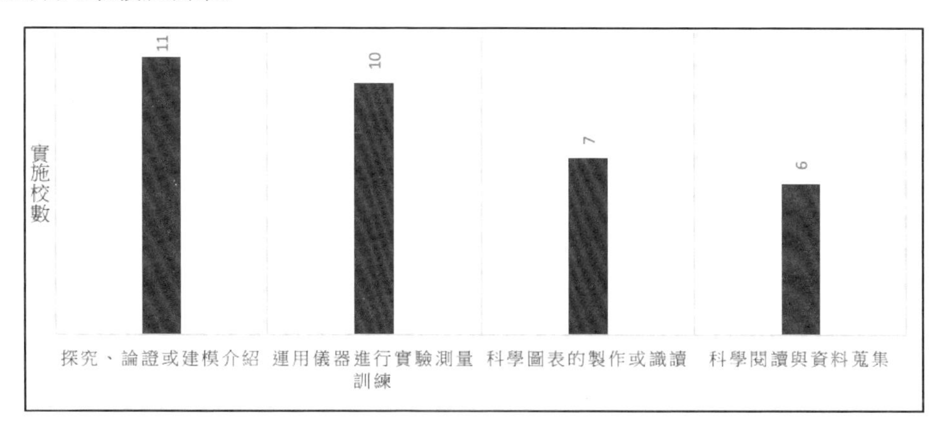

圖 8-3　各校實施探究預備課程情形

（一）探究預備課程

部分學校在課程安排上並非直接進入欲探究之主題，而是安排預備課程協助學生發展基本的探究能力，各校預備課程主要安排在課程開始的前一至六週不等，預備課程結束後才進入各項議題之探究。歸納各校的預備課程，大致可區分為四類，分別為探究、論證或建模歷程的介紹；運用儀器進行實驗測量的訓練；科學圖表的製作與識讀；科學閱讀與資料蒐集等。26 所市立高中對於四類預備課程的實施校數情形如圖 8-3 所示。

（二）課程涵蓋之主題

26 所市立高中每校兩個學期共 52 分課程計畫中，經分析後共有 83 個課程主題，多數課程主題的實施週數為 3 ～ 6 週，少數主題長度僅有一週，實施週數最長為九週。圖 8-4 為 52 分課程計畫中出現超過 3 次之課程主題，可以看出「酵素的發酵作用」出現 9 次、「光譜儀的製備與使用」及「酸鹼」出現 6 次、「望遠鏡的製作與使用」出現 5 次、「光的穿透與吸收」及「色層分析」與「彈性物質」出現 4 次、「風力發電」及「水汙染與淨化」及「光偏振」及「岩石描繪與分類」出現 3 次。

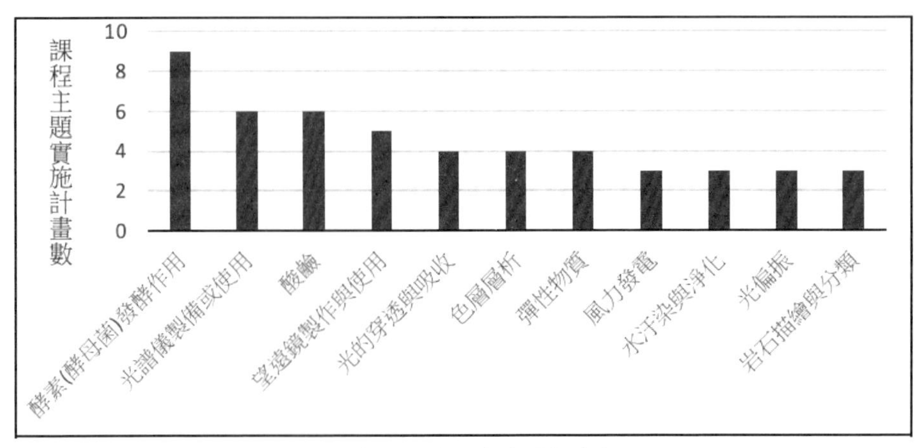

圖 8-4 超過三次以上之課程之主題

在出現超過 3 次的課程主題，有些主題可以看到清楚的學科屬性，例如「彈性物質」主要探討彈力與虎克定律，屬於物理科的學習概念；「岩石的描繪與分類」屬於地球科學科的學習概念。各校在安排這些課程主要用意在於提供訓練具備基本探究能力或說明研究方法，例如運用橡皮筋秤重的實作過程讓學生練習二維數據分析及迴歸直線的討論。而岩石的描繪與分類則是訓練學生觀察事物的特徵並且讓學生經驗依據特徵來對事物進行分類的歷程。

其次，適合跨科的課程主題，例如「望遠鏡的製作與使用」、「光譜儀的製作與使用」與「風力發電」等主題適合物理及地球科學跨科合作；「酵素發酵作用」與「酸鹼」等主題適合化學及生物科跨科合作，因此可以看到上述的課程主題多次出現在課程計畫之中。

此外，雖然各校的課程主題依其內容進行分類，但有些主題會因為產生的現象相關而被合併於更大的主題之下，例如：色彩及色彩的變化是日常生活中非常容易觀察的主題，因此與其色彩相關的「光的穿透與吸收」、「運用光譜儀對色光進行分析」、「色層分析法」、「植物在不同酸鹼環境之下的顏色變化」以及「植物色素的萃取」即被各校以不同的結合方式設計在課程之中，讓跨科的教師可以在色彩及色彩的變化進行課程合作。

又如有關環境或污染的議題，可發現各校分別設計不同的面向切入相同的探究素材，例如：有課程引導學生以光度計來進行水質的檢測；有課程則是引導學生關心如何淨化水質排除污濁與臭味；有課程則是引導學生討論水中的植物與微生物對水質的影響。不同學科的教師能在同一議題上以不同的方法協助學生進行探究。

參、從科學探究角度分析北部某縣市探究與實作課程計畫

依據領綱之說明探究與實作課程的學習重點分為「探究學習內容」和「實作學習內容」兩部分。「探究學習內容」著重於科學探究歷程，而「實作學習內容」則配合探究的歷程，規劃可實際進行操作的科學活動（國家教育研究院，2018，頁 40）。領綱並將科學探究歷程，可歸納為四個主要項目：發現問題、規劃與研究、論證與建模、表達與分享。以下將該縣市 26 所市立高中探究與實作課程計畫，依據此四個項目進行分析：

一、發現問題

領綱對於「發現問題」項目的說明為：「基於好奇、求知或需要，觀察生活周遭和外在世界的現象，察覺可探究的問題，進而蒐集整理所需的資訊，釐清並訂定可解決或可測試的研究問題，預測可能的結果，提出想法、假說或模型。」（國家教育研究院，2018，頁 40）。發現針對「發現問題」的探究歷程，有兩個課程中的重要關鍵因素，分別是探究問題的類別及協助學生發現可探究的問題，以下分項討論：

1. 探究問題的類別

觀察各校的課程計畫，大致可將各校對學生「發現問題」的設計分為兩類，主要差別在於學生導向程度（或教師主導）的不同。

第一類：由教師主導探究問題

課程計畫設計「發現問題」的第一種類別是由教師主導問題的設定。此類課程主題的實施的時間長度較短，難以提供足夠的時間讓學生

自主提出問題，所以學生探究問題的來源由教師或教材所提供。Hansen（2002）將探究教學依據學生主導程度由低至高分為結構式探究、引導式探究、並行式探究以及開放式探究四類。以 Hansen（2002）對探究的分類來看，此類的探究大致介於結構式探究與引導式探究之間。

以學校 S12 課程計畫中「燃燒與塵爆」主題為例，主題時間長度為一週，當週課程計畫敘述如下：

【發現問題】【表達與分享】

教師發下閱讀資料。

(1) 燃燒需要有何條件？

(2) 燃燒與塵爆有何異同？

(3) 怎樣的環境與條件易造成塵爆風險？

(4) 如果你是麵粉廠、鋸木廠、鋁板切割廠……的廠長，你會有哪些預防措施、設備與監控方法，以避免發生塵爆危險？

由「燃燒與塵爆」的課程計畫，可以看出學生閱讀教師所提供的閱讀資料後，進行問題的探討。學生探究的問題由教師提供，聚焦於燃燒與塵爆現象的相關問題，其性質介於結構式探究與引導式探究之間。

第二類：由學生自行就課程相關內容尋找探究問題

課程計畫設計「發現問題」的第二種類別是由學生從課程相關內容自行尋找探究問題。此類課程計畫於整學期所設計的主題數較少，每一主題實施的時間較長，學生有充足的時間找尋探究問題。以 Hansen（2002）對探究的分類來看，此類的探究大致屬於並行式探究，亦即包含引導式與開放式探究並行。

以學校 S04 課程計畫中「自製光譜儀」主題為例，此主題時間長度為八週，前二週課程計畫如表 8-1 所示，敘述如下：

表 8-1 學校 S04 第十至十一週課程計畫表

週次	單元主題	內容綱要
十	自製光譜儀／發現問題：形成問題（一）	藉由身邊易取得的素材自製光譜儀，透過觀察了解光譜的成因及其特性。 提出適合科學探究的問題，如提出影響光譜解析度的可能因素。
十一	自製光譜儀／發現問題：形成問題（二）	在議題討論的論證過程中提出欲探究的問題。 提出可驗證的探究問題。預測探究問題的可能結果。

教師在第一週的課程指導學生製作光譜儀並了解光譜的成因與特性後，讓學生運用光譜儀自行尋找適合探究的問題，之後在第三至八週的課程中，學生依據探究的步驟，完成自訂問題之探究。

另外，也有學校進行的模式為完成課程主題的教學後，安排數週的自主探究時間，讓學生就其所擇定與課程有關的問題進行探究。以學校 S08 課程計畫所安排第十一至十八週的課程計畫，敘述如下：

後八週課程進行開放式探究課程，學生經過前十週基礎、引導式、主題式的探究與實作課程，各自提出有興趣、不同的探究主題，但聚焦在與「自然界物質間」或「整個星球系統」的能量轉換現象探討及原理應用、有待探究釐清的問題。

學校 S08 的課程設計留給學生更長的時間進行問題的探究，雖然要求聚焦在「自然界物質間」或「整個星球系統」的能量轉換現象探討及原理應用之特定主題，但讓學生可以依據主題自訂題目，並且後續的探究過程有更大的主導空間。

2. 協助學生發現可探究的問題

讓學生有機會自訂題目以進行引導式或開放式的探究，相較而言更符合領綱的精神，學生更有機會在課程學習到「觀察生活周遭和外在世界的現象，釐清並訂定可解決或可測試的研究問題」。然而回顧文獻，以學生主導程度大之方式進行探究，學生經常會遭遇到困難。

教師要培養學生「發現問題」的能力，仍需在課程中引導或提供協助。

回顧文獻在探究教學中「發現問題」的階段，學生經常面對的困難包含：

- 學生所提出的問題過於發散、無法聚焦。（吳百興、張耀云與吳心楷，2010）
- 學生無法提出可驗證的問題（Krajcik, Blumenfeld, Marx, Bass, & Fredricks, 1998）

由各校的課程計畫中，可以發現以下四項協助培養學生「發現問題」能力的策略：

(1) 開課年段的規劃

該縣市 26 所市立高中的課程計畫，有 90% 的學校於高二開設探究與實作課程，僅有 8% 的學校於高一開設。根據陳世文與顏慶祥（2021）的調查，學校將課程開設在高二的主要理由之一，即是認為學生應該具備基礎科學知識。學生在上完高一自然科的必修課程後，擁有較豐富的先備知識，在探究時會有較佳的表現，在發現問題的素材上，也可以有較多的選擇。

(2) 跨科概念的設計

該縣市市立高中的 52 份課程計畫中，有 46 份設計涵蓋「科學與生活」之跨科概念，是各項跨科概念中最多的一項。此一概念所涵蓋的素材與生活周遭現象有較多的連結，讓學生由此進行問題的探究，對於學生而言較易引發動機。Krajcik 等人（1998）的研究也指出，活化學生的先備知識與經驗，可以幫助他們形成合理的探究問題。

(3) 預備課程的設計

除了讓學生從生活現象進行探究外，有些學校選擇的主題如「海底地形的觀察」或「地球磁場的探索」等議題，皆需要透過科學閱讀與資料蒐集等過程，才能讓學生獲取相關資訊，針對相關主題產生探究問題。另外，即使是與生活現象的問題探究，經過科學閱讀與資料蒐集之歷程，可以使學生對現象有更深入的瞭解，找到更具意義的探究問題。因此，該縣市有六所學校在預備課程安排科學閱讀與資料蒐集的主題，讓學生學習如何從閱讀與資料搜尋，彙整與問題有關的資訊，形成可進行探究的科學問題。

(4) 引導學生發現可探究的問題

教師在課程提供引導與協助以克服學生在「發現問題」階段的困難，包含所提出的問題過於發散或無法提出可驗證的問題等。以學校 S09 的課程計畫為例，如表 8-2 所示，教師在學生進行實際的探究之前，先規劃二週的課程讓學生討論「如何從事件中找出一個好的且可進行探究的現象」以及「如何提出一個能繼續作探究的問題」。

表 8-2 學校 S09 第一至二週課程計畫表

週次	單元／主題	內容綱要
一	課程介紹與分組、基礎訓練（一） [發現問題]	介紹科學探究的架構基礎訓練（一）： 如何從事件中找出一個好的且可進行探究的「現象」。 了解現象與本質之間的差異。 讓學生從生活中找尋「現象」。
二	基礎訓練（二） [發現問題] [規劃與研究]	基礎訓練（二） 介紹如何「提出問題」，並讓學生了解如何提出一個能繼續作探究的問題。提問須聚焦在可能執行的變因上，在這之前學生必須先思考所有可探討的變因有哪些。 針對老師提供的事件，讓學生描述出他「觀察現象」與「提出問題」。 介紹「建立假設」與「設定變因」的內涵。 假設是一個肯定句，包含變因在其中。 變因分別為「控制變因」、「操縱變因」與「應變變因」，學生需了解三者間的差異，並以例子分享。 讓學生試著針對前面所提的問題思考如何建立假設與變因。

二、規劃與研究

領綱對於「規畫與研究」項目的說明為：「根據提出的問題，擬定研究計畫和進度。辨明影響結果的變因，選擇或設計適當的工具或儀器觀測，以獲得有效的資料數據，或根據預期目標並經由測試結果檢視最佳化條件（國家教育研究院， 2018，頁 40）」。由上述說明可知，在此階段的重點為擬訂研究計畫與進度，計畫內容應包含辨明變因、進行觀測或實驗以及蒐集有效的數據。觀察 26 所市立高中對於「規畫與研究」項目的課程計畫，有以下的發現：

（一）探究形式影響研究計畫擬定

擬定研究計畫與課程設計提供學生探究的形式有密切的關係，若學生進行結構式探究，則變因直接由教師給定，學生的學習重點會在進行實驗或觀測以及蒐集有效的數據。然而學生會缺乏學習辨明那些變因會是影響實驗結果的機會。以學校 S17 課程計畫為例，其第四週的課程主題為單擺等時性，內容為：

以改變不同擺長對應單擺週期的關係，並利用 excel 得到關係式，求出臺北地區的重力加速度值。

學生於此一主題會很容易理解單擺擺長為控制變因，單擺週期為應變變因。而其學習重點為實驗進行及數據蒐集與分析。學校 S17 該校在後續的課程主題，逐漸增加學生探究的主導程度，讓學生學習討論由簡單到複雜的探究主題。

若學生進行引導式或開放式探究，則學生有機會學習辨明那些變因會影響實驗結果，並據此擬訂研究計畫。以學校 S25 課程計畫為例（如表 8-3 所示），第四至五週的課程主題為紙飛機，學生在觀察紙飛機的飛行運動後，需要自行辨明那些變因會影響，並在規劃研究中落實。

表 8-3 學校 S25 第四至五週課程計畫表

週次	單元主題	內容綱要
四	紙飛機 I	學習內容：透過摺紙飛機與拋射紙飛機活動的觀察，了解實驗操縱變因、控制變因與應變變因 學習表現：實驗組、對照組或是應變、操縱、控制變因的概念在規劃研究中落實—規劃與研究
五	紙飛機 II	學習內容：藉由小組分享發想出最佳飛行設計 學習表現：實驗組、對照組或是應變、操縱、控制變因的概念在規劃研究中落實—規劃與研究

（二）課程發展學生觀測或實驗的能力之策略

為協助學生發展運用適當的工具或儀器進行實驗的能力，各校在課程計畫中運用以下三項策略：

1. 規劃預備課程

有 10 所高中在進入實際探究的課程主題之前，規劃讓學生運用儀器進行實驗測量的訓練。例如學校 S02 即在化學與生物跨科合作課程之學期，先安排學生學習溶液的配製與度量衡；學校 S08 在物理與地科跨科合作課程之學期，安排學生學習電學檢測的基本能力，同時讓學生學習估計值與不確定度，討論如何測量得到更可信之數據。透過安排與後續課程主題相關的實驗訓練，讓學生有能力進行實驗或觀測。

2. 引進應用軟體進行實驗

在各校的課程計畫中，除了傳統的操作儀器進行實驗外，也可以發現教師引進應用軟體協助學生進行實驗。例如利用手機的感測器 Phyphox App 與 Physical tool App 等應用軟體測量物理量的變化，利用 iMovie 拍攝實驗影片、利用運動軌跡分析軟體 Tracker 分析物體的運動以及利用 Google Earth 量測遠方物體的距離等。

3. 課程主題的設計考慮學生實驗所需之儀器

學生進行自訂題目的探究，對於科學探究學習有很多優點，然而最大的困難是針對其所探究的題目，學校是否能夠提供適當的工具及儀器給學生使用。這樣的困難限制學生探究的範圍，因此可以發現各校在設計課程主題時，有考慮學生探究所需的儀器。同時也僅能讓學生在課程主題範疇內自訂題目。部分學校將學生進行實驗所需的儀器及材料定為研究計畫中必須提及的項目，若學校無法提供或學生無法自行準備，即研究計畫必須進行修正。

4. 針對不同興趣的學生，協助發展不同的實踐歷程

由於探究與實作課程屬於部定必修課程，因此所有的高中生都必須修習本門課程。該縣市一所學校 S08 發展出三種自主探究的類別：（甲）科學性的主題探索、（乙）研發測量或調查系統、（丙）大眾科技傳播之識讀評析。讓學生可以選擇自己有興趣的類別進行探究。過去對於科學探究的議題大多停留（甲）、（乙）兩類，若針對社會傾向的學生提供（丙）大眾科技傳播之識讀評析，有機會讓他們對科學探究有所認識，也對於後續的學習有所幫助。

三、論證與建模

此次自然科領綱在「探究與實作」課程的探究學習內容中，將「論證與建模」列為其中一個主要項目。就科學社群進行科學探究與實踐過程而言，無論是「論證」或者「建模」皆是其中的重要歷程，然而過往臺灣高中科學教育著重於科學概念的學習，師生對於「論證」與「建模」等探究歷程的學習相對陌生。

從領綱中「論證與建模」的說明來看，此項目要求學生學習「分析資料數據以提出科學主張或結論、發現新知或找出解決方案。發展模型以呈現或預測各因素之間的關係。檢核資料數據與其他研究結果的異同，以提高結果的可信度，並察覺探究的限制（國家教育研究院，2018，頁41）」。其中論證包含分析資料和呈現證據、解釋和推理、由探究所得的解釋形成論點；建模則是除了前述的步驟外，進一步要求學生嘗試由探究結果建立合理模型以描述所觀察的現象，並察覺模型的侷限性。

針對該市高中之課程計畫在「論證與建模」項目，有以下三項發現：

（一）課程培養學生分析資料數據能力之策略

學生在進行實驗與觀測時，將會獲取數量可觀的數據。如果學生在前一階段規畫與研究已學會如何正確量測，且其所測量的數據皆為可信，則如何分析數據呈現結果，即為此一階段的重點工作。

在科學探究中，科學社群經常會將原始數據轉化為圖表，從圖表的趨勢討論變因之間的關係。因此學會科學圖表的製作與判讀，是分析數據的重要工作。該市有 7 所高中在實際探究問題之前，課程先教導學生科學圖表的製作與判讀，讓學生具備能力處理實際的資料分析。同時也有 6 所高中在計畫中說明會教導學生運用 excel 程式進行數據分析、1 所高中教導學生用 numbers 軟體進行數據分析。

（二）課程培養學生論證能力之策略

論證能力是讓學生在獲取實驗資料後，發展出合乎邏輯的推論以支持所提出的主張或結論之能力。過去在新課綱實施之前，學生所操作的實驗多半為驗證理論的食譜式實驗，所以其實驗結果多為符合理論結果，或是不符合理論結果但找到基於那些因素產生之誤差。在「探究與實作」課程實施後，若學生進行引導式或開放式的探究，分析數據產生的結果如何去形成合理的主張或結論，即成為一個重要的課題。

在論證的教學方面，多數學校課程計畫以「分析資料，由探究結果形成結論」呈現，至於如何由探究結果形成結論則沒有在課程計畫提及。但有 4 所學校於課程計畫提到以 C-E-R（主張 - 證據 - 推理）論證模式，其中有 1 校提到 Toulmin 的論證模式，包含資料（data）、主張（claim）、理由（warrant）、支持（backing）、修飾（qualifiers）與反例（rebuttal）等六個重要元素。由於 C-E-R 論證模式較為簡單也能提醒學生如何從實驗結果合理地得到探究結論，所以在此一課程中有較多學校提及。Toulmin 的論證模式雖然嚴謹，但是在操作上比較複雜，因此僅有 1 校計畫於課程中介紹。

（三）課程培養學生建模能力之情形

由領綱說明可知，模型建立的歷程包含論證的步驟，學生經過分析、解釋及推理等論證的過程，尋找影響現象各因素之間的關係並且形成各種論點。模型的發展植基於探究的結果，而模型的功能則包含運用模型呈現及預測各因素之間的關係以及描述所觀察的現象。

Giere（1999）描述科學家運用模型進行推理、理論、科學論證的過程，說明科學家會在真實世界中對現象進行觀察與測量以蒐集相關資料，也會產出模型去解釋現象以及進行預測。若將所蒐集到的資料與模型的預測兩者進行相互比對且結果相符，則科學家會對模型產生信心。相反的，若資料與模型的預測結果不符，則科學家就會對資料或模型產生質疑。若經檢查發現有問題的是模型，則模型即會被修改而上述的過程將會再一次地進行。

對比領綱中「論證與建模」的說明與 Giere 對科學家運用模型所作之描述，可以發現兩者大致相符。但領綱從學生的觀點著重於讓學生學習從分析所蒐集到的資料中，嘗試形成論點及建立模型。而科學家更著重的運用模型作為研究及理論工具，透過資料與模型的預測結果是否相符而不斷滾動修正模型的歷程。

由於高中教師對於模型與建模相對其他探究項目陌生，為了解各校課程計畫中有關模型描述的情形，故以領綱對模型在探究功能的描述為依據檢核各校之撰寫課程計畫分析表，如表 8-4 所示。

表 8-4 各校課程計畫針對模型描述之分析表

學校	課程計畫內容綱要無符合領綱所提及模型	發展模型以呈現或預測各因素之間的關係	正確運用模型，呈現自己或理解他人的探究過程與成果	檢核與其他研究結果的異同，察覺模型的侷限性
S01	√			
S02		√	√	
S03	√			
S04		√	√	√
S05		√	√	
S06	√			
S07	√			
S08		√		√
S09	√			
S10	√			
S11		√	√	√
S12	√			
S13		√	√	
S14		√	√	
S15		√	√	
S16		√	√	
S17	√			
S18	√			
S19		√	√	
S20		√	√	
S21		√		√
S22		√	√	
S23				√
S24			√	√
S25		√	√	
S26	√			

由表 8-4 可發現有 10 所學校於課程計畫表中未描述運用模型概念與功能於探究之中。上述各校在撰寫課程計畫時，依循發現問題、規畫與研究、分析數據並得到結論的過程描述課程計畫的進行，但未提及模型。Windschitl, Thompson, & Braaten（2008）在比較傳統的探究與模型本位的探究時，提及在傳統式的探究中模型被視為是探究的成果，但更常發生的是模型未被提及。然而，若教師具備模型的概念，可以讓學生進行模型本位的學習時，模型將被視為可在探究的任一時刻產出可理解的假設、新的概念與新的預測。

該市其他 16 所高中在課程計畫中提及模型的概念與功能，主要教導學生建立模型以呈現或預測各因素之間的關係或展現探究的成果，僅有 6 所學校進一步安排學生檢核與其他研究結果的異同，察覺模型的侷限性。

（四）表達與分享

領綱對於「表達與分享」的說明為：「運用適當的溝通工具呈現重要發現，與他人分享科學新知與想法，推廣個人或團隊的研究成果」（國家教育研究院，2018，頁 41）。觀察各校的課程計畫在每一個課程主題或者整學期課程前，會安排一至二週學生成果報告時間，讓學生對教師及其他同學分享探究結果。針對學生的報告除提醒學生有關簡報的技巧外，綜合各校會要求學生包含以下內容：

- 適當利用口語、文字、圖表、圖像、影像等表達方式及正確運用科學名詞、符號或模型呈現自己的探究過程與成果。
- 傾聽他人的報告，評估同學的報告的優缺點與限制，能提出具體的意見或建議。

表達與分享原先是希望透過模仿科學社群的運作來幫助學生實作理解科學本質，同儕審閱在課程當中呼應前段論證與建模。對比目前各校課程計畫所規畫之，是可以有更積極的目的與實踐做法。

肆、結論與建議

本文分析北部某縣市 26 所市立高中之「109 學年度探究與實作課程計畫」。分析各校的課程計畫可以發現課程開設年段主要以高二為主，各校依循領綱精神進行課程的規劃，包含課程內容以實用性及生活化的題材和議題為主、以跨學科合作為原則、透過主題探討和實作活動以引導學生體驗科學實踐的歷程等，均落實在各校的計畫之中。

進一步從科學探究角度分析，發現大多數的課程設計以引導式及開放式探究並行，但仍有少數課程設計為食譜式的探究。各校亦能發展策略協助學生發現可探究的問題，並進行後續的規畫與研究。而在臺灣師生相對陌生的「論證」與「建模」歷程，分析後發現有 10 所學校於計畫表中未描述運用模型概念與功能於探究之中；達到全部三項模型在探究功能的描述的學校僅有 2 所，比例偏低。顯示教師對於「論證」與「建模」歷程有需要提升知能，進一步將運用模型概念與功能於探究之中規劃於課程學習內容。在課程最後的「表達與分享」步驟，學校皆有安排一至二周的發表時間讓學生分享探究結果，也要求學生傾聽報告，評估同學的報告的優缺點與限制，提出具體的意見或建議。

經分析各校之計畫，本文提出對探究與實作課程的四項建議：

一、課程採取引導式或開放式之探究方式

從各校的計畫發現，課程提供學生探究學習的方式仍有差異。由於對多數學校而言，探究與實作課程為第一年實施，故可發現部分學校仍規劃過往傳統食譜式或結構式探究的課程，也可以發現部分課程的內容似有替代學科實驗的意圖，然而從引導學生體驗科學實踐歷程的精神來看，課程採取引導式或開放式的探究方式，更能達成此一目標。

學生在進行引導式或開放式的探究，才有機會去嘗試解決未知的問題、也才有需要去擬定研究計畫、去辨明相關的變因、去尋找變因之間的關係、

透過論證的過程去形成主張、透過建模的歷程去建立模型。而上述這些歷程即為科學社群實踐研究的過程，也是探究與實作課程期望學生體驗的探究經驗。

建議各校對於探究與實作課程的規劃，也持續透過教師的增能與討論，提升指導學生探究的知能與經驗，並將原本性質比較接近食譜式或結構式探究的課程，逐漸增加學生主導的程度，往引導式或開放式的探究方式邁進，讓課程規劃能夠更符合探究的理想與精神。

二、協助教師對於模型與建模之增能

從該市 26 所學校中 10 所學校未於課程計畫表中提及模型來看，多數教師對於運用模型及建模進行科學探究仍感陌生。然而近三十年來，許多科教學者倡議應將模型與建模納入課程。美國於 2013 年訂定的新世代科學標準（NGSS）以及此次臺灣新課綱將建模列入探究與實作課程的項目，都顯示出模型與建模除了在科學及工程社群已成為不可或缺的思考工具外，也需要向下延伸，讓 K-12 學生透過課程學習發展及使用模型。國內的學者如邱美虹（2019）已提出完整建模能力的架構、邱美虹與林靜雯（2019）發展出在科學探究可實際操作的建模歷程，洪振方（2011）也發表「以建模為基礎的論證教學模式」，可看出模型與建模實已值得高中教育融入課程之中。

目前臺灣高中教師對於建模的認識有限，領綱雖已將論證與建模列入探究與實作之課程內容，但已具備相關知能的教師依舊不足。建議未來能有更多的建模課程範例、評量工具及實徵研究，以及協助教師成長的工作坊或研習。當教師對模型與建模有更多的瞭解，則可以期待教師能夠幫助學生實際參與建模本位探究，培育學生運用建模及模型於科學探究中。

三、實施探究與實作課程，不偏廢學科實驗課程

探究與實作課程目標在於透過主題探討和實作活動以引導學生體驗科

學實踐的歷程，學生可以在課程中學會如何探究未知的問題。而自然學科的實驗課程則可協助學生學習科學概念，讓學生將實驗結果與理論學習相互印證。兩者功能不相同，且在科學學習上都有其重要性。

觀察各校之課程計畫，發現部分學校的課程計畫中，第一週的主題選擇安排實驗室衛生安全宣導以及實驗室常見的器材介紹，特別是由化學與生物科跨科合作的課程計畫。此一課程安排會產生學生是否在此之前沒有相關的實驗課程之疑問，建議學校在整體課程規劃上能將探究與實作實驗課程與學科實驗課程並重，不因實施探究與實作課程而偏廢學科實驗課程。

四、提供各校實驗儀器與材料，讓學生進行探索

學生進行探究受限的條件之一是其所要探究的題目是否能有足夠的儀器與材料，讓學生可以進行後續的探究。目前學校並未因為探究與實作課程的實施增加新的儀器與材料費用，所以學校在設計課程時，其主題亦須考量後續學生是否有儀器與材料，若學校或學生無法準備相關的器材，則即使學生構思到一個好的題目也必須更換。

在經費有限的考量下，建議各校可以累積課程經驗，觀察學生實際產出的探究題目內容，對於出現頻率較高的題目，可以規劃相關儀器的採購。也建議主管機關應編列相關的費用，讓學校可以支應探究與實作課程的儀器與材料費用。由本文的分析，可以發現各校皆努力依循課綱的精神規劃探究與實作的課程，也建議主管機關可挹注足夠的資源協助各校發展課程，協助學生進行探究。

另本文僅針對課程計畫進行分析，尚無法得知學生在經過課程學習後之成效。探究與實作跟傳統的學科學習有不同的學習目標與學習方式，學生的學習態度變化與能力發展的情形亦需要關注，值得未來進行研究與討論。

吳百興、張耀云、吳心楷（2010）。科學探究活動中的科學推理。**科學教育研究與發展季刊，56**，53-74。

陳世文、顏慶祥（2021）。「探究與實作」課程在普通高中自然科學領域實施概況之調查研究。**課程與教學，24**（4），135-166。

國家教育研究院（2018）。**十二年國民基本教育課程綱要國民中小學暨普通型高級中等學校——自然科學領域**。查詢日期：2018年11月20日，檢自https：//www.naer.edu.tw/ezfiles/0/1000/attach/63/pta_18538_24Y0851_60502.pdf

全國高級中等學校課程計畫平台（2019）。檢索日期：2023 年 2 月 9 日。檢自：https://course.tchcvs.tc.edu.tw/

Chiu, M.-H., & Lin, J.-W. (2019). Modeling competence in science education. *Disciplinary and Interdisciplinary Science Education Research*, 1. Retrieved December 10, 2019, from https://diser.springeropen.com/articles/10.1186/s43031-019-0012-y

Giere, R. N. (1999). Using models to represent reality. In L. Magnani, N. J. Nersessian, & P. Thagard (eds.), *Model-based reasoning in scientific discovery* (41-57). New York: Kluwer.

Gilbert, J. K. (1993). *Models and modeling in science education*. Hatfield: The Association for Science Education.

Hansen, M. (2002). Defining inquiry. *The Science Teacher*, *69*(2), 34-37.

Krajcik, J., Blumenfeld, P. C., Marx, R. W., Bass, K. M., & Fredricks, J. (1998). “Inquiry in Project-Based Science Classrooms: Initial Attempts by Middle School Students. *The Journal of The Learning Sciences, 7*(3&4), 313-350.

Windschitl, M., Thompson, J., & Braaten, M. (2008). Beyond the scientific method: Model-based inquiry as a new paradigm of preference for school science investigations. *Science Education*, 92(5), 941-967. https://doi.org/10.1002/SCE.20259

探究與實作課程及評量的規劃與實施

鐘建坪（新北市立錦和高級中學）
鍾曉蘭（新北市立新北高級中學）

摘要

自然領綱揭櫫高中探究與實作為必修課程，各校應以科學探究的方式進行，並建議採多元方式評量學生學習表現。然而因應大學入學考試中心的測驗方式，本文著重在探究與實作的課程介紹與其紙筆測驗的設計與評量。首先說明探究與實作的意義與學生發展相關能力的困難之處，並陳述新北市種子教師團隊如何以紙筆測驗設計架構進行試題開發。再以咖啡牛奶課程模組為例，說明課程內容，以及團隊教師實際開發的咖啡牛奶紙筆測驗試題，與新北市參與受試學生的試題反應結果。從學生試題反應結果而言，多數學生能夠答對基本探究歷程的試題，形成此類試題的不易區分出高、低分群的學生。從試題答對率發現部分學生不易回答探究歷程與學科知識相互整合面向，因此此類試題具有良好的鑑別度。文末建議教師可組成社群團隊進行探究與實作課程模組與測驗試題開發，而試題分析結果能提供相關課程設計模組的反饋與修正依據。

關鍵詞：探究與實作、咖啡牛奶、紙筆測驗

壹、前言

探究是科學教育的核心，強調如何培養學生如同科學家理解自然世界，發展相關概念、能力與積極正向的科學態度（National Research Council [NRC], 1996）。同時藉由科學或工程的實際操作激發學生的好奇心，提升對於主題的興趣，以激勵繼續學習（NRC, 2012）。

科學課程的主要目標之一即是培養學生的探究能力，以提升學生對於探究的理解。在探究歷程中，進行提問、發展初始模型、計畫與執行研究、分析與詮釋數據、建構解釋、進行論證與修正初始模型、進而形成合理解決方案或達成共識模型（NRC, 1996, 2012）。實踐的過程學生需要整合科學知識與相關技能，以建構自己的科學運作思維。

108 年開始施行的自然科學領域綱要（以下簡稱自然領綱）期待讓學生經由探究、專題製作等多元途徑獲得深度的學習，強調在不同學習階段提供學生進行探究與問題解決的機會，協助發展學生探索科學本質與擷取正向的科學態度，並且引導學生學習學科的核心概念。同時針對學習重點的調整，在高中階段規劃探究與實作課程，期待學習表現整合物理、化學、生物及地科的核心概念，讓學生從課程中發展「科學認知」、「探究能力」與「科學態度與本質」（國家教育研究院，2018）。

學生的探究學習成果可藉由多元的評量方式加以檢核，例如：教師能夠依據指標，觀察學生探究歷程的實際表現，或是收集學生不同探究階段的學習表現，形成探究檔案。由於探究與實作課程屬於必修學分須納入大學入學學力測驗，因此大考中心致力發展探究與實作紙筆測驗，以利檢核學生學習成果。

然而，如何開發具備探究本質的探究與實作紙筆測驗試題對第一線教師而言是一項新的挑戰，新北市課程發展中心基於互助與共好的理念，組織種子教師開發探究與實作教學模組以及對應的紙筆測驗試題，率先全國完成全市高二自然組的模擬測驗（王韻齡，2021）。本文從探究與實作的意義出發，經由文獻與教學經驗整理學生在探究歷程中可能的發展困境，接著說明新北市探究與實作紙筆測驗發展模式，並以實際發展的咖啡牛奶探究模組與對應的紙筆測驗試題進行說明，最後呈現如何藉由測驗成果反饋學生的學習與教師的教學。

貳、探究與實作課程與量化測驗評量

一、探究與實作課程的意義與內涵

自然領綱探究與實作課程並重探究內容與實作內容，旨在以實作的過程，培養學生發現問題、解決問題、提出結論與表達溝通的探究能力。其中「探究學習內容」著重科學探究歷程，區分出發現問題、規劃與研究、論證與建模，以及表達與分享，而「實作學習內容」為可實際進行的觀察、測量等操作活動。不同階段並非線性步驟，而是能依主題採取遞迴方式進行（國家教育研究院，2018）。

發現問題主要著重如何從現象中進行觀察，藉由系統性尋找資料發現可探究的問題，以提出對應的假說。規劃與研究強調如何依據研究問題，確認變因之間的關係，選擇儀器或設計工具，蒐集有效的數據。論證與建模著重如何分析資料數據提出具有科學性的主張以及可能的限制，並能發展相關模型作為解釋與預測的工具。表達與分享則希望學生能夠運用適切的工具呈現個人或團隊成果（國家教育研究院，2018）。當教師愈能理解探究與實作課程的內涵，在教學與評量面向愈能夠有組織地協助學生進行相關的學習（Dobber et al., 2017）。

二、學生發展探究與實作的困難

研究顯示學生進行探究的過程常常充滿困難與挑戰（洪逸文，2021；吳美美，2009；吳百興等，2010；Jeong et al., 2007; Krajcik et al., 1998）。如表 9-1 所示，在發現問題階段，學生通常先備知識不足，難以呈現變因之間關係，以作為繼續探究的問題（洪逸文，2021；Krajcik et al., 2003）。在規畫與研究階段，學生忽略不同變因之間的影響、忽略研究設計需要考量的事項、不知如何設計對應實驗規劃的紀錄表格等（Krajcik et al., 1998）。論證與建模階段，學生不易辨識該繪製何種關係圖、該如何從繪製的圖形中賦予結果科學上的意義、亦不易從結果中呈現可預測的關係模型（Krajcik et al., 1998; Jeong et al., 2007）。而在表達與分享，學生較不易針對自己或他人的報告，提出反思與精進（吳美美，2009）。這些探究的發展困難不僅可提供教師實際協助學生的參考（Hsu et al., 2015），亦可做為探究與實作評量試題的設計依據。

表 9-1 探究學習內容與可能發展困難

探究學習內容		實作發展困難之處
發現問題	觀察現象	學生先備知識不足，通常只運用感官觀看現象表面而非藉由相關資訊描述可能的成因（Chinn & Brewer, 1993）。
	蒐集資訊	學生通常藉由關鍵字搜尋，缺少組織架構，較少考量文獻合理性（吳美美，2009）。
	形成或訂定問題	學生通常直接提出「為什麼」的問題，缺少確認變因形成可後續繼續探索的「是什麼？」或「如何進行？」的問題（洪逸文，2021）。
	提出可驗證的觀點	學生通常藉由自身觀點提出錯誤的假說，或是提出假說無法對應研究問題（de Jong & van Joolingen, 1998）。
規劃與研究	尋找變因或條件	學生不易判定研究問題的可能變因，甚至錯誤判斷變因的因果關係（de Jong & van Joolingen, 1998）。
	擬定研究計畫	學生有時會擬定需要高額經費的儀器，或是不知如何使用器材與規劃研究方向等無效的實驗行為（Kuhn et al., 1992）。
	收集資料數據	學生無法依據研究問題設計所需的實驗紀錄表格，或是紀錄數據時只記錄有利假說面向，忽略誤差考量（Klahr et al., 1993）。

論證與建模	分析資料和呈現證據	學生對於如何運用工具整理數據與繪製圖表生疏，並且不易自行提出分析的結果（Jeong et al., 2007）。
	解釋和推理	學生無法從資料數據觀察變化趨勢，並且無法說出蘊含的意義（Krajcik et al., 1998）。
	提出結論或解決方案	學生不易從探究結果形成結論，或是說明自己與其他同學論點的異同，或是基於研究結果的解決方案（Krajcik et al., 1998）。
	建立模型	學生不易基於研究結果建構合理模型以明觀察現象，或是覺察所建構模型的侷限性（魯俊賢、吳毓瑩，2007; Chinn & Brewer, 2001）。
表達與分享	表達與溝通	學生不易利用不同表徵等表達方式，正確運用科學名詞、符號等呈現探究過程與成果（Krajcik et al., 1998）。
	合作與討論	學生容易各自分工，缺少有效地同儕合作（吳美美，2009）。彼此討論時缺少合宜的論證內容（Kollar et al., 2007）。
	評價與省思	學生通常以表象評估同學的報告，較難提出具體的建議或改善方案（吳美美，2009）。學生不易對自己或他人的成果提出反思或說明其侷限性（White & Frederiksen, 1998）。

三、發展探究與實作量化測驗

由於 108 課綱設定探究與實作屬於必修的課程內容，因此負責升學考試的大考中心已發布於 111 學年度的大學入學測驗，將探究與實作課程納入學測的測驗範圍（大學入學考試中心，2018）。為避免教師、家長與學生不知如何因應探究與實作的新型考題，2021 年初，新北市自然領域課發中心的核心種子教師努力研發探究與實作紙筆測驗試題，並於同年 3 月底進行施測。試題研發由自然領域四科總計 15 位核心種子教師，根據生活情境：加入室溫牛奶的時間點對拿鐵末溫的影響、稻米品質檢測、喇叭播放音樂與水波的關係、科學玩具—喝水鳥，研發四大題組，評量發現問題、規劃與研究、論證與建模、表達與分享四個探究學習內容，及相關的實作學習內容。

新北市課程發展中心依據測驗試題的開發流程，著手發展探究與實作量化試題，相關發展流程如下（圖 9-1），其中專家審題後會先提供書面修改意見，出題教師會先進行初步修正，試題若仍有疑義或需修正，一併在專家審題與修題會議中討論後修正，會議後依據命題指標，完成組題。

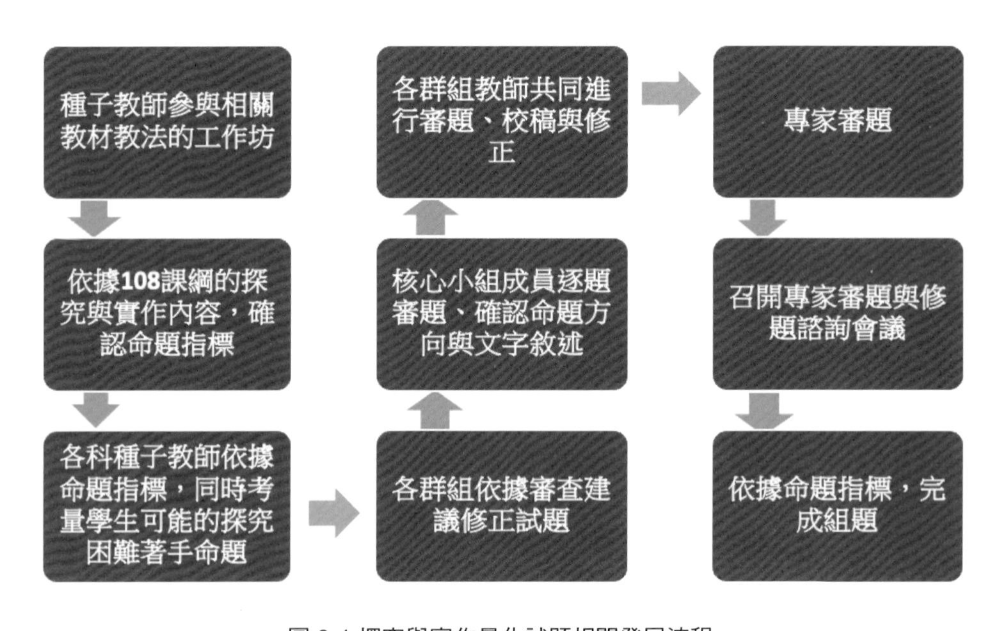

圖 9-1 探究與實作量化試題相關發展流程

(一) 種子教師參與相關教材教法的工作坊

物理、化學、生物與地科種子教師參與探究與實作相關教學工作坊，其中與探究實作推動中心合辦「自然科學探究與實作教材教法工作坊」，從變因的確認（初步設計實驗）、深入理解變因（飛行杯）、論證（Claim, Evidence, Reasoning, CER；主張、證據、推理）論證模式、熱熔膠透光實驗、最後到建模（傳聲筒），以生活中的現象為主題，核心種子教師先熟悉探究的四大歷程的教學、學習內容與策略，設計合宜的教學活動與教材，並且實際開發相關的探究教學模組（如咖啡牛奶的探究），實際進行教學工作並做相關檢討。

(二) 依據 108 課綱的探究與實作內容，確認命題指標

鑑於在同一次紙筆測驗中，未必能評量到所有的實作學習內容，因此核心種子教師—陳育仁老師依據探究與實作所涵蓋的學習表現，轉化成試題開發的「探究命題表格對應表」，經過種子教師共同討論修正之後，詳見表 9-2（鍾曉蘭，2021）。種子教師群所開發的題組皆須涵蓋四個探究歷程，但命題項目可依不同試題而有所著重。

表 9-2 新北市探究與實作模擬紙筆測驗之探究命題表格對應表（鍾曉蘭，2021）

探究學習內容	命題項目	
a. 發現問題	☐	a1. 確定或判定具有探究意義的現象
	☐	a2. 就現象確定或判定具有探究意義的問題（變因間有可科學量測之關係）
	☐	a3. 就問題確定或判定對應問題的假設
b. 規劃與研究	☐	b1. 各類變因的確認或實驗中控制變因的確實控制
	☐	b2. 實驗規劃 -- 如步驟設計
	☐	b3. 紀錄表設計
c. 論證與建模	☐	c1. 可判定主張、證據與邏輯推論
	☐	c2. 會選用適合的坐標軸單位
	☐	c3. 能將數據表格轉換成圖形；能判斷數據趨勢
d. 表達與分享	☐	d1. 能判定是不是有用科學用語
	☐	d2. 能讀懂圖表
	☐	d3. 能依實驗數據定摘要說明

(三) 各科種子教師依據命題指標並考量學生可能的探究困難著手命題

各科種子教師依據命題指標，設定題幹情境，設計探究與實作題組題，細項子題搭配題幹情境考量不同探究階段學生的發展困難進行命題。題幹

說明須讓未曾做過實驗者亦能清楚題意，再以此情境設計同一題組、不同探究階段的試題，以作為未來篩選試題依據。以附錄第 6 題為例，其設計是以咖啡牛奶為情境，考量學生不易依據研究問題設計或繪製所需的實驗表格，因此該題主要測驗學生相似情境下重新設計不同變因的實驗時，需要搭配何種紀錄表格。

(四) 各群組教師共同進行審題、校稿與修正

當試題初步編製完成後，先在各群組教師之間交互查看進行審題，並修正相關建議，完成之後再提至核心小組進行審題。

(五) 核心小組成員逐題審題、確認命題方向與文字敘述

各群組試題編修完成之後，由全體核心小組再次進行逐題審題、確認題幹情境是否容易閱讀、是否符合命題指標、思考沒有做過實驗是否會造成答題偏差等因素，再進行文字敘述的修正。

(六) 各群組依據審查建議修正試題

全體核心成員共同審題之後，各小組成員再依據相關審查建議進行修定，再送交專家進行審查。

(七) 專家審題

邀請擔任大考中心試題審查委員之大學教授進行專家審查，透過專家角度，再次提供探究與實作量化試題的專業建議。

(八) 召開專家審題與修題諮詢會議

接著召開專家審題與修題諮詢會議，藉由試題專家與試題開發教師面對面逐題重新思考可再精進之處，以及各群組試題在組成待測試卷時需要考慮的項目。

(九) 依據命題指標，完成組題

最後各群組試題共完成 25 題，再依據命題指標與群組試題內容是否重複，再篩選出 16 題作為最後新北市探究與實作模擬測驗試題。

參、咖啡牛奶探究與實作之教學、試題設計與評量

本文接著以咖啡牛奶課程以及相關的試題開發與評量成果進行說明：

一、咖啡牛奶探究與實作課程：新北市操作與實施結果

課程規劃依照探究與實作四階段進行，修改後的 12 週課程規劃表如圖 9-2。階段一發現問題，時間為 3 週 6 節課，教師導入情境、引導學生蒐集資訊、形成可驗證的問題；階段二規劃與研究與階段三論證與建模，兩個階段是來回進行，時間為 5 週 10 節課，強調如何協助學生設計與實際操作實驗並引導學生解釋數據、提出結論、建立模型等；階段四為表達與分享，時間為 4 週 8 節課，著重協助學生製作海報／簡報，對自己與他組的成果進行評價與省思，最後教師引導學生如何製作學習歷程檔案（鐘建坪等，2021）。

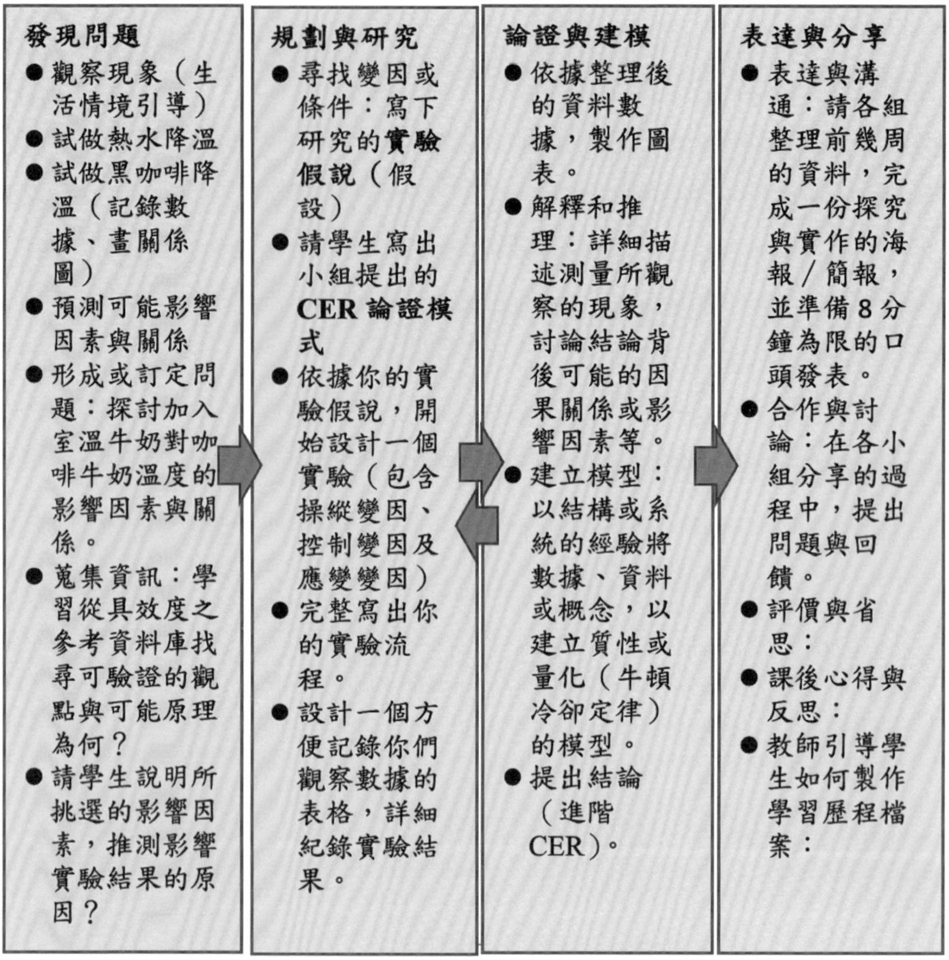

發現問題	規劃與研究	論證與建模	表達與分享
● 觀察現象（生活情境引導） ● 試做熱水降溫 ● 試做黑咖啡降溫（記錄數據、畫關係圖） ● 預測可能影響因素與關係 ● 形成或訂定問題：探討加入室溫牛奶對咖啡牛奶溫度的影響因素與關係。 ● 蒐集資訊：學習從具效度之參考資料庫找尋可驗證的觀點與可能原理為何？ ● 請學生說明所挑選的影響因素，推測影響實驗結果的原因？	● 尋找變因或條件：寫下研究的**實驗假說**（假設） ● 請學生寫出小組提出的**CER 論證模式** ● 依據你的實驗假說，開始設計一個實驗（包含操縱變因、控制變因及應變變因） ● 完整寫出你的實驗流程。 ● 設計一個方便記錄你們觀察數據的表格，詳細紀錄實驗結果。	● 依據整理後的資料數據，製作圖表。 ● 解釋和推理：詳細描述測量所觀察的現象，討論結論背後可能的因果關係或影響因素等。 ● 建立模型：以結構或系統的經驗將數據、資料或概念，以建立質性或量化（牛頓冷卻定律）的模型。 ● 提出結論（進階 CER）。	● 表達與溝通：請各組整理前幾周的資料，完成一份探究與實作的海報／簡報，並準備 8 分鐘為限的口頭發表。 ● 合作與討論：在各小組分享的過程中，提出問題與回饋。 ● 評價與省思： ● 課後心得與反思： ● 教師引導學生如何製作學習歷程檔案：

圖 9-2 咖啡牛奶探究與實作課程的主要學習內容

進行 12 週教學後，以某小組簡報為例，學生初步學習成果見圖 9-3-1 至圖 9-3-6。從簡報的呈現內容可發現學生能夠針對情境主題提出研究問題、研究假設、實驗設計—變因確認、實驗流程、實驗結果與討論—建立量化模型、CER 論證等。教學過程中，由於學生經過熱水、熱黑咖啡與咖啡牛奶三層實驗的訓練，對於實驗器材與藥品的使用與實驗流程已非常熟悉；經由教師的引導與學習單的鷹架（表 9-3），學生對於形成與訂定問題、提出可驗證的觀點及提出實驗假說方面的學習困難已有改善。例如：學生開始試做，雖能提出加入時間點對咖啡牛奶末溫的影響，但是缺少實際何種因素影響以及其對末溫的關係。此時教師針對學生所訂定問題與提出的觀點，讓學生反思，從「Whether」、「What」、「How」等層次著手，而非直接從「Why」開始，以避免讓學生陷入科學原理解釋而無須再進行後續實驗的窘境。

表 9-3 咖啡牛奶的課程規畫表（修改自鐘建坪等，2021）

單元／主題	內容綱要
Part 1： 從試做黑咖啡的經驗中發現問題	● 預測可能影響因素與關係：影響咖啡牛奶最後溫度的因素可能有什麼？變因之間的可能關係是什麼？盡可能寫出影響因素及彼此間的關係，越多越好。 ● 形成或訂定問題：探究咖啡牛奶溫度的影響因素與可能關係，提出 Whether、What、How 及 Why 等不同類型的研究問題。
Part 1： 從試做黑咖啡的經驗中提出問題與研究假設	● 蒐集資訊：學習從具效度之參考資料庫找尋可驗證的觀點與可能原理為何？（請學生提出關鍵詞並摘要資料的重點，提供查詢的參考資料來源與網址等） ● 請學生說明所挑選的影響因素，推測影響實驗結果的原因？（教師此時協助學生判斷何種問題是可驗證，並引導學生思考最想要做的問題是哪一個。）
Part 2： 探究不同時間點加入室溫牛奶對拿鐵液溫變化影響	● 尋找變因或條件：依據上週的實驗，找出影響咖啡降溫的可能原因：寫下研究的實驗假說（或實驗假設），說明挑選的影響因素，是如何影響實驗結果的？（請用肯定句，句子中只能包含一個影響因素，並且定量描述結果。） ● 請挑選一個影響因素，並寫下你決定要研究的實驗假說，請學生寫出小組提出的 CER 論證模式。（此處可引入初步的 CER 論證模式，培養學生論證的能力。）

在實驗分析方面，學生學習呈現原始的數據表格、利用 excel 畫出關係圖、描述巨觀現象的變化及分析不同時期的溫度下降率（℃ /min），對於初步的實驗分析表現不錯；但對於推測其背後可能的（因果）關係，解釋實驗結果的異同處較少進行討論，進階 CER 論述（R）部分過於精簡，大多數學生未深入討論（T_0-C）數值大小對於溫度下降率、不同質量對於牛頓冷卻定律公式的影響；大部分的小組未對研究問題進行詳細討論，學生應將兩個實驗的主要發現簡述之，並在討論之處，將研究問題用數據分析或結果完整討論。於是教師設計一份學習單，以問題引導學生如何將各組的實驗數據與其初步結果，更進一步分析與討論來支持或修正原有的主張或解釋，引導問題如下：「如何判斷你的實驗數據與趨勢線方程式的相關性？」、「各關係式中 k 值是否有差異？」、「試推論造成 k 值差異的因素有哪些？」、「溫度下降速率（ΔT/Δt）與 k 值的關係為何？」、「如何利用科學解釋或原理來解釋實驗結果呢？」、「由實驗結果說明與你原先主張與解釋之間的異同？」等。

圖 9-3-1 學生提出的研究問題

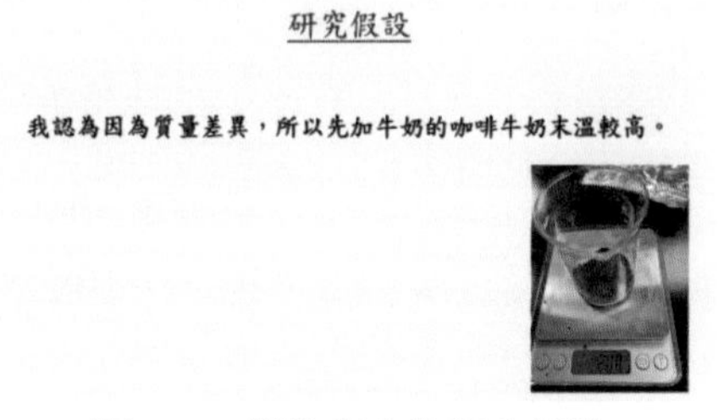

圖 9-3-2 學生提出的研究假設

實驗設計

- 實驗組一：黑咖啡初溫80.0˚C，馬上加入室溫牛奶50.00 g，每30秒測量一次，紀錄10分鐘，共測量21次。
- 實驗組二：黑咖啡初溫80.0˚C，自然降溫，5分鐘後加入室溫牛奶50.00 g，每30秒測量一次，紀錄10分鐘，共測量21次。

操縱變因	控制變因	應變變因
加入牛奶的時間點	大氣壓力、濕度、是否加蓋、比熱、杯子口徑、杯子擺放位置、底部接觸材質、溫度計擺放位置、牛奶的種類、加入牛奶的方式、杯子體積大小、牛奶初溫、咖啡初溫、加入牛奶質量、加入咖啡質量	咖啡牛奶的液溫

圖 9-3-3 實驗設計─變因確認

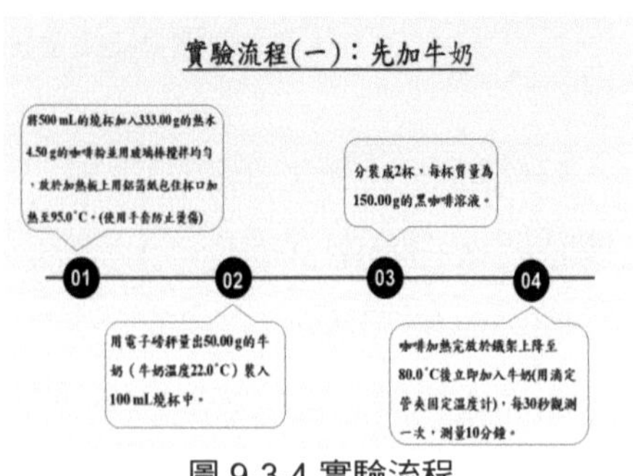

圖 9-3-4 實驗流程

結果與討論

牛頓冷卻定律關係式$T = C + (T_0 - C)e^{-kt}$中，各符號代表的意義

T	物體溫度	C	環境溫度
T_0	物體初溫	e	歐拉常數，約為2.7182...
k	物體特性常數	t	時間

實驗組別	趨勢線方程式	k 值	R^2值
先加牛奶（0.5－10）	$y = 43.986e^{-0.021x}$	0.021	0.995
後加牛奶（0－5）	$y = 54.149e^{-0.036x}$	0.036	0.9953
後加牛奶（5.5－10）	$y = 37.441e^{-0.016x}$	0.016	0.9566

圖 9-3-5 實驗結果與討論一建立量化模型

中階CER

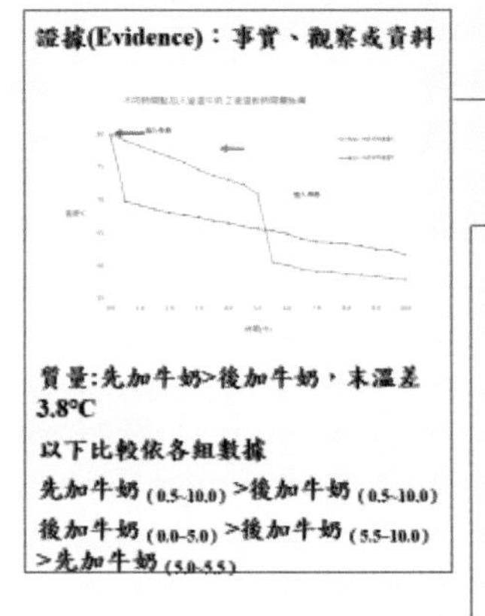

主張(Claim)：對問題的答案或假說
因為質量影響，先加牛奶的咖啡牛奶，末溫較高。

推理(Reasoning)：對於證據之所以能支持主張的解釋或科學原理(理論)

根據牛頓冷卻定律關係式$T = C + (T_0 - C)e^{-kt}$，溫度下降速率同時受溫差$(T_0 - C)$與k值影響，理論上溫度下降速率是後加牛奶(0.0-5.0)>先加牛奶(0.5-10.0)>後加牛奶(5.5~10.0)，實際上卻是後加牛奶（0.0~5.0）>後加牛奶（5.5-10.0）>先加牛奶（0.5-10.0），且因為先加牛奶一開始與室溫溫差 > 後加牛奶(0.0-5.0)；三個關係式來看後加牛奶(0.0-5.0)溫度下降速率最大，$y = 54.149e^{-0.036x}$關係式中，$(T_0 - C)$與k值都是最大，而後加牛奶(5.5-10.0)的關係式$y = 37.441e^{-0.016x}$和先加牛奶(0.5-10.0)的關係式 $y = 43.986e^{-0.021x}$的k值與 $(T_0 - C)$都不同，因為後加牛奶(0.0-5.0)> 先加牛奶(0.5-10.0)，因此在本實驗中，k值的影響略大於溫差$(T_0 - C)$。此外根據$\Delta H = SM\Delta T$，假設ΔH相近時，熱容量(SM)越大時，ΔT越小，溫度下降速率越小k值越小，末溫越高。

圖 9-3-6 學生提出的 CER 論證

整體而言，學生在探究與實作的學習過程中，要學會觀察現象是如何隨著時間或空間產生變化，預測操作變因與應變變因之間可能存在的關係，並學習控制變因應如何固定，以及使用科學用語來描述觀察的結果。學習設計簡易表格時，學生常無法依據研究問題設計所需的實驗紀錄表格（Klahr et al., 1993），因此在教學活動中，引導學生學習紀錄操作變因與應變變因的變化，在設計實驗紀錄表時，學生要思考表格內的數據與 x/y 的關係？變因的名稱與單位為何？要如何確定觀察多久時間呢？如何決定觀測的頻率？在描繪關係圖時，引導學生學習使用 excel 的常用技能，練習在圖中需註明圖的名稱、坐標軸的名稱和單位，並標註刻度大小及可能的趨勢線。在發現問題部分，引導學生根據操作變因與應變變因提出 Whether、What、How 及 Why 等不同類型的研究問題，提升學生確認變因形成可後續繼續探索問題的能力（洪逸文，2021）。CER 論證部分，學生需先區辨主張、證據與推理有何不同，以日常熟悉的現象練習 CER 論證，才能提出合理的推論歷程或建立正確的邏輯關係。

二、咖啡牛奶探究與實作試題設計

本模組試題由四位化學核心種子教師共同設計，原本設計 16 題，最後選入試題本僅 6 題，本文僅就此 6 題進行說明，試題的雙向細目參見表 9-4，完整試題參見附錄。第 1 題是研究問題的擬定，能力指標為 a2. 就現象確定或判定具有探究意義的問題（變因間有可科學量測之關係）；第 2 題是分析實驗數據中哪一段的溫度下降率（℃ /min）最大，能力指標為 c3. 能將數據表格轉換成圖形；能判斷數據趨勢；第 3 題是找出不同時段溫度下降率的成因，能力指標為 c1. 可判定主張、證據與邏輯推論；第 4 題是表達與分享中實驗的數據繪製成下列哪一個關係圖最適合，能力指標為 c3. 能將數據表格轉換成圖形；第 5 題是表達與分享中，讓學生判斷報告內容與項目的組合哪些正確，能力指標為 d3. 能依實驗數據定摘要說明；第 6 題是不同脂肪含量的牛奶對咖啡溶液降溫的影響重新設計實驗紀錄表格，能力指標為 b3. 紀錄表設計（著重進階實驗）。

表 9-4 咖啡牛奶模組試題之雙向細目表

題號	題幹之主要內容	能力指標（參考表 2）
1	下列研究問題的擬定，何者之描述與甲生進行的實驗最符合？	a2. 就現象確定或判定具有探究意義的問題（變因間有可科學量測之關係）
2	根據數據表格，哪一段時間的溫度下降率（℃/min）最大？	c3. 能將數據表格轉換成圖形；能判斷數據趨勢
3	根據題幹提供的訊息與數據表格，影響後加牛奶 0-5 分鐘與 6-10 分鐘的溫度下降率（℃/min）不同的原因可能為何？	c1. 可判定主張、證據與邏輯推論
4	根據數據表格的敘述，將實驗的數據繪製成下列哪一個關係圖最適合？	c3. 能將數據表格轉換成圖形
5	一份完整的報告須包含研究動機、研究目的、研究問題、研究假設、實驗設計、實驗流程、實驗數據與分析、實驗結果與討論、結論、心得等項目，則下列選項的敘述與報告項目的組合哪些正確？	d3. 能依實驗數據定摘要說明
6	甲生想要針對不同脂肪含量的牛奶對咖啡溶液降溫的影響重新設計實驗，請問哪一個數據紀錄表最合適？	b3. 紀錄表設計（著重進階實驗）

三、咖啡牛奶探究與實作試題評量與分析

此次新北市舉辦的探究與實作模擬紙筆測驗總參與校數為市內 42 所高中，參與的受試者為高二自然組學生總人數為 5,319 人。42 所學校平均成績分布圖見圖 9-4，全體平均值為 57.50 分，最高平均值為 68.24 分，最低平均值為 37.69 分，落差 30.55 分，其中有 14 所學校的平均值高於 60 分，也有 12 所學校的平均值低於 50 分，平均值以下的學校落差較大，得分排名跟一般入學會考成績排名順序不盡相同。

42 所學校在模組一試題（咖啡牛奶模組）各校答對率最高、最低及平均值見圖 9-5：題 1 最高答對率是 100%、最低是 76.19%，全體平均為 93.23%；題 2 最高答對率是 85.71%、最低是 47.62%，全體平均為 69.22%；題 3 最高答對率是 75.65%、最低是 36.25%，全體平均為 58.47%；題 4 最高

答對率是 100%、最低是 60.61%，全體平均為 88.51%；題 5 最高答對率是 82.11%、最低是 38.26%，全體平均為 62.54%；題 6 最高答對率是 96.30%、最低是 37.50%，全體平均為 87.07%。其中題 1、4 及 6 答題表現最佳，而模組一也是四個模組中答對率最高的模組，筆者推測原因可能為此模組為示範模組，在新北市多所學校的探究與實作課程有實際進行操作，另一個原因可能是大部分學生熟悉於咖啡加牛奶的生活情境，第三個原因是此模組試題主要著重在探究方法與情境的搭配，試題選項較少連結不同學科知識，因此相對其他模組較簡單一些。

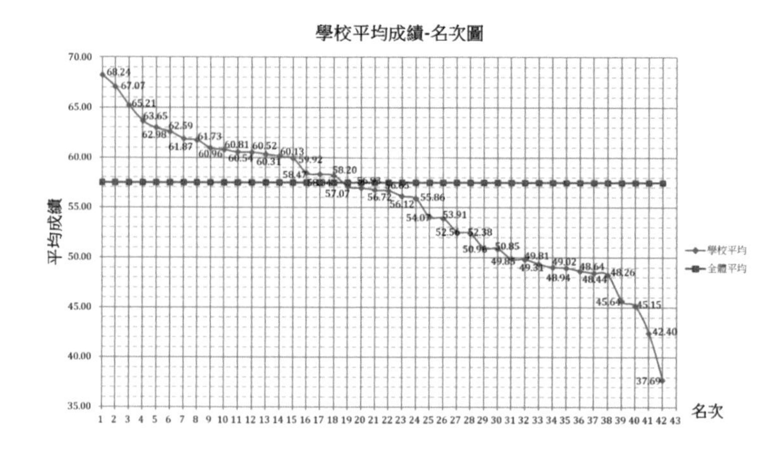

圖 9-4 42 所學校平均成績分布圖（引自陳育仁，2022）

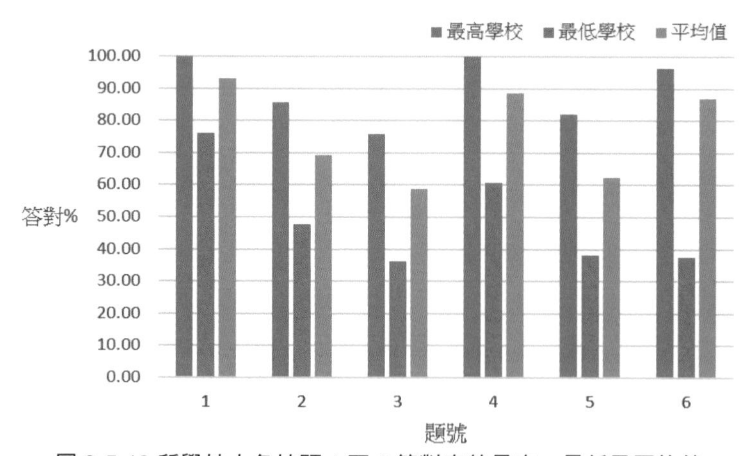

圖 9-5 42 所學校中各校題 1 至 6 答對率的最高、最低及平均值

四、試題選項分析

咖啡牛奶模組各試題分析結果參見表 9-5。題 1 的全體答對率達 93.23%，高分群（前 27%）答對 98.19%、低分群（後 27%）答對 83.30%，鑑別度（PH-PL）為 0.15，試題需進行修正，主要是題幹的操縱變因是加入牛奶的先後不同，選項中只有選項 (C) 有「加入牛奶的時間點」的關鍵詞，學生閱讀完題幹與選項可以從關鍵詞選出正確答案，因此，題 1 應加入時間相關的選項，作為誘答選項。

題 2 的答對率達 69.22%，高分群答對 86.29%、低分群答對 48.50%，鑑別度為 0.38，試題評鑑反應為良好，由表的數據可觀察到溫度下降率（℃ /min）有兩處最大，分別是選項 (C) 與 (E)，經過帶入表中的數據，先加牛奶 0-1 分鐘 =82.0-66.7=15.3（℃ /min）、 後加牛奶 5-6 分鐘 =74.0-60.0=14.0（℃ /min），即可確認答案。有 16.43% 學生選 (E)，有可能是計算錯誤或未帶入數據而是由觀察後的感覺選擇答案，另一種可能是有些學生不清楚何謂「溫度下降率（℃ /min）」，因此判斷錯誤。

題 3 的答對率達 58.74%，高分群答對 72.67%、低分群答對 45.32%，鑑別度為 0.27，試題評鑑反應為尚可，影響後加牛奶 0-5 分鐘與 6-10 分鐘的溫度下降率 （℃ /min）不同的原因可能，是讓學生辨識導致現象不同的因素有哪些？學生需要了解控制變因有哪些？理論上，(A) 室溫、(D) 室內的溼度與 (E) 杯子的材質是控制變因，不是影響現象不同的因素，然而有 50.48% 的學生選 (A) 室溫，卻僅有 34.67% 選擇 (C) 牛奶所含的油脂，顯示閱讀完題幹提供的訊息與數據表，學生無法區別控制變因（室溫、濕度與杯子材質等）與影響現象不同的因素（溶液液溫與室溫溫差、熱容量與牛奶的特性）。這部分或許也牽涉到學生是否做過相關探究，若學生做過相關探究，對於問題的情境或許比較熟悉，比較能釐清歸因的過程。

題 4 的答對率達 88.51%，高分群答對 97.77%、低分群答對 73.56%，鑑別度為 0.24，試題評鑑反應為尚可，仍有 9.29% 學生選擇用長條圖呈現實驗結果，全體有 88.51% 的學生可以選用正確的關係圖（折線圖）來呈現實驗結果。

題 5 的答對率達 62.54%，高分群答對 81.13%、低分群答對 41.98%，鑑別度為 0.39，試題評鑑反應為良好，有 40.14% 的學生錯將研究假設變成研究目的（即 59.86% 答對選項 A），只有 17.18% 的學生錯將研究目的變成研究假設（即 82.82% 答對選項 B），僅 35.21% 的學生能理解實驗數據與分析的敘述，僅 19.12% 的學生能理解實驗結果與討論的敘述，相對的，有 73.21% 的學生能理解實驗流程的敘述。

題 6 的答對率達 87.07%，高分群答對 97.91%、低分群答對 67.57%，鑑別度為 0.30，試題評鑑反應為良好，顯示高分群較低分群學生更能依脂肪含量為操縱變因選用合適的實驗紀錄表。

表 9-5 咖啡牛奶探究與實作試題分析結果

題號	選 A%	選 B%	選 C%	選 D%	選 E%	未答 %	得分率	PH 答對 %	PL 答對 %	鑑別度	難易度
1	1.15	3.33	93.23	1.67	0.68	0.04	93.23	98.19	83.30	0.15	0.91
2	9.16	1.82	69.22	3.29	16.43	0.09	69.22	86.29	48.50	0.38	0.67
3*	50.48	85.96	34.67	7.46	6.03	0.04	58.74	72.67	45.32	0.27	0.59
4	9.29	88.51	1.07	1.20	0.49	0.09	88.51	97.77	73.56	0.24	0.86
5*	40.14	17.18	73.21	35.21	19.12	0.17	62.54	81.13	41.98	0.39	0.62
6	2.46	87.07	8.31	1.20	0.88	0.09	87.07	97.91	67.57	0.30	0.83

註：* 為多選題、灰框為參考答案

五、選項分析結果對教學的回饋

選項分析結果顯示，學生的題幹、（數據）圖表閱讀與理解的能力相對好，如題 1。從測量項目去選用表格、數據呈現圖形的能力相對好，如題 4 跟題 6。有些「新」量，如「下降率」的定義，可能會影響學生的作答，學生無法從資料數據觀察變化趨勢，如題 2。在教學中，建議教師針對數據分析，宜說明並進一步釐清分析量化數據的定義、計算的過程與如何以分析量化數據來解釋實驗與科學原理之間的異同。針對實驗結果的歸因這部分是學生學習的困難之一，此點與學生無法從資料數據觀察變化趨勢，並且無法說出蘊含的意義（Krajcik et al., 1998）是一致的。

同時，大部分的學生較難從閱讀資訊中，短時間內判斷哪些為影響的因素，學生不易判定研究問題的可能變因，甚至錯誤判斷變因的因果關係，此點文獻發現的困難相似（de Jong & van Joolingen, 1998）。建議教師在教學中，除了強化各種變因的區辨之外，宜進一步引導學生探討各種變因是如何影響現象的變化，或是不同現象之間是哪些變因所影響的。

題 5 針對研究目的、研究假設、實驗流程、實驗數據與分析、實驗結果與討論之敘述與報告項目組合，學生答對率比較：研究假設（82.82%）> 實驗流程（73.21%）> 研究目的（59.86%）> 實驗數據與分析（35.21%）> 實驗結果與討論（19.12%）。從題 5 的分析數據，多數學生能夠理解咖啡牛奶情境中如何設定研究假設與對應的實驗流程，但是約有 4 成的受試學生可能混淆目的與假設的意義，而超過一半以上受試的學生不理解題幹情境與實驗數據、分析、結果與討論之間論述的差異。在教學中，多數教師教學時多以隱諱的方式帶領學生體會探究步驟，因此學生可能理解大致流程，但對於特定步驟之間意義與內容可能忽略，造成學生的報告數據分析、結果討論混雜不易自我區分。建議教師宜引導學生釐清每個標題的定義與敘述，可透過外顯化特定探究步驟的方式（Jong et al., 2015），讓學生更能夠將操作的內容與基本探究方法結合。

肆、結果與建議

一、結果

（一）開發符合探究相關歷程的咖啡牛奶探究與實作課程

咖啡牛奶探究與實作課程依據課綱探究與實作四階段進行設計，包含：發現問題、規劃與研究、論證與建模，以及表達與分享等歷程。教師先以學生熟悉的生活情境，學會從觀察現象中找出可能的變因，確認各種變因的意義與可能存在的關係，並學習控制變因應如何固定，以及使用科學用語來描述觀察的結果，進而引導學生學習紀錄操作變因與應變變因的變化。在數據處理與分析，引導學生熟悉 excel 的常用技能，進而建立量化模型，嘗試以問題引導學生如何將各組的實驗數據與其初步結果，以小組建立的量化模型來支持或修正原有的主張或解釋，最後以 CER 論證模式來統整實驗的假設（主張）、實驗的數據分析（證據）與實驗的討論（推理），期末時學生以口頭發表分享各組探究成果，讓學生經歷完整的探究與實作四大歷程。

(二) 設定試題情境，依據探究與實作歷程設計評量試題

教師在教學與命題前，要熟悉探究與實作的四個探究歷程與實作學習內容，有助於構思題幹，資料來源可以參考：科學新聞報導、科普文章、中小學科展報告、科學探究競賽得獎作品、科學月刊及臺灣化學教育電子期刊等。紙筆測驗的趨勢亦可發展出評量學生的實作的操作技能及解決問題的能力，試題中可融入真實的生活情境或學科探究情境，譬如讓學生學習從閱讀科學文章或科普活動中擷取訊息，在資料整理的過程也要學習如何發現問題，找出可探究的問題。當學生觀察科學現象時，要學習提出解釋，理解現象背後的成因，並儘可能找出現象的變因與區分變因的類型，進而從數據、圖表等資訊，建立變因之間的質性或量化關係（建立模型），並學習使用合適的科學理論或模型呈現自己的想法，以解決生活或學科中的新問題。

(三) 以情境搭配相關數據趨勢與科學論證的試題具有較好的鑑別度

以學生答對率而言，新北市當次測驗的多數學生能夠回答基本探究歷程的相關試題，例如：能從測量項目去選用適切的表格、能夠將數據以適合的表徵圖形呈現，也使得這些基本探究歷程試題的鑑別度較低。但試題若須從情境內容與題幹相關科學知識進行連結，則試題的鑑別度較高，例如：學生若不瞭解「下降率」的定義，可能會影響學生的答對率。顯示探究與實作教學不僅須著重探究歷程的操作，亦應讓學生思考學科知識建構與探究主題的關係。

二、建議

(一) 組成教師社群，共同開發探究與實作課程模組與相關試題

由於探究與實作課程為必修學分，其內容已經列入大學自然學測的紙筆測驗項目，因此教師不僅需要設計良好的探究與實作課程，讓學生經歷發現問題、規劃與研究、論證與建模，從中培養相關的探究能力，尚需要依據相關探究能力設計探究與實作紙筆測驗試題。然而，由於探究與實作強調跨科統整，因此課程模組與紙筆測驗試題的開發可以藉由跨科的教師社群進行，讓組織成員能夠清楚相關探究能力指標與試題開發流程，藉由校內、外專家的效度審閱後形成模組與試題。探究試題可藉由段考進行不同程度學生的信度分析，逐漸發展形成適合不同程度學生的探究與實作紙筆測驗試題。

(二) 評估學生探究發展的困難之處以作為開發試題的依據

教師平常上課可收集學生學習單的答題類型，或課室討論中學生常發生的迷思概念／錯誤的實作過程（特別是照片），設計選擇題的選項比較具有誘答力。若使用科普文章當作閱讀素材，應避免出現與問題無關的情境或資料；此外，有很多閱讀式的題幹，學生常不需閱讀，僅用背誦的知識即可解答，就失去提供科普文章的意義。題組閱讀除了擷取資訊的問題之外，宜設計不同層次的問題，例如：分析資料、畫出關係圖、提出解釋

或下結論、建立變因之間的質性或量化模型等。

(三)以相關測驗理論進行探究與實作試題信度確認

試題發展的順序需要相關教育理論支持，而非單純依據教師個人想法完成。探究與實作試題的發展需要設定探究能力指標的項目，並且依據相關內容完成命題設計，完成的初稿經由預試、修稿、專家審查，再藉由較大型測驗進行資料分析評估，以確認試題難易度、鑑別度與信度等，才能形成一份良好的探究與實作評量試卷。

(四)依據測驗結果作為教師探究與實作課程教學的修正建議

評量不僅要評量學生的核心概念，更重要是評量出學生探究能力，不再框限於認知的記憶或理解的層次，進而提供多元而複雜的真實情境，評量學生是如何應用所學的探究能力，藉以瞭解學生的學習歷程與成果，進而反思教學改進的面向或策略。教學評量是應同時重視歷程與結果，方能達到教學評量的目的，教師可依據測驗結果反思教學歷程的不足與如何修正教學活動，教師則藉由評量的回饋以提供更適性化的教學來促進學生的科學核心概念、探究能力與科學態度之學習。

參考文獻

大學入學考試中心（2018）。**111 年命題精進方向與研究測試進程─自然。選材電子報，291**。檢索日期：2022 年 2 月 17 日。取自 https://www.ceec.edu.tw/xcepaper/cont?xsmsid=0J066588036013658199&qperoid=0J151636112592348448&sid=0J154591822458497114

王韻齡（2021）。**【探究與實作．模考篇】全國首次模擬考新北登場，平日有實作才能解題成功**。檢索日期：2021 年 6 月 30 日。取自 https://flipedu.parenting.com.tw/article/6474

吳美美（2009）。探究小組協作資訊尋求的成功與困難因素。**教育資料與圖書館學，47**（2），123-146。

洪逸文、王靖華（2021）。科學探作與實作：從 why 到 what- 探究問題的層次在教學與學習的意義。**臺灣化學教育，42**。取自 http://chemed.chemistry.org.tw/?p=40257

國家教育研究院（2018）。**十二年國民基本教育課程綱要：自然科學領域**。新北市，國家教育研究院。

陳育仁（2022）。**110 學年度新北市自然科學探究與實作模考成果與分析說明**。111-1 跨校教師共備會議暨探究與實作命題工作坊。日期：2022 年 9 月 27 日。

魯俊賢、吳毓瑩（2007）。過程技能之二階段實作評量：規劃、實踐與效益探究。**科學教育學刊，15**（2），215-239。

鍾曉蘭（2021）。**111 年大考趨勢分析─自然科探究與實作命題方向**。南一命題專刊 NS1D-9020-1。

鐘建坪、鍾曉蘭、謝東霖和許舜婷（2021）。咖啡牛奶的探究與實作課程。**臺灣化學教育，42**。取自 http://chemed.chemistry.org.tw/?p=40266

Chinn, C. A., & Brewer, W. F. (1993). The role of anomalous data in knowledge acquisition: A theoretical framework and implications for science instruction.

Review of Educational Research, 63(1), 1-51.

Chinn, C. A., & Brewer, W. F. (2001). Models of data: A theory of how people evaluate data. *Cognition and Instruction, 19*(3), 323-393.

de Jong, T., & van Joolingen, W. R. (1998). Scientific discovery learning with computer simulations of conceptual domains. *Review of Educational Research, 68*(2), 179-201.

Dobber, M., Zwart, R., Tanis, M., & van Oers, B. (2017). Literature review: The role of the teacher in inquiry-based education. *Educational Research Review, 22*, 194–214. DOI: 10.1016/j.edurev.2017.09.002

Hsu, Y. S., Chang, H. Y., Fang, S. C., & Wu, H. K. (2015). Developing technology-infused inquiry learning modules to promote science learning in Taiwan. In M. S. Khine (Ed.), *Science education in East Asia: Pedagogical innovations and research-informed practices* (pp. 373-403). Dordrecht: Springer International Publishing. DOI: 10.1007/978-3-319-16390-1_15

Jeong, H., Songer, N. B., & Lee, S.-Y. (2007). Evidentiary competence: Sixth graders' understanding for gathering and interpreting evidence in scientific investigations. *Research in Science Education, 37*(1), 75-97.

Jong, J. P., Chiu, M. H., & Chung, S. L. (2015). The use of modeling-based text to improve students' modeling competencies. *Science Education, 99*(5), 986-1018.

Klahr, D., Fay, A. L., & Dunbar, K. (1993). Heuristics for scientific experimentation: A developmental study. *Cognitive Psychology, 25*(1), 111-146.

Kollar, I., Fischer, F., & Slotta, J. D. (2007). Internal and external scripts in computer-supported collaborative inquiry learning. *Learning and Instruction, 17*(6), 708–721.

Krajcik, J. S., Blumenfeld, P. C., Marx, R. W., Bass, K. M., Fredricks, J., & Soloway, E. (1998). Inquiry in project-based science classrooms: Initial attempts by middle school students. *Journal of the Learning Sciences, 7*(3&4), 313-350.

Krajcik, J. S., Czerniak, C., & Berger, C. (2003). *Teaching children science in elementary and middle school classrooms: A project-based approach*. New York: McGraw-Hill.

Kuhn, D., Schauble, L., & Garcia-Mila, M. (1992). Cross-domain development of scientific reasoning. *Cognition and Instruction, 9*(4), 285-327.

National Research Council (1996). *National Science Education Standards.* Washington, DC: National Academies Press.

National Research Council. (2012). *A framework for K–12 science education: Practices, crosscutting concepts, and core ideas*. Washington, DC: National Academies Press.

White, B. Y., & Frederiksen, J. R. (1998). Inquiry, modeling, and metacognition: making science accessible to all students. *Cognition and Instruction, 16*(1), 3-118. DOI:10.1207/s1532690xci1601_2

題組一

如下圖，甲生準備 2 杯等量、等濃度與等溫的咖啡。第一杯在 0 分鐘時加入室溫牛奶，第二杯在 5 分鐘後加入與第一杯相同體積與溫度的室溫牛奶，兩杯加入牛奶的速率相等，整個過程 2 杯咖啡皆從 0 分鐘持續以溫度計記錄溫度至第 10 分鐘，實驗紀錄如附表 1，回答 1~6 題：

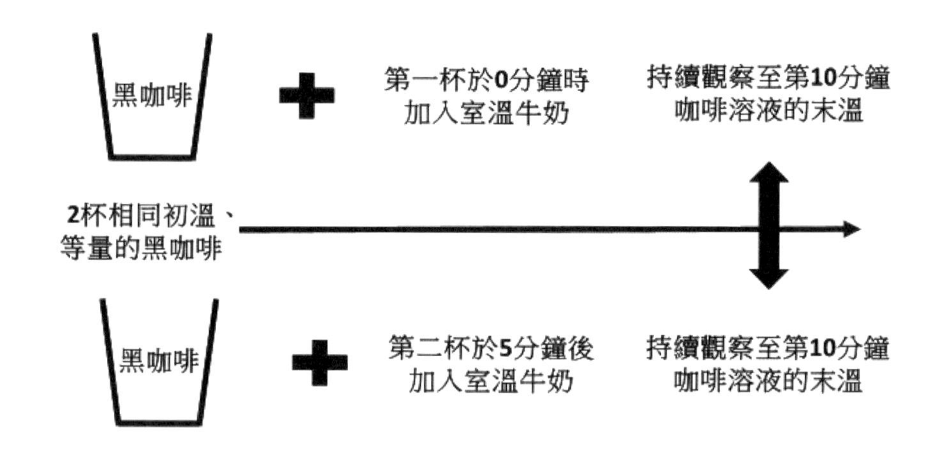

附表 1 不同時間點加入牛奶的溶液溫度之實驗記錄（室溫為 25.0℃ ）

時間（分）	0	1.0	2.0	3.0	4.0	5.0	6.0	7.0	8.0	9.0	10.0
先加牛奶液溫（℃）	82.0 加入牛奶	66.7	65.6	64.7	64.0	63.4	62.6	62.0	61.3	60.8	60.2
後加牛奶液溫（℃）	82.0	79.3	77.9	76.7	75.5	74.0 加入牛奶	60.0	59.2	58.5	57.9	57.3

1. 下列研究問題的擬定，何者之描述與甲生進行的實驗最符合？

(A) 在不同初溫的咖啡溶液，加入不同體積的牛奶是否會使兩杯咖啡溶液的末溫不同？

(B) 在相同初溫的咖啡溶液，加入牛奶的時間點是否會使兩杯咖啡溶液的末溫不同？

(C) 在等量的咖啡溶液中，加入不同體積的牛奶是否影響兩杯咖啡溶液的末溫？

(D) 加入牛奶後，咖啡溶液攪拌的次數如何影響咖啡溶液的末溫？

(E) 室內環境溫度的改變是否影響咖啡溶液的末溫？

答案：B

能力指標：a2. 就現象確定或判定具有探究意義的問題（變因間有可科學量測之關係）

詳解：本實驗操作變因為加入牛奶時間點，應變變因為兩杯咖啡溶液的末溫，其餘因素屬於控制變因。

2. 根據表 1，哪一段時間的溫度下降率（℃ /min） 最大？

(A) 先加牛奶 0-10 分鐘

(B) 先加牛奶 1-10 分鐘

(C) 先加牛奶 0-1 分鐘

(D) 後加牛奶 0-5 分鐘

(E) 後加牛奶 5-6 分鐘

答案：C

能力指標：c3. 數據可標上圖，可判定數據趨勢

詳解：由表的數據可觀察到溫度下降率（℃ /min）有兩處最大：先加牛奶 0-1 分鐘 =82.0-66.7=15.3℃ /min、 後加牛奶 5-6 分鐘 =74.0-60.0=14.0℃ /min，因此答案為 (C)。

3. 根據題幹提供的訊息與表 1，影響後加牛奶 0-5 分鐘與 6-10 分鐘的溫度下降率 （℃ /min）不同的原因可能為何？（應選 2 項）

(A) 室溫

(B) 熱容量（質量與比熱的乘積）

(C) 牛奶所含的油脂

(D) 室內的溼度

(E) 杯子的材質

答案：B、C

能力指標：c1. 可判定主張、證據與邏輯推論（建議只測 CER）

詳解：加牛奶前五分鐘（0-5 分鐘）與加牛奶後四分鐘（6-10 分鐘），所處的條件差異主要有三項：牛奶的特性（如所含的油脂）、熱容量（質量與比熱的乘積）及液溫與環境的溫度差。

4. 根據表 1 的敘述，將實驗的數據繪製成下列哪一個關係圖最適合？

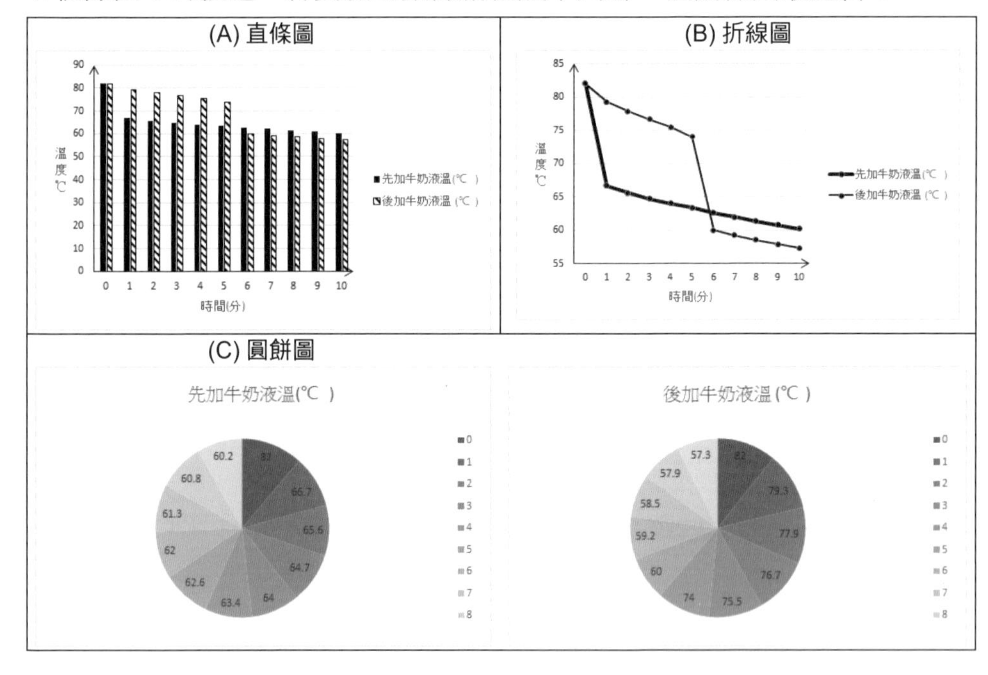

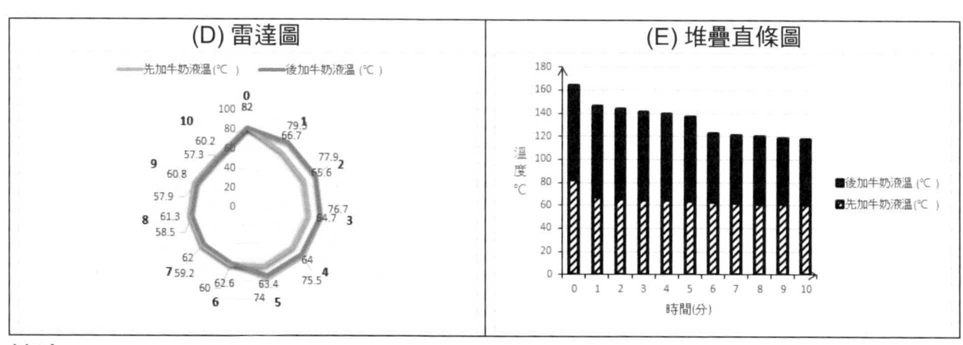

答案：B

能力指標：c3. 能將數據表格轉換成圖形

詳解：表 1 為不同時間點加入牛奶的溶液溫度之實驗記錄，表中數據隨時間變動，使用折線圖最合用來觀察溫度變化的趨勢。

5. 一份完整的報告須包含研究動機、研究目的、研究問題、研究假設、實驗設計、實驗流程、實驗數據與分析、實驗結果與討論、結論、心得等項目，則下列選項的敘述與報告項目的組合哪些正確？（應選 3 項）

(A) 研究目的 - 若加入牛奶的時間點越早，則咖啡降溫越少。

(B) 研究假設 - 探究加入牛奶時間點不同對咖啡溫度的影響。

(C) 實驗流程 - 取相同溫度與質量的咖啡，以相同的方法在不同的時間點加入等質量的牛奶，以溫度計在固定的時間間隔中讀取咖啡牛奶的溫度，並記錄之。

(D) 實驗數據與分析 - 後加牛奶的咖啡溶液末溫比先加牛奶的咖啡溶液末溫低。

(E) 實驗結果與討論 - 溶液溫度與室溫的溫差對於溶液溫度下降具有影響。

答案：CDE

能力指標：d3. 能依實驗數據定摘要說明

詳解：(A) 此敘述為研究假設。(B) 此敘述為研究目的。

6. 甲生想要針對不同脂肪含量的牛奶對咖啡溶液降溫的影響重新設計實驗，請問哪一個數據紀錄表最合適？

(A)

時間（分）	0	1.0	2.0	3.0	4.0	5.0	6.0	7.0	8.0	9.0	10.0
先加牛奶液溫（℃）											
後加牛奶液溫（℃）											

(B)

時間（分）	0	1.0	2.0	3.0	4.0	5.0	6.0	7.0	8.0	9.0	10.0
事件	分別加入高脂牛奶與低脂牛奶										
高脂牛奶液溫（℃）											
低脂牛奶液溫（℃）											

(C)

時間(分)	0	1.0	2.0	3.0	4.0	5.0	6.0	7.0	8.0	9.0	10.0
事件	加入高脂牛奶					加入低脂牛奶					
加入高脂牛奶液溫（℃）											
加入低脂牛奶液溫（℃）											

(D)

時間（分）	0	1.0	2.0	3.0	4.0	5.0	6.0	7.0	8.0	9.0	10.0
先加高脂牛奶液溫（℃）											
後加高脂牛奶液溫（℃）											

(E)

時間（分）	0	1.0	2.0	3.0	4.0	5.0	6.0	7.0	8.0	9.0	10.0
先加低脂牛奶液溫（℃）											
後加低脂牛奶液溫（℃）											

答案：B

能力指標：b3. 紀錄表設計

詳解：題幹是以脂肪含量為操縱變因，故加入牛奶的時間需相同，且紀錄表需呈現溶液溫度與時間的關係，故選 (B)

選項尚未標明加入的牛奶是高脂肪含量或低脂肪含量

(C) 選項有兩個操縱變因，分別是脂肪含量與加入牛奶的時間

(D) 選項有兩個操縱變因，分別是脂肪含量與加入牛奶的時間，且沒有標明加入牛奶的時間點

(E) 選項加入的牛奶脂肪含量相同，不符合題幹敘述

第 10 章

科學探究能力之多媒體評量：設計、效化及相關議題

吳心楷（國立臺灣師範大學科學教育研究所）

摘要

《十二年國民基本教育課程綱要》已於 108 學年度正式實施，在此新課綱中，學生在科學的學習成就，除了過去強調的科學概念發展之外，同時重視學生探究能力的學習表現，以因應未來個人或社會發展之需要。由於新課綱的課程變革和目標，與長久以來自然科教師所熟悉的教學實務不盡相同，在課綱實施過程中，自然科教師勢必面臨能力導向的學習表現在教學與評量方面的挑戰。過去十年，國內學者已研發不少探究教學模組，可協助科學教師推動探究與實作的教學，相比之下，探究能力評量的相關研究較少。然而，若是缺乏適當的評量工具，教師可能無法了解學生的探究能力基點及需求，也無法評鑑其課程的有效程度。因此，因應課綱變革和教師需求，本研究團隊研發了一套測量科學探究能力之線上多媒體評量，本章首先呈現探究能力的定義和架構，再說明此評量的設計及效化的過程，包括：實作評量的設計原則、科技化評量之設計模式、試題任務設計、評分規準的訂定、進行前導測試、應用 Rasch 模式分析和效化，研究結果顯示此評量可有效評估中學生在提問、分析、實驗、和解釋等四項探究能力。最後，在相關議題的討論中，本章針對試題任務在多媒體環境的呈現方式與試題難度的關連，探究能力發展之相關因素，以及教師對科技化評量的信念等議題，進行討論。

關鍵詞：探究能力、能力評量、線上評量、科學能力、評量效化、教師信念

壹、前言

資訊科技的蓬勃發展，帶動了科技化評量（technology-based assessment）的普遍（Quellmalz & Pellegrino, 2009）。由於科技化測驗可適用於電腦、平板、和手機等跨平台裝置，具便於計算分數、給予回饋、統計資料等優點，成為越來越被重視的評量工具（Kozma, 2009）。然而，科技化測驗不應只是紙筆測驗的替代品，一如資訊科技融入教學不應只限於教學和學習素材的電子化，透過科技提供具彈性的答題路徑、組題方式、多樣表徵、複雜統計技術等優勢，應可協助研究者測得學生更複雜更真實的學習表現（Kuo & Wu, 2013）。如 Kozma（2009）所言，科技輔助評量將有助於評測二十一世紀各國教育改革所關心的技能和表現，尤其電腦設備在學校日漸普遍，科技與實作評量或複雜解題任務的結合，可望減低過去動手做實作評量的耗時費力，並能適當地排除不必要的設備器材、施測流程、和其他情境因素的干擾（Baker & Mayer, 1999; Baker & O'Neil H. F. Jr., 2002; Bennett et al., 2010）。尤其近年各國對於科學推理和探究的重視，包括國內十二年國教課綱，及美國國家科學教育標準，皆強調協助學生進行科學探究的重要性，因此科學能力評量的發展更顯急迫。

過去在科教領域的電腦化評量，其目標多著墨於概念理解的評測，較少針對中學生的探究能力或實作技能並進行大規模的施測。而在題型的設計上，Kuo 和 Wu（2013）的回顧研究亦指出，針對實作能力評量的設計，在題幹或選項中結合影片、動畫、模擬等多媒體的使用較少見（Scalise et al., 2011）。因此本研究團隊研發了一套測量科學探究能力之線上多媒體評量（Multimedia-based Assessment of Scientific Inquiry Abilities，簡稱 MASIA），以有效評估中學生在提問、分析、實驗、和解釋等四項探究能力。

貳、科學探究能力

近年來，各國科學教育改革不約而同地納入科學探究為科學學習的重心（Abd-El-Khalick et al., 2004）。科學探究為問題導向的知識建構過程，涉及多樣的科學活動，如：提出問題、搜尋資料、設計實驗、進行實驗、分析資料、產生結論、建構成品、以及分享溝通等（Krajcik et al., 1998; National Research Council, 2000）。但若要成功順利地投入這些探究活動，有賴於一些基本能力（fundamental abilities of inquiry），如：提出有意義的科學問題、根據資料提出合理的解釋等等，因此「探究能力」可定義為學生進行有意義的科學探究活動所需要的能力（Kuhn et al., 2000; National Research Council, 2000; Wu & Hsieh, 2006）。

美國 National Research Council [NRC]（2000, pp. 161-167）首先提出多項探究能力，以五到八年級為例，探究能力包括：提出可被科學實驗回答的問題〔提問〕、計畫和執行科學實驗〔實驗〕、使用適當工具和技巧收集分析資料〔分析〕、使用證據產生描述、解釋和預測、具批評性和邏輯性地思考以建立證據和解釋間的關係〔解釋〕、察覺和分析另類解釋和預測、溝通科學步驟和解釋、在探究中使用數學等。美國在 2012 年公佈的科學教育架構（National Research Council, 2012）及新世代科學標準（NGSS Lead States, 2013），其中提出八項科學實務（science practices），包括：(1) 提出問題、(2) 發展和使用模型、(3) 計畫和執行探查活動、(4) 分析和詮釋資料、(5) 使用數學及運算思考（computational thinking）、(6) 建構解釋、(7) 投入證據為主的論證、(8) 獲取、評價、和溝通資訊。這些科學實務與先前的探究能力多有重疊之處，如：提問、分析、解釋等，而 NRC 明列出這些實務的目的，是為明確地描述了科學家和工程師使用及投入的行為，可避免過去「探究」一詞的模糊和歧義，使先前課程標準中所提出的探究過程更形具體（National Research Council, 2012, p. 30）。臺灣於 108 年度實施的自然科課綱（教育部，2018），亦強調科學相關的學習表現，將探究能力明列為學生「學習表現」之一，涵蓋了八項能力：想像創造、推理論證、批判思辨、建立模型、觀察與定題、計劃與執行、分析與發現、討論與傳達。

綜合以上架構和文獻的整理（Krajcik et al., 1998; Schauble et al., 1991; Shimoda et al., 2002; Windschitl, 2000），本團隊提出的架構，涵蓋提問、實驗、分析、解釋四項能力（見表 10-1），來設計評量系統 MASIA。此四項能力的選擇基於兩項考量：一是納入各架構都有出現且重疊的能力，代表這些能力具一定的重要性；二是由於一項評量的題數有限，若欲測量到所有的探究能力似乎不切實際，因此必須有選擇性地聚焦於重要的幾項能力。MASIA 針對的四項能力，描述如下。

（1）提問能力：此項能力針對學生辨識或提出科學性問題的過程和問題的品質，包括四項次能力：提出有價值性且可被探討的研究問題（提出問題），能由情境中辨識或釐清可以被探討的問題（辨識問題），能針對研究問題提出可被測試的假說（產生假說），能透過先前的經驗、概念與現象觀察的結果，歸納或推論出問題可能的答案（提出預測）。

（2）實驗能力：此項能力針對學生辨別出計畫所涉及的變因、實驗的計畫和設計、和實驗計畫的完整性及精密度，所以此能力的次能力有變因選擇（能選擇適當的操縱變因及控制變因，並依變因正確地規劃實驗）、流程規劃（能設計具可行性的實驗，並選擇適當的測量方式及實驗器材以進行實驗）、和誤差控制（能選擇恰當的變因測量範圍，且精密度足夠檢驗問題的假設）。

（3）分析能力：此項能力針對學生如何分析和轉化所收集到的資料，次能力包含組織資料（能依據研究問題挑選或排除資料以驗證變因間的關係）及資料轉化（能將數據以另一種表徵方式呈現變因間的關係）。

（4）解釋能力：此項能力針對科學解釋的產生，即回答如何及為何某些科學現象發生的原因或可能機制。科學解釋過程包括四項次能力：依資料形成主張、運用證據的使用、產生推理過程、及考慮另有解釋，詳細定義可見於表 10-1。

表 10-1 探究能力及其次能力

探究能力	次能力一	次能力二	次能力三	次能力四
提問能力	提出問題： 能提出一個精煉過、有價值性且可被探討的研究問題。	辨識問題： 能由情境中辨識或釐清可以被探討的問題。	產生假說： 能針對研究問題提出可被測試的假說。	提出預測： 能透過先前的經驗、概念與現象觀察的結果，歸納或推論出問題可能的答案。
實驗能力	選擇變因： 能選擇適當的操縱變因及控制變因，並依變因正確地規劃實驗。	流程規劃： 能設計具可行性的實驗，並選擇適當的測量方式及實驗器材以進行實驗。	誤差控制： 能選擇恰當的變因測量範圍，且精密度足夠檢驗問題的假設。	
分析能力	組織資料： 能依據研究問題挑選或排除資料以驗證變因間的關係。	資料轉化： 能將數據以另一種表徵方式呈現變因間的關係。		
解釋能力	形成主張： 針對研究問題或現象，能歸納資料或辨識出資料的分佈趨勢，形成可測試的陳述或論點。	運用證據： 使用資料或科學數據做為證據以支持主張。	產生推理： 將證據連結到主張，包含使用科學原則、概念或先前經驗進行推理，需要詮釋或推論資料的意義。	另有解釋： 進行評估或提出其他可能的解釋，包含使用科學理論與概念去考量另有解釋。

參、探究能力評量的研發

本節說明 MASIA 評量系統 的研發過程和步驟。除了考量探究能力的定義和架構之外，評量的研發同時參照了實作評量的設計原則和科技化評量的設計模式，接著以這些原則和模式為基礎，設計任務和試題、訂定評分規準、進行前導測試，最後應用 Rasch 模式分析。

一、實作評量的設計原則

在多媒體環境下進行科學探究能力的評量，相當於將實作評量（performance assessment）移至電腦和網路科技的環境，而科技化評量特別適用於能力導向的評量，因為科技環境可模擬不易實際和即時觀察的科學現象，提供問題解決和實驗操作的機會，並可監控學生操作及答題過程（Kuo & Wu, 2013），因此科技化評量提供更多可能性以符合 Shavelson、Baxter、Pine （1991） 提出的四項實作評量之原則，MASIA 的研發即應用這些實作評量的設計原則。

首先，評量學習成就所使用的技術，應超越背誦和記憶，這些技術應要能夠捕捉學生的科學理解、推理及問題解決，並允許學生提出新奇具創意的回應。MASIA 所用的技術包括數位模擬、動畫、影片和互動性的答題機制，不同於過去的紙筆測驗方式，受試者需要應用科學推理和探究能力，才能提出適當的答案。

第二，評量需要讓受試者主動參與實驗儀器和設備的操作，而且實作評量可能需要考量客觀性與標準化。不同於過去動手做導向的實作評量，操作的多是實體的實驗儀器和設備，MASIA 藉由模擬和動畫，提供學生操弄變項或設計實驗的機會，而且透過隨身碟單機版或線上網路版施測，使一些情境因素，如：溶液配製品質的優劣、實驗器材的規格和數量不一等，可獲得有效控制，有利於評量的客觀性與標準化。

再者，由於動手做的實作評量，無論在設計或施行上都是費用昂貴且耗時，因此可考慮使用資訊科技做為施測技術，而 MASIA 即使用科技多媒體呈現科學現象和實驗過程，以減少施測的困難。

最後，實作評量需反應認知研究上的發展，如心理模式的運作，或是科學理解的知識結構。本團隊過去累積長時期的研究，對學生的探究能力（Wu & Hsieh, 2006）、解釋能力（Wu & Wu, 2011）、建模能力等（Wu, 2010）多有探討，因此在評量設計時，可充份反應當前研究對這些能力的發展和理解。

二、科技化評量之設計模式

雖然科技化評量有其優勢且適用於檢測科學能力，但在設計時要考量哪些要素，才能充份發揮科技的特性？又該如何考量介面和任務設計等，以真正測得預期的構念？ MASIA 的設計運用了 Kuo、Wu（2013）和 Bennett、Bejar（1998）所提出的綜合模式（integrated model），做為科技化能力評量之設計架構。此模式以「評量目的 」（Assessment Purpose）和「待測構念」（Construct of Interest）為核心要素，科技化評量需以此兩項要素出發，再連結到其他要素，如：「測驗和任務設計」（Test and Task Design component），且強調這些要素間的複雜互動及環環相扣（圖 10-1）。若無掌握核心要素，所設計出的測驗和任務極可能無法達成原先預定的評量目的。

MASIA 的評量目的為總結性評量，而待測構念為四項探究能力：提問能力、實驗能力、分析能力、解釋能力，而每項能力有二至四項次能力（表 10-1），以此目的和能力架構為核心，進一步考量「測驗和任務設計」。在此要素中，科技化評量可用的設計要件有：題目呈現（item presentation）、作答型式（response format）、適性化測驗活動（adaptively individualized test activity）等。基於 MASIA 評量目的和待測構念，本團隊利用不同的媒體形式呈現任務和題目，MASIA 提供的作答型式有單選題、問答題、及繪圖題等，例如：搭配電腦模擬的題目允許學生以選擇、拖曳、置放的方式，以展現實驗能力中的選擇變因及流程規劃能力。

除了上述的三大要素之外，圖 10-1 顯示當設計科技化評量時，另外需考量的五項要素包括：「測驗發展工具 」（Test Development Tool）、「受試者介面」（Examinee Interface）、「使用說明」（Tutorial）、「評分步驟 」（Scoring Procedure）、「結果報告」（Reporting Method）。其中三項以虛線表示之要素與評量設計較無直接關連，如：「測驗發展工具」涉及組題和產生題本，而題本設計有賴於研究者的事前規劃；「使用說明」為評量系統使用方式的描述，與評量品質關連較低；而「結果報告」的品質繫於研究者如何建立評分標準及閱卷方式。因此，從評量設計的觀點，外圍的五項要素中，與核心要素及評量品質具較直接與密切關係的，當屬「受試者介面」及「評分步驟」。

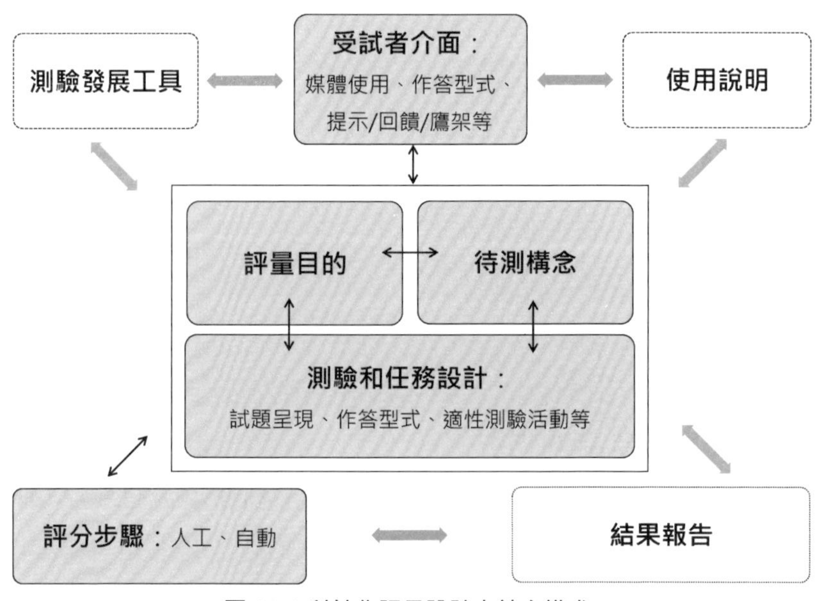

圖 10-1 科技化評量設計之綜合模式

受試者介面的四項設計要件分別為媒體（media）、作答型式（response format）、及提示／回饋／鷹架（hints/feedbacks/scaffolds）。科技化評量需考量如何應用科技來呈現不同媒體，提供多樣的作答型式。搭配任務設計，MASIA 以模擬、動畫、影片、圖片等多媒體方式呈現題目，學生的作答型式亦考量能力表現的需要，以單選、複選、問答、及繪圖等方式呈現其能力。

「評分步驟」可分為人工和自動評分，其中自動評分為科技化評量的重要優點，因此 MASIA 在單選、複選及限制性答案（填充及組合題）的題目，都採取自動評分，而開放性問題則以人工評分。自動評分機制與適性化測驗活動（任務設計）、提示／回饋／鷹架（受試者介面）息息相關，因為必須依賴自動評分的結果，才能決定試題選取方法及測驗終止條件（Weiss & Kingsbury, 1984），以設計適性測驗。而有效的提示／回饋／鷹架，包括評量是否提供此要件，以及提供怎樣的提示／回饋／鷹架，也需要由自動評分後，系統才能做決定。過去研究發展開放性問題的自動評分，多以字元比對和語意分析方式進行（如：楊亨利、應鳴雄，2005），然而本評量目的為測量學生的探究能力，而非事實性或概念性知識，較不易以字元或語句做比對，因此 MASIA 自動評分的題目以單複選題為主，而開放性問題的作答仍是評閱者依評分規準以人工評分。雖然最新的教育研究在發展有關能力的自動評分，是利用學生在系統的操作紀錄（log files），應用資料探勘的技術進行分析及評分（Gobert et al., 2013），但此方式技術門檻較高，MASIA 系統暫無法克服，待未來研究繼續拓展。

三、任務設計和訂定評分規準

為了設計評量任務、試題和訂定評分規準，本團隊同時參照 Mislevy 等人（1999）對評量設計建議的任務模式（task model）和證據模式（evidence model）。任務模式的焦點在於：怎樣的任務或情境可以引導出這些探究表現或能力？如何設計任務可引發受試者展現出欲觀察的表現？為引發學生展現探究能力，本團隊設計涉及科學現象的情境題組，以圖 10-2 氣候變遷的評量任務為例，此任務共有三題，應用當前重要科學議題為情境，結合動畫的使用，受試者必須操作和觀看動畫，思考、推理、探討動畫所呈現的內容，才能回答子題 1，對比於題幹中已呈現的解釋，受試者須提出可能的另有解釋，此題可引導出學生呈現出表 10-1 架構中待測的解釋能力。

任務和試題設計後，需藉由受試者與任務或情境互動後，研究者才能收集到資料和證據，因此證據模式強調對受試者在任務中的表現進行觀察，以及思考這些觀察如何成為待測構念的證據。在 MASIA 評量中有關學生探究能力的證據，是來自於在評量任務中的答題表現。而對於證據的評定需依循規則（evidence rules），即評分規準的設定，包括對學生高、中、低能力的描述，這些描述和規則是基於過去研究中，受試者在實作評量中答題特徵，所歸納而得的。以表 10-2 為例，此表係針對分析能力中的組織資料，即學生能否依據研究問題挑選或排除資料以驗證變因間的關係。學生若能根據二個（含）以上相關變因的資料進行比較、比對、解釋或推論，即可評為 2 分；若只獲取一個（含）以上足以檢驗相關變因的資料，但未做比較、比對、解釋或推論，得 1 分；若使用的資料與實驗無關或敘述不清，則不給分。

四、進行前導測試

在任務和試題發展之後，需確立其信效度。為效化 MASIA 的題組並檢視試題是否能夠引發和評估出待測的科學探究能力，以及評分規準是否能夠區別出學生的表現，本團隊選用四個題組，在臺北市某公立高中進行前導測試。此前導研究 （Wu et al., 2014）邀集 48 位十二年級的學生，為三組不同科學能力的學生：16 位社會組、16 位自然組、和 16 位數理資優班，同時收集學生答題的質性和量化資料，使用 MASIA 四個題組，確立試題的效標效度、構念效度、和內容效度。

Wu 等人 （2014） 研究發現，在效標效度方面，將 MASIA 與已具效度的科學推理能力測驗 （Lawson, 1978） 做比較，檢視學生在此兩項評量的表現之間的相關係數，結果 $r = .40$ （$p < .01$），可見 MASIA 可部分

測得科學推理能力，對科學能力具一定的效度，但不至於與科學推理能力相關過高。而構念效度的建立是比較三組學生在 MASIA 的表現，以了解 MASIA 試題和評分規準是否足以測得並區別出三組學生的能力；結果顯示三組學生在 MASIA 高中低能力的分佈，呈現顯著差異（χ^2（2）= 24.79, p < .01），事後分析能力分數的結果亦支持數理資優組顯著高於自然組，而自然組顯著高於社會組。而內容效度針對學生在答題時的放聲思考之質性資料，進行原案分析（protocol analysis），以比對學生實際的表現是否符合評量架構中定義的四項能力。研究結果發現，學生實際表現的能力和預期的定義之間的一致性高，顯示 MASIA 試題具構念效度，雖然部分試題除了測出預期的能力之外，學生還表現了其他能力，例如：在流程規劃的試題中，學生除了設計實驗步驟、選擇合適的測量和器材之外，亦同時出現選擇變因的能力。整體而言，從以上結果可知， MASIA 的題組具有相當不錯的效度。

全球氣候變遷是近年非常熱門的議題。科學家對於「造成地球氣溫升高的因素是什麼？」有各種不同的說法。操作以下動畫並回答問題。

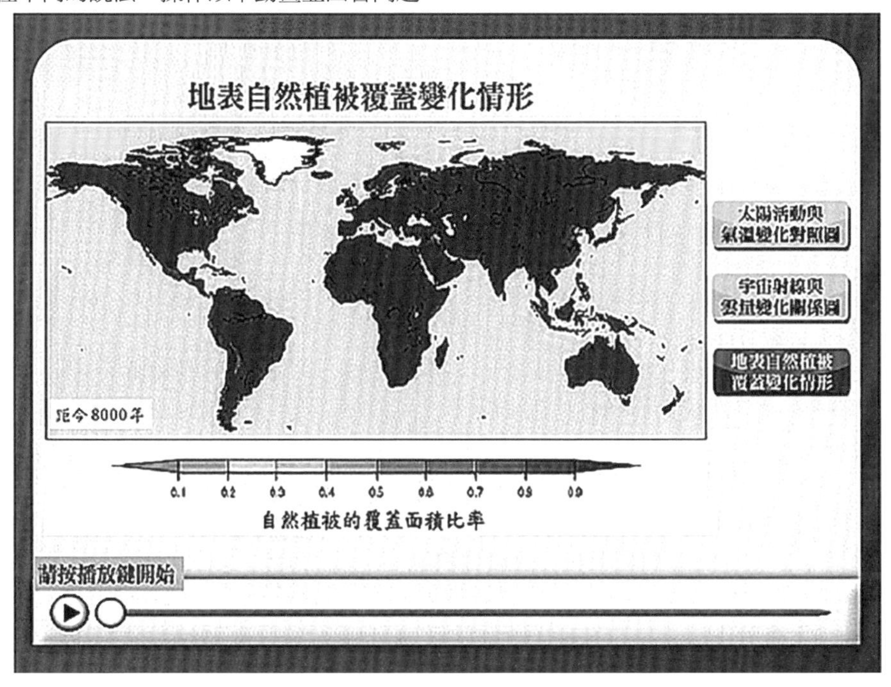

子題 1：

大部分的科學家認為「人為活動產生的二氧化碳濃度極速增加」，是導致全球氣溫升高的主要因素。參考動畫中所提供的資料或你所知道的科學知識，你認為導致全球氣溫升高的可能因素還有哪些？並請說明該因素如何影響全球氣溫變化。

因素	該因素如何影響全球氣溫變化

圖 10-2 氣候變遷之例題

表 10-2 評分規準之範例

評分	描述	學生作答範例
2	2A. 設計的驗證流程可行，且所獲取資料足以檢驗所涉及的相關變因。 2B. 根據二個（含）以上相關變因的資料進行比較、比對、解釋或推論。	[2A] 查詢歷年颱風造成沙灘流失的狀況，並觀察核四碼頭是否有阻擋沿岸流，再來驗證（400105） [2A] 比較碼頭建造前，颱風所造成的侵蝕狀況和碼頭建造後颱風的侵蝕狀況（400117） [2B] 颱風一直都有，碼頭卻是近年來興建的，因此關聯度可能較大，可以去找此地區的多年的航照圖，及侵襲臺灣之颱風的資料（800129）
1	1A. 設計的驗證流程可行，但 a. 所獲取資料不足以檢驗所涉及的相關變因。 b. 對所獲取資料敘述不清。 1B. 獲取一個（含）以上足以檢驗相關變因的資料，但未做比較、比對、解釋或推論。 1C. 根據一個相關變因的資料進行解釋或推論。	[1Ab] 可以相較之前的地圖比較（600211） [1Ab] 興建前幾年的資料和興建後幾年的資料相比較（700165） [1B] 碼頭興建前和興建後的資料（200119） [1C] 可蒐集每年颱風侵襲的大小、頻率來判斷，如果當年沒有颱風侵襲，但沙灘持續的流失，則可見非颱風侵襲所造成的（600114）

0	0A. 設計的驗證流程不可行。 0B. 所獲取的資料與實驗無關或敘述不清。 0C. 未根據相關變因的資料直接提出解釋或結論。 0D. 沒有指出變因名稱。	[0A] 試著把碼頭用東西隔絕，再看看沙灘的改變情況（700140） [0B] 風向水流（200227） [0B] 調查居民的意見跟實地勘察（200118） [0C] 因為蓋了碼頭才發生這種事，所以並非跟颱風有關（500103） [D4] 觀察一年當中是否幾乎每天都有損害（200111）

五、應用 Rasch 模式分析和效化

在試題效度的前導測試之後，本團隊進一步施行較大規模的量化研究（Kuo et al., 2015），應用 Rasch 模式來分析和效化 MASIA 評量的全部試題，包含 30 個題組，共計 114 題。為讓學生能夠在合理的時間內完成作答，全部試題依探究能力和學科內容分為五群，再依序將兩群試題組合成六個題本，每題本約 41-50 題不等，每題本的答題時間上限為 80 分鐘。Kuo 等人（2015） 使用分層抽樣，分層抽樣的依據為國中基本學力測驗之百分等級（PR 值），將大臺北地區共 78 所高中和 198 所國中各分為八層，每層隨機選取一所學校，每校再取兩班。最後收集了大臺北地區 476 位八年級及 590 位十一年級學生的答題資料（合計 1,066 位），以試題反應理論 （Item Response Theory）、Rasch 部分給分模式 （Rasch partial credit model）、能力與難度對應圖（Wright map） 等技術來分析和呈現效化資料 （Adams & Wu, 2007），並比較兩個年級學生的能力差距。

研究結果顯示，試題適配度 （item fit） 大致良好，但部分試題 （31 題、27.2%） 適配度較差，配合試題特徵曲線的分析，進行修題和刪題，最後保留 29 個題組，101 題。再從學生實際的答題表現和試題難度的分析發現，學生作答表現符合評量架構的設計，學生能力和試題難度的分佈相近，表示 MASIA 具構念效度且適用於測量中學生的科學探究能力。如圖 10-3，為解釋能力中的四項次能力（形成主張、運用證據、產生推理、評估解釋）的能力與難度對應圖，呈現不同次能力的題目所涉及的難度分佈情形；在

各次能力中，屬高能力答題表現都較中能力答題表現的難度高，符合原先的預期，而且不同次能力的難度不太相同，如：形成主張似比評鑑解釋來得容易，此結果與本團隊過去質性研究的發現相符（Wu & Hsieh, 2006）。

在此評量效化的研究中，Kuo 等人（2015）同時提供評量完整性（comprehensive）和連續性（continuous）的結果。完整性在於 MASIA 涵蓋了四項探究能力且可用於大規模的總結性評量，而連續性在於它可適用測量國高中學生的探究能力，呈現不同年級探究能力的表現，亦可用於描繪中學階段，學生在探究能力的學習進程。

肆、相關議題與討論

在 MASIA 評量系統研發和效化之後，可用以探討與能力評量相關的研究議題。本團隊運用 MASIA 與測得的學生探究能力，進一步發展了相關研究。

一、任務呈現與試題難度

科技化評量可探討的議題之一為試題任務的呈現方式。當評量以不同媒體形式呈現評量任務的內容，是否影響試題難度和學生表現？媒體和表徵形式在教學和學習方面的研究已相當多，但針對評量的表徵比較研究並不多，且尚未見定論。為彌補此研究缺口，Wu、Kuo、Jen、Hsu（2015）即運用 MASIA 系統和題庫，將部分試題設計了兩個版本，一版以動畫和影片（動態表徵）呈現試題；另一版為相同試題，但改以圖片和照片（靜態表徵）呈現，來探討表徵形式是否影響學生在評量的表現。但兩版本試題的比較在研究設計具一定的挑戰，若要求同一群學生回答兩版本的相同試題，可能產生明顯的練習效應，為解決此限制，Wu 等人（2015）利用複雜的題本設計（balanced booklet design）、連結試題（linking items）、和 Rasch 模式來處理，共收集了 1,218 位國高中生（561 位八年級及 657 位十一年級）在 MASIA 的答題資料。

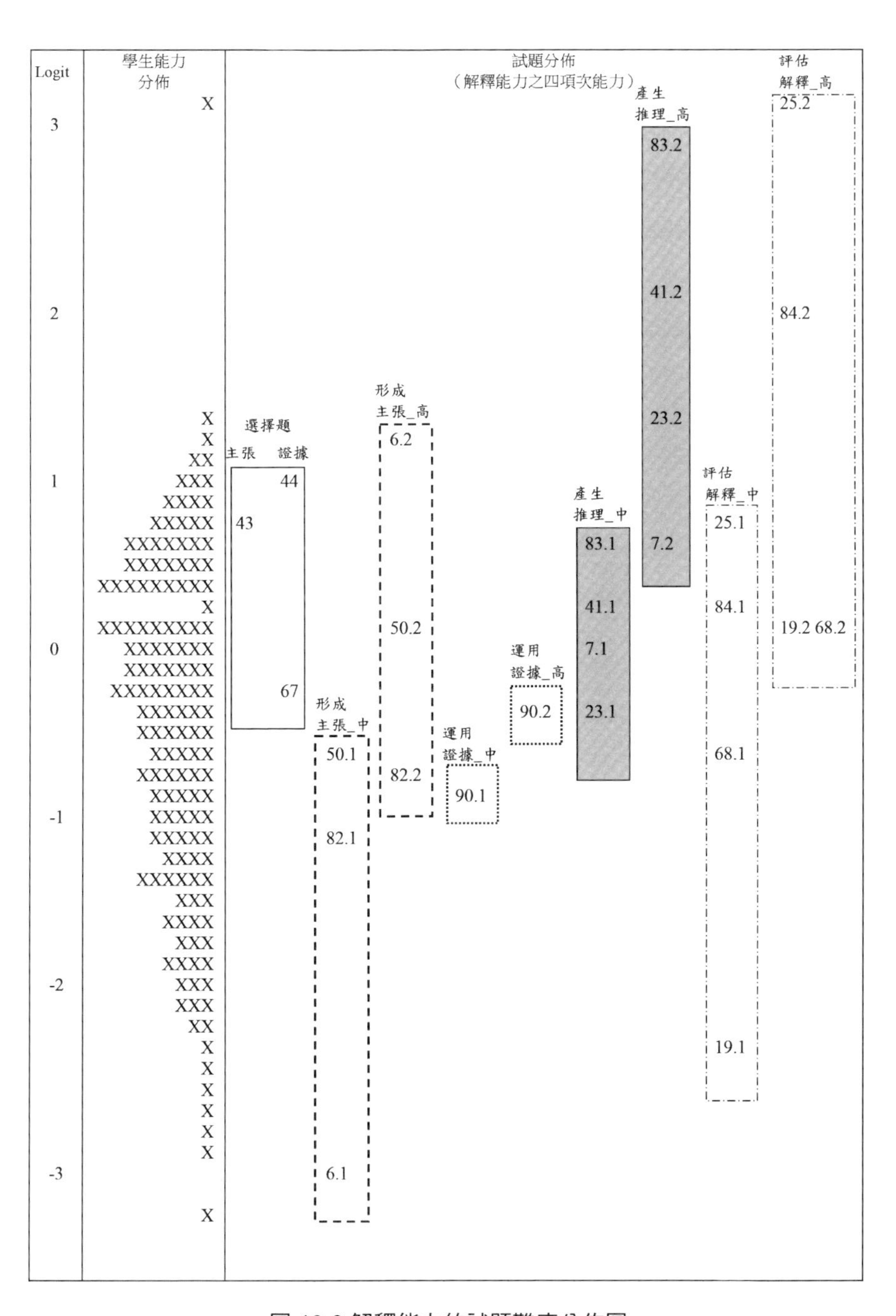

圖 10-3 解釋能力的試題難度分佈圖

註：圖中的數字（如：44、50.1、6.2 等）為題號。每項 x 代表 7.1 位學生。「中」和「高」分屬中能力和高能力。如：「運用證據 _ 高」代表運用證據高能力的試題作答。

研究的統計結果發現，表徵形式和學生年級有顯著的交互作用，即動靜態表徵對八年級及十一年級學生有不同的效應。相比於動態表徵的版本，當試題用靜態表徵呈現時，對八年級學生而言，試題變得較為簡單，但對十一年級學生來說，靜態表徵的試題較難。可能因為年紀較大的學生有較多的認知資源擷取動態表徵的資料，有利於其作答表現。而且，當表徵是用來顯示試題內容（而非情境）時，它的設計亦會影響試題難度。此研究為表徵在電腦化評量中的效應提供了實徵證據，無論對表徵設計和試題發展等主題，皆有貢獻，而且將多重表徵領域的研究從教學和學習面向，推展至評量。

二、探究能力之相關因素

當探究能力已成為十二年國教課綱中的重要學習表現，有哪些因素可能影響國高中探究能力的培養和發展？過去文獻顯示學生的相關背景和學習經驗會影響其探究能力的表現，Wu、Kuo、Wu、Jen、Hsu（2018）聚焦於學生的科學實驗頻率、非制式科學經驗、探究相關的投入、探究相關的好奇心四項因素對探究能力的效應，利用 MASIA 系統的問卷和探究能力試題，收集了超過 2,000 名國高中學生（920 位八年級及 1,090 位十一年級）的資料，以結構方程模式分析學生的好奇心、投入、學習經驗等因素如何影響探究能力的表現。結果發現，中學生的探究能力發展受到好奇心的驅動，且正式和非正式的學習經驗對探究能力有正向益處，尤其正式學習經驗的影響較強。可見學校和科學教學中，應提供充份機會使學生獲得探究相關的學習經驗，進而提升學生的好奇心與認知投入，以培養學生的探究能力。此研究對當前新課綱的推動和執行提供重要訊息。

三、教師信念及科技化評量

在深入探索科技化評量的研究過程中，本團隊亦察覺教師所扮演的關鍵角色，因此希望了解科學教師對電腦化評量的信念，以促進未來的實務推廣工作。由於教師對科技輔助評量的信念文獻不多，Chien、Wu、Hsu（2014）和 Chien、Wu（2020）兩項研究分別以質性和量化研究方法，探索且分析出其中重要的教師信念，並說明這些信念如何影響教師實務和學生能力表現。

Chien 等人（2014）分析 40 位科學教師的晤談資料發現，不同科技化評量使用程度的教師（頻繁使用者、偶爾使用者、從未使用者），其控制、規範及行為三類信念之間的複雜關係。一如預期，頻繁使用的教師持有較多正向的行為信念，而從未使用者持有最多負向的行為信念。然而，在控制和規範信念方面，偶爾使用者持有最多負向信念，而頻繁使用者和從未使用者的負向信念數量相近。若體認到控制和規範面向的挑戰，頻繁使用的教師如何持續使用？進一步分析發現，部分頻繁使用的教師同時會陳述和說明他們如何克服軟硬體設備不足的障礙，以及向外尋求資源和支持的情況。因此正負信念的多寡不全然能夠解釋教師使用科技化評量的情況，若能結合外部資源，應可有效促進科技化評量在課室中的使用。

教育研究對於教師信念的關注，有部分是由於教師因素可能會影響學生的學習表現，然而教師因素對學生在科技化評量上的表現會產生效應嗎？Chien、Wu（2020）運用階層線性模式，試圖建立學生因素（如：學生在探究活動的投入、學生的科技經驗、學生的探究能力）和教師因素（如：科技化評量的使用頻率、使用科技化評量的意圖）之間的連結，為少數同時結合教師和學生因素的研究。研究結果發現，教師意圖對學生因素並無影響；而教師使用科技化評量的頻率，對學生探究能力的表現並沒有直接效應，但對於學生因素和其能力表現之間的關係，具調節效應。此兩項教師研究的發現可提供實務推廣科技化評量的有效策略，了解教師因素和學生表現之間的可能關係。

伍、結論

過去研究已指出科技化評量有相當多的潛能，能夠協助教師檢測學生複雜的科學能力。本章以科學探究能力之線上多媒體評量 MASIA 為例，說明過去幾年本團隊如何運用文獻中建議的設計模式和原則，以及多樣的統計技術，進行科技化評量的研發和效化，一系列的研究成果顯示此評量可有效評估中學生在提問、分析、實驗、和解釋等四項探究能力，而且具信效度的評量系統，可促進後續其他相關研究議題的探討和開發。

致謝

本章的研究內容為團隊合作所累積之成果，感謝參與 MASIA 評量系統研發的計畫共同主持人和研究夥伴：黃福坤教授、許瑛玿教授、任宗浩副研究員、郭哲宇助理教授、吳百興助理研究員、簡頌沛助理教授、陳瑩慈助理、巫欣穎助理。本人亦非常感謝協助命題的研究生和教師，以及參與施測的國高中教師和學生，若是沒有他們的出題、合作、和填答，本團隊無法蒐集足夠的數據資料進行相關研究。

教育部（2018）。**十二年國民基本教育課程綱要（國民中小學暨普通型高級中等學校）：自然科學領域**。作者。

楊亨利、應鳴雄（2005）。線上測驗是否有可能具備與紙筆測驗相同評分效力？**師大學報：科學教育類，50**（2），85-107。

Adams, R. J., & Wu, M. L. (2007). The mixed-coefficients multinomial logit model: A generalized form of the Rasch model. In M. von Davier & C. H. Carstensen (Eds.), *Multivariate and mixture distribution Rasch models: Extensions and applications* (pp. 55-76). Springer.

Baker, E. L., & Mayer, R. E. (1999). Computer-based assessment of problem solving. *Computers in Human Behavior, 15*(3-4), 269-282. https://doi.org/10.1016/S0747-5632(99)00023-0

Baker, E. L., & O'Neil H. F. Jr. (2002). Measuring problem solving in computer environments: Current and future states. *Computers in Human Behavior, 18*(6), 609-622. https://doi.org/10.1016/S0747-5632(02)00019-5

Bennett, R. E., & Bejar, I. I. (1998). Validity and automated scoring: It's not only the scoring. *Educational Measurement: Issues and Practice, 17*(4), 9-17. https://doi.org/10.1111/j.1745-3992.1998.tb00631.x

Bennett, R. E., Persky, H., Weiss, A., & Jenkins, F. (2010). Measuring problem solving with technology: A demonstration study for NAEP. *The Journal of Technology, Learning and Assessment, 8*(8). http://ejournals.bc.edu/ojs/index.php/jtla/article/view/1627/1471

Chien, S.-P., & Wu, H.-K. (2020). Examining influences of science teachers' practices and beliefs about technology-based assessment on students' performances: A hierarchical linear modeling approach. *Computers & Education, 157*, 103986. https://doi.org/10.1016/j.compedu.2020.103986

Chien, S. P., Wu, H.-K., & Hsu, Y. S. (2014). An investigation of teachers' beliefs and their use of technology-based assessments. *Computers in Human Behavior, 31*, 198-210. https://doi.org/10.1016/j.chb.2013.10.037

Gobert, J. D., Pedro, M. S., Raziuddin, J., & Baker, R. S. (2013). From Log files to assessment metrics: Measuring students' science inquiry skills using educational data. *Journal of the Learning Sciences*, 1-43. https://doi.org/10.1080/10508406.2013.837391

Kozma, R. (2009). Transforming education: Assessing and teaching 21st century skills. In F. Scheuermann & J. Björnsson (Eds.), *The transition to computer-based assessment: New approaches to skills assessment and implications for large-scale testing* (pp. 13-23). European Communities. https://doi.org/10.2788/60083

Krajcik, J. S., Blumenfeld, P. C., Marx, R. W., Bass, K. M., Fredricks, J., & Soloway, E. (1998). Inquiry in project-based science classrooms: Initial attempts by middle school students. *Journal of the Learning Sciences, 7*(3&4), 313-350. https://doi.org/10.1080/10508406.1998.9672057

Kuhn, D., Black, J., Keselman, A., & Kaplan, D. (2000). The development of cognitive skills to support inquiry learning. *Cognition and Instruction, 18*(4), 495-523. https://doi.org/10.1207/S1532690XCI1804_3

Kuo, C. Y., & Wu, H.-K. (2013). Toward an integrated model for designing assessment systems: An analysis of the current status of computer-based assessments in science. *Computers & Education, 68*, 388-403. https://doi.org/10.1016/j.compedu.2013.06.002

Lawson, A. E. (1978). The development and validation of a classroom test of formal reasoning. *Journal of Research in Science Teaching, 15*(1), 11-24. https://doi.org/10.1002/tea.3660150103

Mislevy, R. J., Steinberg, L. S., Breyer, F. J., Almond, R. G., & Johnson, L. (1999). A cognitive task analysis with implications for designing simulation-based performance assessment. *Computers in Human Behavior, 15*(3-4), 335-374.

https://doi.org/10.1016/S0747-5632(99)00027-8

National Research Council. (2000). *Inquiry and the national science education standards: A guide for teaching and learning*. National Academy Press.

National Research Council. (2012). *A framework for K-12 science education: Practices, crosscutting concepts, and core ideas*. National Academies Press.

NGSS Lead States. (2013). *Next generation science standards: For states, by states*. National Academies Press.

Quellmalz, E. S., & Pellegrino, J. W. (2009). Technology and testing. *Science, 323*(5910), 75-79. https://doi.org/10.1126/science.1168046

Scalise, K., Timms, M., Moorjani, A., Clark, L., Holtermann, K., & Irvin, P. S. (2011). Student learning in science simulations: Design features that promote learning gains. *Journal of Research in Science Teaching, 48*(9), 1050-1078. https://doi.org/10.1002/tea.20437

Schauble, L., Glaser, R., Raghavan, K., & Reiner, M. (1991). Causal models and experimentation strategies in scientific reasoning. *Journal of the Learning Sciences, 1*(2), 201-239. https://doi.org/10.1207/s15327809jls0102_3

Shavelson, R. J., Baxter, G. P., & Pine, J. (1991). Performance assessment in science. *Applied Measurement in Education, 4*(4), 347-362. https://doi.org/10.1207/s15324818ame0404_7

Shimoda, T. A., White, B. Y., & Frederiksen, J. R. (2002). Student goal orientation in learning inquiry skills with modifiable software advisors. *Science Education, 86*, 244-263. https://doi.org/10.1002/sce.10003

Weiss, D. J., & Kingsbury, G. (1984). Application of computerized adaptive testing to educational problems. *Journal of Educational Measurement, 21*(4), 361-375. https://doi.org/10.1111/j.1745-3984.1984.tb01040.x

Windschitl, M. (2000). Supporting the development of science inquiry skills with special classes of software. *Educational Technology, Research and Development, 48*(2), 81-95. https://doi.org/10.1007/BF02313402

Wu, H.-K. (2010). Modelling a complex system: Using novice-expert analysis for developing an effective technology-enhanced learning environment. *International Journal of Science Education, 32*(2), 195-219. https://doi.org/10.1080/09500690802478077

Wu, H.-K., & Hsieh, C.-E. (2006). Developing sixth graders' inquiry skills to construct scientific explanations in inquiry-based learning environments. *International Journal of Science Education, 28*(11), 1289-1313. https://doi.org/10.1080/09500690600621035

Wu, H.-K., Kuo, C. Y., Jen, T.-H., & Hsu, Y. S. (2015). What makes an item more difficult? Effects of modality and type of visual information in a computer-based assessment of scientific inquiry abilities. *Computers & Education, 85*, 35-48. https://doi.org/10.1016/j.compedu.2015.01.007

Wu, H.-K., & Wu, C. L. (2011). Exploring the development of fifth graders' practical epistemologies and inquiry skills in inquiry-based learning classrooms. *Research in Science Education, 41*(3), 319-340. https://doi.org/10.1007/s11165-010-9167-4

Wu, P. H., Kuo, C.-Y., Wu, H.-K., Jen, T. H., & Hsu, Y. S. (2018). Learning benefits of secondary school students' inquiry-related curiosity: A cross-grade comparison of the relationships among learning experiences, curiosity, engagement, and inquiry abilities. *Science Education, 102*(5), 917-950. https://doi.org/10.1002/sce.21456

Wu, P. H., Wu, H.-K., & Hsu, Y. S. (2014). Establishing the criterion-related, construct, and content validities of a simulation-based assessment of inquiry abilities. *International Journal of Science Education, 36*(9-10), 1630-1650. https://doi.org/10.1080/09500693.2013.871660

職前及在職教師的科學探究與實作課程設計與實施成效

陳育霖（國立臺灣師範大學師資培育學院及物理學系）

摘要

為了實踐素養導向教學回應科學本質，同時促進科學的過程技能培養，本文以探究與實作的課程設計，從科學知識形成過程出發進行師資培育課程。師培課程當中探究與實作在科學發展歷程中，透露出來的學科本質及科學家解決科學問題的策略與思維方法，對應在歷程導向的課堂教學活動。也是「以學生為中心」的可行科學教學策略。同時將師資培育課堂形塑成全球科學研究社群，從教師溝通設計到面對學科問題都運用探究與實作是可行的師資養成策略。

關鍵詞：科學本質、探究與實作、師資培育

壹、前言

在臺灣的師資培育架構下，物理系的師資生需接受完整的物理課程訓練，額外加上教育理論基礎及實踐課程，才能夠完成物理師資培育。由於面對任何教育階段學生的物理教師最重要的基本出發點是具備堅實的物理知識根基並理解科學的本質。物理教材教法及物理教學實習等中學階段師資培育實踐課程當中自然也需要確認並幫助師資生對於物理知識及其形成過程有深刻的認知。職前科學教師的培育過程需要先幫助師資生在教學生學習之前先扮演學生學會如何有效學習，再轉化成為教師角色實踐課程教學。在職教師的專業發展從教師學習的角度出發，由教師社群的連結進行合作學習，無論是實務或文獻研究結果顯示相當的成效。

筆者在臺師大的物理教材教法、物理教學實習、自然科學探究與實作、國際文憑物理教師（International Baccalaureate Educator Certificate，簡稱IBEC）教材教法及教學實習課程物理教材教法及物理教學實習課程實踐為以下經驗及作法並提出對在職教師社群的觀察。

貳、科學師資培育課程需要因應課綱精神

為了師資培育的目標成效能夠符應十二年國民教育自然科學領域課程綱要的精神，幫助師資生及在職教師建立核心素養及素養導向教學的理解與實踐，師資培育課程設計當中從內容選擇、執行策略與評量方法都希望在回應科學本質及以學生為中心的教學策略考量當中，幫助師資生與現職教師在師資培育課程歷程當中能夠由扮演學習者，從認知、情意、技能各個面向體驗探究式學習步驟，轉化成為具有效能的課程設計執行教學者，充分掌握科學教學及因應變革的核心素養，未來無論下一波課程綱要或教育思潮如何變動，都能俱備科學教師的素養能力來面對更多挑戰並且研究產出更多教學新知識。對照十二年國教課綱，國際文憑大學預科課程（International Baccalaureate Diploma Programme）提出學習者特性（IB Learner Profile）要求學生能夠成為主動思考的探索者以及善於溝通的自我管理者（IBO, 2013），教學則強調情境脈絡鋪陳的探究與實作教學、概念為本、合作學習、考慮差異化、以評量為學習成效證據（Approaches to Teaching Skills），對應十二年國教課綱中的核心素養，教與學的理念上與十二年國教課綱的基本精神十分相符。

參、科學探究與學習的分類

美國國家研究委員會（NRC, 2000 ）提出科學探究是發展學生科學素養學習過程的必要元素。儘管在如何教授科學探究這個論題上，各方仍缺乏

共識，但科學教育者和研究人員在與科學探究有關的分類系統方面形成了相當大的共識。例如 1980 年代和 1990 年代的研究中，學習者的探究過程依據探究問題的開放程度分為以下幾類：（1）較少程度的探究，向學生提供研究問題、實驗程序，甚至預期結果；（2）中等程度的探究，僅提供研究問題和實驗程序；（3）高開放程度的探究，只提供研究問題，甚至讓學生尋找探究問題（Friedler & Tamir, 1984; Staer et al., 1998；蔡哲銘、邱美虹、曾茂仁、謝東霖，2019）。Blanchard 等人（2010） 定義了四種類型的探究過程，包括驗證（verification）、結構化（structured）、引導（guided）和開放式探究（open inquiry）。然而迄今為止，關於哪種類型的探究最適合中學生仍然存在爭議。

從探究過程的開放程度分類與科學知識形成過程觀察可以發現，自然科學課堂因應不同教學目標，能夠選擇的探究與實作教學策略，可以從探究過程依開放程度分類的光譜上找到不同的配套。教師面對科學知識學習內容的教學，像是一般的理化、物理、化學、地球科學、生物等科目的教學，由於較重視教學內容最終聚焦到特定的概念呈現，較適合採取驗證與結構化探究，課程類型屬於較少程度探究課程設計。自然科學探究與實作、獨立研究或專題研究課程，由於更加重視研究歷程的發散與可行性嘗試，所以較適合採取引導與開放式探究課程類型，屬於高開放程度探究課程設計。然而現場教與學的實際執行則可能因應學生起點行為、學習速度、學生文化、課程進度等因素做更多的調整與運用。

從課程逆向設計的角度出發，由於探究與實作課程設計與執行過程，教師首先需要設計適切的情境脈絡來引導學生進入問題探究，情境當中除了接軌學生的先備概念或者鋪陳解題所需背景知識，引起動機以促進學生投入課堂探究歷程似乎也是重要的課程設計任務。此外，課程的主要問題設計，以及鷹架問題的編排以利學生順利進入探究任務，減少認知負荷，是課程設計的主體，問題的結構安排就是課程論證推理的流程。探究與實作，通常是對應著提問與任務指令，有了教師或學生自主的問題與動作指引之後才伴隨著探究與實作活動進行。探究與實作過程，為了確認學生的學習進度與成效，教師需透過多元評量方式，在形成性及總結性評量中了解學生的學習歷程，因為探究與實作課程引入的其中一項重點是希望藉由過程導向的課程進行來幫助學生及教師進行學生的多元能力探索並建構學生的科學過程性技能與學習態度（陳育霖等，2013；陳育霖，2016）。

肆、教師須具備的準備與素養

由前文可知，教師在探究與實作課程當中所需要的課程準備與教學素養，除了不同於直接教學法的課程設計流程，課程進行當中提問與引導技巧，同時觀察並評量學生的學習進度及過程技能建構，以便隨時進行課程提問或動作指令適應調整。過程中，需要熟練帶領團隊聚焦討論法，並且後設執行的科學課程是否回應科學本質，隨時思考課程是否具有科學精神至關重要。此外，職前師資培育課程仍然屬於大學課程的一部分，課程執行的目標是仍需考慮為了培養學生主動學習的習慣並促進學習動機，同時幫助師資生在投入教學現場之前能夠有更多批判思考的反思機會以應付探究與實作導向具有較高課堂不確定因素的情境脈絡。

關於在職教師學習，Fullan（Fullan, 2007）的觀點認為，學生的學習有賴於教師的持續進步學習，而教師學習較容易發生在具體的情境中，且教師學習在主動學習的情形下，進行合作學習當中可以獲得較高效率。也就是需重視教師從真實的教學體驗中出發，針對教學中的具體問題與教師同行共同建構知識的過程。就探究與實作課程執行的過程，在職教師有更多教學現場經驗，更加理解學生文化與互動方式，專業精進重點多數集中在更多科學本質與科學探究內容的合作對話精進。

師資生與在職教師的師資培育課程，執行的流程重點是依 Lee Shulman（1987）的三種教學知識劃分，是科學師資培育課程本身的「學科內容知識」（content knowledge, CK）、「教學知識」（pedagogical knowledge, PK）、「學科教學知識」（pedagogical content knowledge, PCK），與科學教師自身的視角稍有不同，同時提醒師資生在歷程中不斷地反思所有步驟，所以流程如下：

（1）課程進行的階段依據 Lee Shulman（1987）提出對於專業領域該如何教學的知識種類劃分「學科內容知識」（content knowledge, CK）、「教學知識」（pedagogical knowledge, PK）、「學科教學知識」（pedagogical content knowledge, PCK），同時為了教學者能夠從學科本質切入課程設計，需要「後設思考知識形成的過程」，循環重複，各階段並重，同時從理解、轉化、教學、評量 、反思的步驟，來帶領師資生檢視整體教學架構進行教學精進，用以符應課綱及國際潮流當中素養導向教學（陳育霖，2020a），強調為學習者培養科學探究能力、科學態度與本質、科學核心概念。

（2）科學本質作為科學課堂的主要課程發展脈絡，Matthews（1994）提倡科學教學中科學知識的形成過程對科學教學課程的重要性。美國第一版《國家科學教育標準》（National Science Education Standards）（NRC, 1996）當中認可科學哲學與歷史知識在科學教學中的地位，英國科學教育工作者針對英國科學課程與教學撰寫了十條建議報告，當中第六條提到，「科學課程應當提供年輕人有關科學核心概念的理解，即對有關自然界的可靠知識在過去和現在獲取方式的理解」（Millar & Osborne, 1999）。國際文憑大學預科課程（International Baccalaureate Diploma Programme，簡稱 IBDP）在第四組群實驗科學，物理、化學、生物學的課綱指引當中都明確指出共同的科學本質（nature of science），以及學科本質（nature of physics, nature of chemistry, nature of biology）細項，像是物理本質、化學本質、生物學本質等。每個小節都還有對應各自的章節內容的科學本質。國際文憑大學預科另外包含一門核心課程，「知識理論」（Theory of Knowledge）（van de Lagemaat, 2014），引領學生研究知識的形成過程及批判思考（IBO, 2014）。

（3）為了回應科學本質當中科學學術社群的運作，教材教法、教學實習、自然科學探究與實作等課程的進行方式都由教師或同學扮演主持人負責協調團隊聚焦討論，運作教室裡的同儕審閱評述（peer review），從隱藏課程（hidden curriculum）的角度，提供機會讓師資生理解、轉化教學情境脈絡，適應未來教室當中的探究式的教與學，運用提問架構課程主要網路，引導未來學生與教師一起共創新知識內容，並且有意識地在教學過程中同時建構學生的科學過程性技能及批判思考能力。

運用探究與實作的問題導向策略課程進行方式來引導師資生學習探究與實作。以科學知識內容探究任務設計，讓職前師資生透過問題解決策略過程感受科學探究的重要性以及後設科學知識形成過程，並且以科學社群教室的概念帶領學生進行團隊聚焦討論，進行自主探究與實作科學課程設計與發表。在職教師研習工作坊，也以同樣形式進行。

一、課程執行

師資生與在職教師的探究與實作師培課程，依循理解、轉化到教師自主的專業過程，根據授課經驗，將課程進行分為四個面向與步驟進行，四個師資培育課程步驟當中科學問題解決步驟即為「學科內容知識」、問題導向的探究式教學策略即為「教學知識」及自然科學的探究與實作教學策略「學科教學知識」，加上後設思考知識形成的過程，依圖示為以下步驟，並舉例說明：

1. 科學問題解決步驟：1846 年，天文學家利用天王星的觀測結果與理論計算結果的軌道位置差異，成功運用天體攝動的思考角度預測海王星的存在。整個科學過程設計成探究與實作活動，讓師資生扮演學習者來解決問題，並預測海工星位置（陳育霖 b，2020）。課程用以幫助師資生理解科學家解決問題的方法，同時體會探究是學習過程，學習者扮演科學家進行歸納推理、聚焦結論並解決問題，後設知識形成的過程，學習者面對任務所需要的科學過程性技能及科學知識，理解科學的發展歷程，歸納累積對於科學本質的認識。師資生透過親身體驗並且與同儕討論交流溝通，同時可以理解學習者可能真正面臨的問題、與同儕溝通的必要與優點及可能獲得的過程技能及後設知識形成的能力。

2. 後設思考知識形成的過程：科學課程是否具有科學精神、科學課程設計的流程及論證邏輯是否合理？是科學課程呼應素養導向教學潮流的重要基本條件。運動學（kinematics）與牛頓力學（kinetics）在課程中安排的先後順序，呼應科學史從伽利略以來強調觀察、實驗及數學模型的科學及實驗傳統。在物理課程當中，時常要從位置函數 x 與時間 t 的關係式來計算某時刻的速度及加速度，像是已知物體的位置隨時間變化的關係式，計算預測第 5 秒的速度 (v) 及加速度 (a)，於是所有學生都運用微積分將 x(t) 微分一次，得到速度隨時間變化的函數，再針對速度函數 v(t) 進行一次微分，得到加速度隨時間變化的函數。所有學生念完高三，最晚大一上學期一定都能夠熟悉這樣的解題過程。然而，這個問題回到科學本質或科學知識形成過程最核心的部分是，問題當中物體的位置隨時間變化的關係式，究竟是如何得出，這類的關鍵問題才是科學本質中重要的部分，同時也幫助學生了解科學「量測結果」當作證據是科學課堂中的主要成分之一。
3. 類似於此，幫助師資生思考課程論證順序當中，運動學在力學之前的科學原因。除了使科學課堂更具有科學精神之外，帶領師資生後設看待知識的本質是現代科學與工程人才必備的能力（Crawley et al., 2018）也是人工智慧演算法當中的重要核心概念（Russell & Norvig, 2010）。
4. 問題導向的探究式教學策略：幫助師資生體認探究與實作教學對於自然科學教學的可行性。同時依此過程發現，探究與實作教學是促進學習者自主學習並「以學生為中心」的重要可行教學策略，課程進行過程正好也是教師與學生共同創造新課程內容的歷程。
5. 自然科學的探究與實作教學策略：運用探究與實作課程設計的基本精神，引導師資生設計探究任務幫助課程當中的學生自行建構歸納知識，學習探究科學的過程性技能，包含觀察發現科學研究問題、進行研究規劃、論證與建模方法、科學表達、評量學生學習。課堂當中呼應科學社群同儕審閱的過程，針對課程設計進行問題釐清、核心問題設計規劃及論證課程設計，師資生同儕輪流擔任引導主持人，一起進行歸納推理，同時學習帶領團隊聚焦法。

以上步驟之間的關係整理如圖 11-1。

<table>
<tr><td>科學問題解決步驟
（屬於 CK 範圍）</td><td>問題導向的探究式教學策略
（屬於 PK 範圍）</td><td rowspan="2">後設思考知識
形成的過程</td></tr>
<tr><td colspan="2">自然科學的探究與實作教學策略（屬於 PCK 範圍）</td></tr>
</table>

圖 11-1 科學問題解決步驟、問題導向的探究式教學策略、自然科學的探究與實作教學策略及過程當中一直都存在的後設思考知識形成的過程。前三者分別對應學科內容知識（CK）、教學知識（PK）、學科教學知識（PCK）。

物理教材教法、物理教學實習、自然科學探究與實作、國際文憑物理教師培育課程，都是自然科學領域師資培育課程，建構科學教師素養師資培育課程最核心的精神是師資生能夠客觀解讀科學並且能夠設計、執行具有科學精神的課程、針對學生進行有效的評量且能反思精進課程。筆者設計科學師資培育課程四大目標包含，（1）科學與科學問題解決步驟；（2）問題導向的探究式教學策略；（3）自然科學的探究與實作教學策略；（4）後設思考知識形成的過程。尤其所設計的課程是依據十二年國教自然科學領域課程綱要，自然課程的設計安排需要符應核心素養的內涵，為了培養學生的科學探究能力、科學態度與本質、科學核心概念。

課程的架構安排，先是「什麼是科學」，用以認識科學講求實驗證據力的特性及全球科學社群的運作方式，接著是「問題導向探究式教學法的理論與實踐方式」，以科學探究的實例帶領師資生扮演科學家，在解決科學問題的歷程中體驗探究式教學法的歷程與學習特性，最後是「自然科學探究與實作課程設計」，包含結構化引導用於物理課程的探究式教學及專題研究性學習的探究與實作課程設計，帶領師資生設計並實踐自然科學探究與實作課程，無論是執行在探究與實作專題研究類型的課程或者物理課程當中以學生為中心的探究教學課程。課程當中任何一個階段都帶領師資生後設思考知識形成的過程。

課程教與學策略是以探究與實作的課程框架來進行物理教材教法、物理教學實習、探究與實作等自然科學師資培育課程，在課堂當中融入全球科學學術社群運作框架，設定每一位師資生隨時進行同儕審閱及團隊聚焦討論。知識在教室裡面由教師及學生一起共同創造出來。流程如表 11-1 所示。

表 11-1 探究與實作導向的科學師資培育課程進行流程

課程內容	四大教學目標
什麼是科學？	1 科學問題解決步驟 4 自然科學的探究與實作教學策略
問題 1. 科學真的像我們從小被灌輸的，是赤裸裸的展現出自然的事實嗎？科學能告訴我們「真理」嗎？或者沒那麼崇高而虛榮，只是在「暫定的假設」、「適當的詮釋」、「探索的指南」那類的階段？ 2. 科學是基於實驗證據的學術領域，中學課本告訴我們作用力與物體位移方向垂直則不作功，是基於什麼實驗證據？ 3. 請依據以下 *Optics Express* 論文分析科學論文的基本架構包含那些？每個項目各自想表達的內容特性為何？Introduction 與 Reference 的存在價值與科學本質的關係為何？ 活動 寫下個人想法並與同儕討論，接著進行團隊聚焦討論以上問題，以全球科學學術社群互動方式進行，師資生各自扮演全球科學家進行團隊聚焦討論，同時進行同儕審閱評述（peer review）。 參考資料 1.《愛因斯坦的辦公室給了誰？》的文章〈狂狷不馴〉 2.Galileo Galilei, Discourses and Mathematical Demonstrations Relating to Two New Sciences, 1638. 3.Yu Lim Chen et al., ZnO nanorod optical disk photocatalytic reactor for photodegradation of methyl orange, *Optics Express* 21, 2013.	

<table>
<tr><td>問題導向探究式教學法的理論與實踐方式</td><td rowspan="2">2 後設思考知識形成的過程
4 自然科學的探究與實作教學策略</td></tr>
<tr><td>問題
1. 1846 年天王星軌道的觀測結果與理論計算結果的位置差異分析比較，考慮未知行星萬有引力的影響，預測未知行星的位置。
就科學的過程技能角度思考，整個探究過程牽涉學生的學習表現有哪些？
2. 1970 年代開始，美國卡內基美隆大學開始進行電腦軟體研發，試圖利用演算法來尋找物理及化學定律，後研發出 BACON 3 軟體，試著說明與人工智慧演算法的取徑有何關聯？

活動
師資生輪流擔任討論主持人，同時扮演天文學家，實際根據論文所提供的數據結果，自己進行數據差異分析，思考運用萬有引力攝動因素的前提，決定未知行星的可能位置。
團隊聚焦反思過程當中知識學習是靠學習者自行建構的歷程，同時實作過程當中學習者運用科學的過程性技能來解決科學問題，針對可能的先備知識進行建模，並與同儕比較討論可行的科學結論。
接著進行團隊聚焦討論後設以上問題，以全球科學學術社群互動方式進行，師資生各自扮演全球科學家進行團隊聚焦討論，同時進行同儕審閱評述（peer review）。

參考資料
1.Urbain Le Verrier. Deux articles des Comptes-rendus de l’Académie des sciences, 22, pp.907-918 (séance du 1er juin 1846) & 23, pp.428-438.
2.Joseph Davis, Toward the Elimination of Subjectivity: From Francis. 2.Bacon to AI, Social Research 86(4):845, 2020.</td></tr>
</table>

<table>
<tr><td>自然科學的探究與實作教學策略</td><td rowspan="2">3 問題導向的探究式教學策略
4 自然科學的探究與實作教學策略</td></tr>
<tr><td>開放型探究課程設計問題
【大概念型態的探究課程設計】
直流電路當中電器元件與電池內電阻需要阻抗匹配才能夠達成最高電功率，以此推想光線經過不同光速界面產生折射及開口共鳴管因為反射而發生駐波的原因和上述阻抗匹配的關聯，思考可以設計的探究與實作課程。
【真實現象型態的探究課程設計】
汽車的後擋風玻璃上面的雨刷設計牽涉的自然現象及探究方法為何？思考可以設計的探究與實作課程。
設計探究與實作課程，幫助學生尋找問題展開研究。

驗證結構化探究課程設計
【知識內容出發的探究課程設計】
依據課本應授內容，包含理論課程或實驗課程，設計轉化成探究與實作課程。各種試題包含大學學科能力測驗、指定科目考試、國中會考也是取材方向。
運用「作用力與物體位移方向垂直則不作功」的實驗證據要如何設計成探究式課程？

活動
具有科學精神且能夠幫助學習者自行探究、建構知識及能力的科學課程需要具備那些要素？試舉一個教學案例設計來說明前項要素。
團隊聚焦反思課程設計當中的提供給學習者建構探究能力、科學態度與本質的過程方法是否合於邏輯推論和科學，是否能夠順利幫助學習者針對可能的先備知識進行建模，並與同儕比較討論可行的科學結論。
接著進行團隊聚焦討論後設以上問題，以全球科學學術社群互動方式進行，師資生各自扮演全球科學家進行團隊聚焦討論，同時進行同儕審閱評述（peer review）。
參考資料
1. 教育部十二年國民教育課程綱要
2. 大學入學考試中心網站</td></tr>
</table>

另外，由於教師資通訊素養漸受重視，線上探究與實作則由於公民科學概念興起，加上網際網路數位技術減少資訊落差的理念，教師運用網路技術進行探究與實作成為重要的教師素養。探究式課程需要大量的師生對話及各種形式的互動，借重網路雙向即時傳輸的特性能夠在線上以聲音、影像解說任務及問題，同時要求學生進行團隊聚焦討論，以各種影像、聲音形式發表分享。

網路線上探究與實作，可以分成以下幾種類型：（一）學生在螢幕前跟著老師一起進行動手實驗實作，無論是實際作實驗或是線上的數位實驗，取完數據之後進行分析、建模，在網路上聚焦討論並發表；（二）學生運用網路上的資料庫，自行規劃研究之後下載數據進行分析，接著在網路上聚焦討論並發表。由於元宇宙（metaverse）在各領域的實現成為各方注目的焦點（Sparkes, 2021），探究與實作教學策略在實體與網路平行又交互運作，線上探究與實作的想像已經不只是一種教與學的形式展現，同時成為現代公民的另一種科學過程性技能。

二、科學本質切入論證的要素

物理教材教法、教學實習、自然科學探究與實作、國際文憑物理教師培育課程，都是科學師資培育課程，最核心的部分是幫助師資生理解「什麼是科學？」，包含科學的本質以及科學知識的形成過程。希望讓師資生體會科學知識是一個科學家描述自然現象的暫時框架，由科學的學術社群共同形塑，是科學家的共同信仰，不是真理。為了實踐探究與實作精神，幫助學生理解科學是科學家看待世界的方式，也可能透過科學革命改變人類看待世界的方式，筆者在課程中提供引自《愛因斯坦的辦公室給了誰？》的文章〈狂狷不馴〉之後（Regis, 2016），請師資生就科學是信仰還是真理交換意見，討論關於：

「科學真的像我們從小就被灌輸的，是赤裸裸的展現出自然的事實嗎？科學能告訴我們『真理」嗎？或者沒那麼崇高而虛榮，只是在『暫定的假設』、『適當的詮釋』、『探索的指南』那類的階段？」

從科學哲學的觀點切入，科學家們看到的是一個理論毀在另一個理論手裏，龜背上的球被地球為宇宙中心論所推翻，然後又被太陽為宇宙中心論所取代，以此類推。結論是科學提供的並非真理，而只是一連串的不同詮釋。

Kuhn 在科學史上的駭世之作《科學革命的結構》（The Structure of Scientific Revolutions）當中提到「以粒子物理學家的泡沫室（bubble-chamber）照片為例」，他說：「學生看到的是一些亂七八糟的虛線，對物理學家而言，卻是一條條熟悉的次核子反應的紀錄。經過幾次視覺轉換演練之後，學生才能一窺科學的堂奧，看到科學家所看的，繼而能有和科學家同步的反應。」

科學是基於實驗證據的學術領域，中學課本告訴我們作用力與物體位移方向垂直則不作功，是基於什麼實驗證據？伽利略（Galileo Galilei）在《兩門新科學》書中分析物體平拋運動當中，在垂直方向受重力進行等加速度運動且水平方向作等速度運動，顯然兩個方向的運動具有獨立性，重力作用未能造成水平方向的運動狀態改變，依據功能原理，物體所受合力等於動能變化量，由於水平方向保持等速度，運動狀態與動能沒有改變，所以顯然並未受到重力的影響作功，所以當作用力與運動方向垂直的時候，作用力對物體不作功。這件事情對於整個科學領域有極大的影響，整個正交空間數學體系都受到這個實驗結果影響，一直延伸到量子力學。雖然基本但是基於證據說話，對於學生的學習至關重要。

科學期刊的架構提示了我們科學在本質上講求科學知識是科學社群同儕審閱共同聚焦討論的結果，同時證據導向的邏輯思維讓論文當中的說法都需要提供引據或者實驗證據，分析真實的論文，也是從證據來理解一件真實事物，知識邏輯是靠學習者自行建構，而不是教師外在灌輸。從科學本質出發，各個段落的核心意義如下：

表 11-2 科學期刊的格式段落呈現的科學論證架構所呈現的科學本質

Introduction 總體研究的動機及其重要性，整個科學社群如何認知當前問題	不是自己講這有多重要，而是翻出眾多其他接近領域相關研究科學同儕已經發表的論文來證明這問題的重要性
Method 研究方法，儀器裝置原理，實驗設計，量測方法	為了取信同儕，需要清楚說明，以便在論文刊登出來之後，讓世界上其他同儕也有可能依照相同步驟重複實驗
Results 研究的結果、數據、或歸納出來的規則	結果呈現要緊扣論文開頭想解決的問題，數據是王道，不是自己創造
Discussion 討論研究當中重要的物理詮釋、可行性	不是寫悔過書一樣檢討實驗為什麼結果不好，而是呈現當中可能的物理機制以及實驗或理論研究當中邏輯推理
Conclusion 總結前面所有內容	再次強調這個研究為科學知識界得出什麼結論，或者可以如何前瞻下一步研究
Reference 參考文獻	呈現論文當中的觀點或說法都是基於前人努力成果中的證據，不是個人主觀意見，表示論證是依賴證據而不是作者一家之言

三、問題導向探究式教學法的理論與實踐方式

1846 年天王星軌道的觀測結果與理論計算結果的位置差異分析比較任務，學生需要從第一步發現差異開始就自己進行，接著決定參考坐標系如何建構來進行研究規劃，每一個數據點的處理與決定都需要運用科學過程性技能，學生描畫的數據點取捨方式都是不同科學思維底下的實作結果，這反映科學家每天處理數據的實境。最後由學生根據天王理論及觀測位置的差異自行討論並研究判斷提供重力影響的未知行星應該位於何處。最後引導學生注意，實驗過程當中，尊重原始量測數據的重要性，如果在實驗過程中把觀測值擅自向理論值修改，則天文學家將無法發現新的未知行星，海王星。

由此帶領師資生反思探究與實作教學策略的總體過程，知識是靠學習者自行建構，不是外在灌輸，教師提供適當情境幫助學生能夠扮演科學家解決問題，同時培養學生的科學過程性技能。過程當中一邊後設聚焦探究與實作的教學進行過程，以學生為中心的策略需要注意的細節部分。師資生輪流擔任討論主持人，由重複的團隊發散、聚焦、再發散、再聚焦的過程，幫助學生體會並練習合作學習與團隊平等對話討論聚焦的教學引導策略。

師資生基於前文關於科學的本質及問題導向探究式教學策略的理解，應用實踐到物理、化學、地球科學、生物的學科教學內容以及自然科學探究與實作類型的專題研究課程。學科教學較適合驗證、結構化型態的探究課程設計，由於學科內容教學總有需要傳授的學科概念，課程最終需要歸納推理聚焦到慣性、力學能守恆、電磁感應、質量守恆原理等學習內容，或者幫助學習者順利運用以上慣性、力學能守恆等概念來解決實際情境當中的特定建模問題。探究與實作類型的專題研究課程較適合引導、開放式探究的課程設計，因為專題研究導向的課程講求學習者運用科學的過程性技能，產生更多廣泛發散的可能策略和方法找出脈絡進行研究，過程當中教師協助引導探究，學習者以探究能力、科學態度與本質等過程性技能與態度的培養為主要課程目標。

所以自然科學探究與實作教學策略，依據探究問題的開放程度在低度開放探究較講求聚焦的型態適合物理、化學、地球科學、生物等科目課程教學，高度開放探究較講求發散的型態，適合探究與實作及專題研究的課程。

伍、執行與成效評量

針對一般科學課程的結構化探究與實作教學，評量過程當中需理解師資生在課程設計當中的課程推理邏輯是否合於科學性描述，是不是從證據著手來論證科學，或者是否依據合理的演繹推理邏輯進行課程論證步驟，同時探究問題設計是否切中學習目標的主要概念。

「依據科學證據來論證，運動學應該在前還是力學？」

「教授功能原理的過程中，學習者需要同時建構作功與動能定義，教師應該先教作功定義還是動能定義？」

「人類在地表上撐竿跳的高度是否有極限？」

開放式探究與實作教學過程，要幫助學生培養批判性思考的研究能力在過程上相當困難，教師具備批判思考能力之外必須要創造安全的學習環境氛圍，對於學生在課程當中開始形成的各種努力給予支持，因為科學知識的形成過程，時常也都是科學從業人員不斷犯錯的經驗累積。對話過程當中多數運用科學性批判思考來幫助學生釐清所提出的想法或策略在科學方法當中的合理性與可行性。透過更多探究問題鋪陳，從開放性問題開始，視學生的狀況，漸漸更明確化的問題的內容，逐步帶領學生思考可能合於科學方法的取徑。教學計劃的內容圍繞在設計問題來幫助學生運用科學核心素養的學習表現，探究能力及科學態度與本質來執行探究與實作的歷程步驟，發現問題、規劃與研究、論證與建模、表達與分享。

教學過程當中是否從學生的背景知識出發，提供足夠開放的問題讓學生進行探究思考，同時又能夠營造適度的安全感讓學生盡可能創造發展更多可能性，理解學生的文化及互動方式，並且設計有效的班級經營策略來促進學生不斷投入思考與動手實作歷程，不會輕言放棄。以上是評估一堂開放式探究與實作教學的重要核心，在學生無法達成原先目標又懷疑自己能力的同時，鋪陳難度正好高於學生一些卻又不會過高，以致於學生望之卻步的鷹架是極為重要的關鍵，在實務上能夠促進學生持續進行探究與實作。

物理教材教法、物理教學實習、自然科學的探究與實作課程的總結性評量除了從教案設計來評閱進行，試教呈現的方式是最重要的部分，教室內以全球學術社群的情境來進行同儕審閱，一起聚焦討論教學課程內容設計及師生互動情形。以探究與實作的策略進行探究與實作取向的科學師資培育課程。

教案設計要求師資生從科學素養導向教學設計切入，後設思考科學素養導向教學設計的要素，用以反思未來課程，具有科學精神且能夠幫助學習者自行探究、建構知識及能力的科學課程需要具備那些要素？試舉一個教學例子來說明前項要素。師資生透過課程，都能夠清楚呈現課程設計以符應課程設計要求。

師資生物理教材教法、物理教學實習及探究與實作師培課程的教學意見質性回饋內容可以看出，經過課程歷練之後，師資生對於科學本質的體會與教學策略的運用具有一定程度的概念。

「曾以為中等教育簡單、無聊，但育霖的教材教法、教學實習，讓我親身體會到，情境脈絡化確實能將科學本質、態度融入學習過程，甚至是思考模式中。」

「老師每堂課給的問題都很燒腦，我非常享受在這堂課中與老師同學共學的經驗，也期望以後能將這種學習感受帶給我的學生。謝謝老師與同學。」

「育霖老師透過口授身教，讓我瞭解到基本功的重要性。這門課中不斷省思為何教與怎麼教的歷程中，也能讓我體會到師大物理系與其他大學物理系的不同，我們自詡成為物理教學專家，對基礎物理的方方面面有整體觀，也比較不怕學生提問『為什麼要學物理？』」

「真的很幸運可以上到老師的課，與一般教程的課程給我的啟發，與實際上如何操作，非常具體。老師在無形中，慢慢引導我們去思考一些科學問題，除了當下的探究精神，更是具體讓我了解到引導學生的方法，及背後的科學素養。」

在師資生的教學演試過程中發現，科學本質能夠有意識地融入課程中，探究精神也在課程設計當中逐次顯現，同儕審閱的討論內容也都能夠在科學課堂是否有科學精神的層面上發展更多深入討論及互動。

陸、結語

為了幫助師資生未來的自然科學課程都能夠有意識地呈現科學精神，以探究與實作的師資培育課程來執行探究與實作導向的科學師資培育課程，讓師資生透過自身實踐、體會並理解，課堂中回應科學社群運作且以證據推理為導向的科學課程。與傳統直接教學法相比，探究與實作課程時常與科學研究情境較接近，教師須面對許多來自學生的不確定性回應與討論聚焦內容，並且需要提供學生適當支持與回饋，需要在師資培育課程當中先一步適應課堂可能的情境脈絡，可望有助於教師實踐具有科學精神的科學課程。

在職教師的專業發展則循著追求科學課程的科學精神模式，與同儕在教師社群當中一起專業成長，從科學發展歷程當中思考科學問題解決步驟、後設思考知識形成的過程、問題導向的探究式教學策略及自然科學的探究與實作教學策略等階段，可以幫助在職教師檢視探究與實作取向的科學教學在學生探究能力、科學態度與本質等核心素養的課程實施過程中後設觀察整體課程流程進行。

參考文獻

蔡哲銘、邱美虹、曾茂仁、謝東霖（2019）。探討高中學生於建模導向科學探究之學習成效。**科學教育學刊，27**（4），207 - 228。DOI：10.6173/CJSE.201912_27(4).0001

陳育霖、劉子綺、高千惠、許宏傑、徐俊龍、丁國財、李孟玲（2014）。數理資優生校園物理實驗演示。**物理教育學刊，15**，15-24。

陳育霖（2016）。教育現場為什麼需要探究與實作課程？。**科學研習月刊，55**-2，19-27。

陳育霖（2020a）。科學教學的國際趨勢。陳育霖，素養導向系列叢書：**國中理化教材教法（緒論）**。五南出版社。ISBN：9789865461218

陳育霖（2020b）。科學本質導向的物理學探究式教學。陳昭珍、蔡雅薰，**探究式教學法理論與實踐**（第 5 章）。元照出版。ISBN：9789575114411

Blanchard, M. R., Southerland, S. A., Osborne, J. W., Sampson, V. D., Annetta, L. A., & Granger, E. M. (2010). Is inquiry possible in light of accountability?: A quantitative comparison of the relative effectiveness of guided inquiry and verification laboratory instruction. *Science Education*, 94(4), 577–616. https://doi.org/10.1002/sce.20390

Crawley E F, et al. (2018). Redesigning Undergraduate Engineering Education at MIT – the New Engineering Education Transformation (NEET) initiative[C]. 2018 ASEE Annual Conference & Exposition[A]

Friedler, Y., & Tamir, P. (1984). Teaching and learning in high school biology laboratory classes in Israel. *Research in Science Education*, 14, 89–96. https://search.informit.org/doi/10.3316/aeipt.176229.

Fullan, M., (2007). Change the Terms for Teacher Learning. *Journal of Staff Development*, 28 (3): 35–36.

International Baccalaureate Organization, (2013). IB learner profile

International Baccalaureate Organization (IBO). (2014). Diploma Programme Physics guide, International Baccalaureate Organization (UK) Ltd. https://www.ibo.org/programmes/diploma-programme/curriculum/sciences/

Matthews, M. (1994). *Science teaching: The role of history and philosophy of science*. New York: Routledge.

Millar, R. and Osborne, J.F., eds. (1999). *Beyond 2000: Science education for the future*, London: King's College London.

National Research Council (NRC). (1996). *National science education standards*. No. National Academy Press. Washington: D.C.

National Research Council. (2000). *Inquiry and the national science education standards: A guide for teaching and learning*. National Academy of Science.

Regis, E. (2016)。**愛因斯坦的辦公室給了誰？：普林斯頓高研院大師群像**（邱顯正）。天下文化。（原著出版於 1987）

Shulman, L. S., (1987). Knowledge and teaching: Foundations of the new reform, *Harvard Educational Review*, 57 (1), 1-22.

Sparkes, M. (2021). What is a metaverse. *New Scientist*, 251(3348),1-18.

Staer, H., Goodrum, D., & Hackling, M. (1998). High school laboratory work in western Australia: Openness to inquiry. *Research in Science Education*, 28, 219–228.

Russell, S. J. & Norvig, P. (2010). Artificial Intelligence, A Modern Approach (3rd ed.). *Pearson*, ISBN-10: 0136042597

van de Lagemaat, R. (2014). Theory of Knowledge for the IB Diploma (2nd ed.). *Cambridge University Press*, ISBN-10: 110761211X

國家圖書館出版品預行編目 (CIP) 資料

科學探究與實作之理念與實踐 = Rationale and implementation of scientific inquiry and practice / 王亞喬 , 吳心楷 , 李文瑜 , 李宜諺 , 李倩如 , 林宗岐 , 林靜雯 , 邱美虹 , 洪振方 , 張文馨 , 許瑛玿 , 陳育霖 , 蔡哲銘 , 鄭富中 , 鄭夢慈 , 盧玉玲 , 鍾曉蘭 , 鐘建坪作 ; 邱美虹主編 . -- 初版 . -- 臺北市 : 國立臺灣師範大學出版中心 , 2024.01
面； 公分 . -- (科學教育主題叢書 ; 1)
ISBN 978-986-5624-98-9(平裝)

1.CST: 科技教育 2.CST: 科學 3.CST: 文集

403.07 112019416

科學教育主題叢書 01

科學探究與實作之理念與實踐

Rationale and Implementation of Scientific Inquiry and Practice

---

主　　編｜邱美虹
作　　者｜王亞喬、吳心楷、李文瑜、李宜諺、李倩如、林宗岐、林靜雯、邱美虹、洪振方、張文馨、許瑛玿、陳育霖、蔡哲銘、鄭富中、鄭夢慈、盧玉玲、鍾曉蘭、鐘建坪（依姓氏筆劃）
出　　版｜國立臺灣師範大學出版中心
發 行 人｜吳正己
總 編 輯｜廖學誠
執行編輯｜李佳芳
地　　址｜106 臺北市大安區和平東路一段 162 號
電　　話｜(02)7749-5285
傳　　真｜(02)2393-7135
服務信箱｜libpress@ntnu.edu.tw
初　　版｜2024 年 1 月
售　　價｜新臺幣 450 元（缺頁、破損或裝訂錯誤，請寄回更換）
I S B N｜978-986-5624-98-9
G P N｜1011300004